水利工程生态环境效应研究

杨念江　朱东新　叶留根　著

吉林科学技术出版社

图书在版编目（C I P）数据

水利工程生态环境效应研究 / 杨念江，朱东新，叶留根著. -- 长春 : 吉林科学技术出版社，2022.8

ISBN 978-7-5578-9384-2

Ⅰ. ①水… Ⅱ. ①杨… ②朱… ③叶… Ⅲ. ①水利工程－生态环境－研究 Ⅳ. ①TV-05②X171.4

中国版本图书馆 CIP 数据核字(2022)第 113539 号

水利工程生态环境效应研究

著　　杨念江　朱东新　叶留根
出 版 人　宛　霞
责任编辑　赵　沫
封面设计　北京万瑞铭图文化传媒有限公司
制　　版　北京万瑞铭图文化传媒有限公司
幅面尺寸　185mm × 260mm
开　　本　16
字　　数　308 千字
印　　张　18.125
印　　数　1-1500 册
版　　次　2022年8月第1版
印　　次　2022年8月第1次印刷

出　　版　吉林科学技术出版社
发　　行　吉林科学技术出版社
地　　址　长春市南关区福祉大路5788号出版大厦A座
邮　　编　130118
发行部电话/传真　0431-81629529　81629530　81629531　81629532　81629533　81629534
储运部电话　0431-86059116
编辑部电话　0431-81629510
印　　刷　廊坊市印艺阁数字科技有限公司

书　　号　ISBN 978-7-5578-9384-2
定　　价　58.00 元

《水利工程生态环境效应研究》编审会

郭　卿　芮茂刚　弓　婷

刘金强　夏兴林　谭　宁

孙文静　张立静　赵令晖

王玉丽　马双德　许晓春

周艳松　李　响

前言 PREFACE

水利工程的发展对社会经济发展和人民生活起着重要的作用，也是一个国家综合国力的重要体现。水力发电是一种可再生的且无污染的重要能源，他的发展对我们的社会生活来说可谓起着举足轻重的作用，其利用的是大自然最原始的力量，相较于其他能源的开发而言，污染更小，对生态环境的保护更加有利，因此各国对水利工程的建设都投入了较多的资金和重视。在水力发电发展的过程中，水利工程的生态环境评价是其环境效应的一个重要方面，其对于水利工程的建设与发展都起着重要的作用，环境评价可以为已经产生的问题提供一定的解决方案，对于未发生的问题进行一定程度的预防，在水利工程的整个发展过程中起着监督和协调的作用，从而保障水利工程的健康发展。因此有了科学、合理的环境评价体系的监督和指引，水利工程才能更好地发展下去。

水利工程发展的重要作用使我们投入了更多的精力和资源来对其进行研究，并采取各种方法保证其健康发展。水利工程虽属于无污染的可再生能源，但其发展与周边的自然环境和气候等因素联系紧密，其发展也会在一定程度上对这些因素产生不同的影响。若其发展对这些因素产生了不利的影响，就要采取相应的方法来进行协调和改善，这个方法就是对水利工程进行环境效应测评。

对水利工程进行评价，可以根据评价的结果采取相应的措施来解决水利工程发展所遇到的问题。不仅如此，环境效应评价还能在水利工程的发展中对可能出现的问题进行预防，从而降低风险，促进水利工程的健康发展。因此，在水利工程的评价上要进行更多更加有效的研究，以此来丰富水利工程的评价体系，从而进一步促进水利工程与生态环境的协调发展。

全书分为十二章。第一章阐述了水利工程与生态环境的概述；第二章介绍了水利工程水环境功能与生态功能；第三章模拟了生态环境水利工程设计；第四章分析了水利工程建设；第五章研究了工程项目的施工管理；第六章论述了城市生态水系规划；第七章提出了生态护岸设计；第八章评估了水利水电开发的生态环境效应；第九章阐明了水利工程的水环境影响与保护；第十章评价了水利水电工程建设对陆域生态效应；第十一章评估了水利水电工程建设对水生生物的影响；第十二章分析了水利水电工程建设对生态水文效应。全书语言简洁、知识点全面、结构清晰，对水利工程生态环境效应进行了全面且深入地分析与研究，充分体现了科学性、发展性、实用性、及针对性等显著特点，希望其能够成为一本为相关研究提供参考和借鉴的专业学术著作，供人们阅读。

目录 CONTENTS

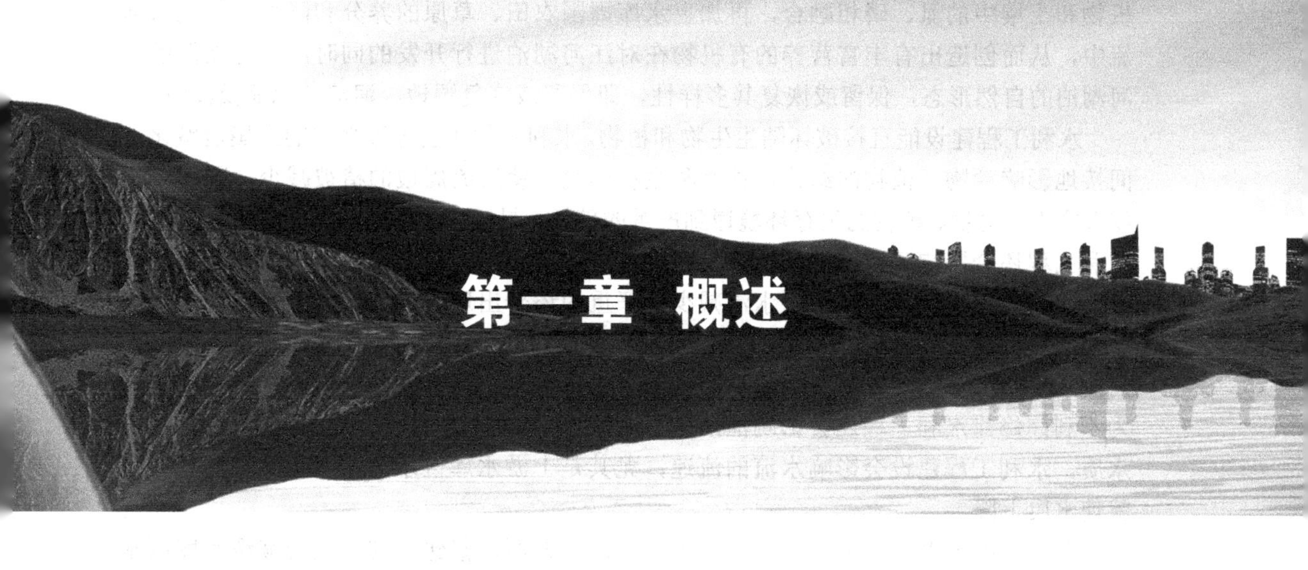

第一章 概述

第一节 水利工程与生态环境

一、水利工程对河流生态系统的影响

水是生态系统的重要组成部分，河流和湖泊中的水与生物群落（包括动物、植物、微生物）共存，通过气候系统、水文循环、食物链、养分循环及能量交换相互交织在一起。在社会生产过程中水利工程对经济与社会有着巨大的作用，同时也要看到水利工程对河流生态系统造成了不同程度的影响。人类整治河道和修筑堤坝等活动人为地改变了河流的多样性、连续性和流动性，使水域的流速、水深、水温、自水流边界、水文规律等自然条件发生重大改变，这些改变对河流生态系统造成的影响是不容忽视的。过去的治河工程着眼于河流本身，往往忽略了河流湖泊与岸上生态系统的有机联系，忽视了河流周围的生物群落的存在，也常常忽视了整治后原有生物群落的恢复。在满足人对水的开发利用的需求的同时，还要兼顾水体本身存在于一个健全生态系统之中的需求。河流湖泊治理的目标既要开发河湖的功能性，也要维护流域生态系统的完整性，洁净的河流是一个健全生态系统的动脉因此，在进行防洪工程的规划时，应明确河流与其上下游、左右岸的生物群落处于一个完整的生态系统中，进行统一的规划、设计和建设。

水生生物受水利工程建设的影响是最直接的。水利工程阻碍了鱼类的洄游路线，切断了河流，严重影响了鱼类的生命周期；水利工程还改变了鱼类的生存环境，使鱼类的多样性发生较大的变化，严重影响鱼类的繁殖，导致鱼卵的死亡。水利工程建设不仅改变了河流的水生生物系统，还导致水生生物的生长环境遭到破坏。此外由于有机物和土壤中的氮、磷相融合，再加上水库周围农田、草原的养分和降水直接进入河流中，从而创造出有丰富营养的有机物在对江河湖泊进行开发的同时，尽可能保留江河湖泊的自然形态，保留或恢复其多样性，即保留或恢复湿地、河湾、急流及浅滩。

水利工程建设能直接破坏陆生生物和植物。水利工程还会导致严重的土壤盐碱化，间接地影响动物、植物的结构、种类和生存环境；使河流周边的植被减少，影响了生物多样性；动物、植物的生存环境遭到严重的破坏，导致大量的物种灭绝。不仅如此，水利工程还会影响河流下游的流量。水库可以将水资源储存起来，还可以在非汛期将基流截住，这样就会导致下游水流减少，严重的还会出现断流现象。这样，水库周围的地下水位会大大降低，从而对生态环境产生影响。比如说，下游断流造成河湖干枯；河流水位降低有可能在入海口出现海水倒灌的现象，这对农业的发展和生态环境都极为不利；修建水利工程还会影响泄洪量，这就会对航运和灌溉等产生影响，还会污染水质。水利工程建设会影响水流的流速，尤其是上游水库区水质很容易就被污染，这就使水质下降

水利工程对水体的影响主要有两个方面：一方面，修建水利工程会减缓水库区水流的速度，这就会造成悬浮物沉积，这样水质就会清晰，也利于水生物生存；另一方面，水库会存储大量水资源，由于水流速度较慢，水体与大气之间的污染物就会扩散，使得复氧能力大大降低，也使得水库区的自净能力变弱。另外，水体的富营养化容易消耗大量氧气，这就会造成温室效应。然而，水利工程还会对局部的降水产生影响，主要表现在：会导致降水量增加，改变降水的分布状况、改变降水时间，水利工程建设使周围的空气湿度增加，使该地区的水体和湿地面积增加，对当地的气候环境产生影响，这给当地生物的生长带来了好处。

在城市水域整治的景观建设中，往往将水流置于诸如亭台楼阁等混凝土与砌石形成的人工环境之中，这种人工环境使河流失去了自身的美学价值和生机勃勃的生命在城市化进程中，为建筑停车场，采用了大量沥青或混凝土的硬质不透水路面，不但植物无法生长，也隔断了补给地下水的通道。

二、生态水利工程的规划设计原则

河流与周边的田地和城镇相互联系，它们组成一个完整的生态系统，未来的水利工程既能够实现人们期望的开发利用水的功能价值，又能兼顾建设一个健全的河流湖泊生态系统，实现水的可持续利用。生态水利工程是一项综合性工程，在河流综合治理中既要满足人的需求，包括防洪、灌溉、供水、发电、航运等，也要兼顾生态系统的可持续性一所以，在水利工程的建设中要考虑到多方面的因素和关系，生态水利工程的建设遵循以下几个原则：

（一）保护和修复河流多样化的原则

要根据每条河流的不同特征进行水利工程的建设，生态水利工程保护河宽，减少工程占地，能够减少河流两岸的占地面积，增加土地的有效使用面积，减少工程占地。

河流形态的多样化是生物物种多样化的前提，特别是恢复原有陆生植物及水生植物，为鱼类、鸟类及两栖动物的栖息与繁殖提供条件水陆交错带是水域中植物繁茂发育地，为动物的觅食、栖息地、产卵地、避难所，也是陆生及水生动植物的生活迁移区，至关重要。因此，岸坡防护工程的设计应从强调人与自然和谐的生态建设要求出发，采用与周围自然景观协调的结构形式，人们为争取土地，江河两岸堤防间距缩窄，使得河流失去浅滩和湿地。浅滩既能使水净化，又增加氧气供给，为无脊椎动物生存提供方便，还为鱼类产卵提供栖息地。在满足工程安全的基础上，注重生态和景观护岸形势的多样化。

（二）保持和维护河流自我修复的能力

生态水利工程能修复已破坏的河道，修复河流整个生态系统。生态水利工程以修复整个水体系统为主要目标，有利于河床岸坡的防护和建设，有利于提高水体自净能力的库区或河岸、湖岸的植被种植和水生动物的放养，在充分把利用当地野生生物物种的同时，慎重地引进可以提高水体自净能力的其他物种堤线布置及堤型选择河流形态的多样化是生物物种多样化的前提之一，河流形态的规则化、均一化，会在不同程度上对生物多样性造成影响，要保持一定的浅滩宽度和植被空间，为生物的生长发育提供栖息地，发挥河流的自净化功能。结合生态保护或恢复技术要求，尽量采用当地材料和缓坡，为植被生长创造条件。渠道或改造过的河道断面、江河堤防迎水坡面采用硬质材料，如混凝土、浆砌块石等，使得植物难以生长，进而又影响到鱼类、两栖类动物和昆虫的栖息，而这些动物又是鸟类的食物，为了让鱼类、水域植物等有更好的栖息和繁殖的环境，在工程施工中，建议强调施工期对生物栖息地进行保护和恢复，避开动植物发育期进行施工。在堤防、护岸工程的材料选择上，应该尽量少用硬质材料，多用自然材料，同时注重开发应用生态环保型的建筑材料。

三、水利工程与生态环境的相互关系

正确处理修建大型水利水电工程与保护生态环境的关系，就必须科学地、实事求是地分析修建大型水利水电工程可能导致什么样的生态环境问题，生态制约的具体表现是什么，并结合实际对具体问题进行具体分析，分清主次，抓住关键，用科学的发展观、人与自然和谐相处的理念正确认识并妥善处理现阶段遇到的问题，确保我国水利事业快速、健康地发展从普遍意义上讲，水利工程对生态环境的影响归纳起来主要体现在两个方面：一是自然环境方面，如水利工程的兴建对水文情势的改变，对泥沙淤积和河道冲刷的变化，对局地气候、水库水温结构、水质、地震、土壤和地下水的影响，对动植物、水域中细菌藻类、鱼类及其水生物的影响，对上、中、下游及河口的影响；二是社会环境方面，如水利工程兴建对人口迁移、土地利用、人群健康和文物古迹保护的影响，以及因防洪、发电、航运、灌溉及旅游等产生的环境效益等。

（一）水利工程建设对自然环境的影响

一般情况下，地区性气候状况受大气环流所控制，但修建大、中型水库及灌溉工程后，原先的陆地变成了水体或湿地，使局部地表空气变得较湿润，对局部小气候会产生一定的影响，主要表现在对降雨、气温、风及雾等气象因子的影响。

（二）水库修建后改变了下游河道的流量过程，从而对周围环境造成影响

水库不仅存蓄了汛期洪水，而且截流了非汛期的基流，往往会使下游河道水位大幅度下降甚至断流，并引起周围地下水位下降，从而带来一系列的环境生态问题。

（三）对水体的影响

河流中原本流动的水在水库里停滞后便会发生一些变化。首先是对航运的影响，比如过船闸需要时间，从而给上行、下行航速会带来影响；水库水温有可能升高，水质可能变差，特别是水库的沟汊中容易发生水污染；水库蓄水后，随着水面的扩大，蒸发量的增加、水汽、水雾就会增多等。这些都是修坝后水体变化带来的影响。水库蓄水后，对水质可产生了正负两方面的影响有利影响：库内大体积水体流速慢，滞留时间长，有利于悬浮物的沉降，可使水体的浊度、色度降低。不利影响：库内流速慢，藻类活动频繁，呼吸作用产生的 CO2 与水中钙、镁离子结合产生 CaCO3 和 MgCO3 并沉淀下来，降低了水体硬度，使得水库水体自净能力比河流弱；库内水流流速小，透明度增大，有利于藻类光合作用，坝前储存数月甚至几年的水，由于藻类大量生长而导致富营养化。

（四）对地质的影响

修建大坝后可能会诱发地震、塌岸、滑坡等不良地质灾害。大型水库蓄水后可诱发地震。其主要原因在于水体压重引起地壳应力的增加；水渗入断层，可导致断层之间的润滑程度增加；增加岩层中孔隙水压力，库岸产生滑塌。水库蓄水后水位升高，岸坡土体的抗剪强度降低，易发生塌方、山体滑坡及危险岩体的失稳。水库渗漏造成周围的水文条件发生变化，若水库为污水库或尾矿水库，则渗漏易造成周围地区和地下水体的污染。

（五）对土壤的影响

水利工程建设对土壤环境的影响也是有利有弊的，一方面通过筑堤建库、疏通河道等措施，保护农田免受淹没冲刷等灾害，通过拦截天然径流、调节地表径流等措施补充了土壤的水分，改善了土壤的养分和内热状况；另一方面水利工程的兴建也使下游平原的淤泥肥源减少，土壤肥力下降。同时输水渠道两岸渗漏使地下水位抬高，造成大面积土壤的次生盐碱化和沼泽化。

（六）对动植物和水生生物的影响

修筑堤坝将使鱼类特别是洄游性鱼类的正常生活习性受到影响，生活环境被打破，严重的会造成灭绝。如长江葛洲坝，下泄流量为 41300 ～ 77500m3 / s，氧饱和度为 112% ～ 127%，氮饱和度为 125% ～ 135%，致使幼鱼死亡率达 2.24%。水利工程建设使自然河流出现了渠道化和非连续化态势，这类情况造成库区内原有的森林、草地或农田被淹没水底，陆生动物被迫迁徙。

四、水利工程建设对社会环境和人群健康的影响

不少疾病如阿米巴痢疾、伤寒、疟疾、细菌性痢疾、霍乱、血吸虫病等直接或间接地都与水环境有关。如丹江口水库、新安江水库等建成后，原有陆地变成了湿地，利于蚊虫滋生，都曾流行过疟疾病。由于三峡水库位于两大血吸虫病流行区（四川成都平原和长江中下游平原）之间，建库后水面增大，流速减缓，因此对钉螺能否从上游或下游向库区迁移并在那儿滋生繁殖，都是要重视的环境问题。

（一）移民问题

移民安置问题是水利工程建设中的大课题，兴建水库，淹没土地，必将使人地矛盾更加紧张。如果移民未加妥善安置，还会造成毁林开荒，引起水土流失等问题三峡水库将淹没陆地面积 632km2，移民总数超过了 110 万人。

（二）对生物和文物的影响

我国是历史文明古国，文物古迹极多。

水库库区淹没后可能对文物和景观带来影响，这一问题也需要引起高度重视水库蓄水淹没原始森林，涵洞引水使河床干涸，大规模工程建设对地表植被的破坏，新建城镇和道路系统对野生动物栖息地的分割与侵占，都会造成原始生态系统的改变，威胁多样生物的生存，加剧了物种的灭绝。

把水利工程和生态环境联系起来研究，在国内才刚刚起步，随着人们生活水平的提高、环境意识的增强、环境科学技术的不断进步，必将推动环境水利学科向前发展，为实现水资源可持续利用服务。

水利工程建设不可避免地在一定程度上改变了自然面貌和生态环境，使已经形成的平衡状态受到干扰破坏。水利主管部门的职责是研究由平衡状态到不平衡状态再到平衡状态的发展规律。水利工程能否带来环境效益，能否把对环境的负面影响降低到最低限度是衡量水利工程建设成败的重要标志之一。因此，我们必须充分发展和应用现代科学技术，深入研究自然与生态的平衡机制，研究人类生存的必需条件，合理利用自然水利资源为人类造福口。

第二节 水利工程建设对水生态环境的影响

一、水利工程建设对水生态环境的主要影响

（一）改变水流流速

水利工程建设能够使天然形成的水环境状态发生不同程度的改变，这主要是因为水利工程项目建成后，周边的地质条件、地理状态和水生生物和植物形态改变，水文条件以及河道水体均与以往情况不同。建设水利工程，坝址的下游以及库区等水文情况均发生改变，尤其是在项目的施工建设期间，水利工程在河道节流、水体状态以及流程等方面发生变化，工程项目建成截流后，与坝址比较接近的水体部分流速会明显增加。河道上游的水面较大，因而总体的水流流速较为缓慢，但是在流经下游时，由于受到水库等水利工程项目建设影响，水流状态被调节，等到丰水期，向下泄出的水流量会明显减少，水流流速也会明显减小，但是在枯水期，由于增大了水量，水流流速又会变快。

（二）改变水文条件

不同类型的水利工程项目在施工建设中，由于经济生产用途不同，所以建造的实际规模和形态也不同，对水生态环境的影响程度和影响内容也不同，但是水利工程建设对于水文条件的改变是显而易见的。如水库等水利工程项目的施工建设，在修建水库后，由于上游的水位被抬高，因而水动力产生的基本条件也发生了变化；在河流的下游，由于容易发生河道断流情况，地下水位会明显地下降，这就容易导致下游的天然池塘或湖泊等发生水源绝源。水利工程建设属于人工实践性的工程活动，大型的工程项目建设在水环境区，河道的上下游总体地理形势发生改变，对于水路的动力提供形势也会相应地发生变化，上游水动力不足，下游水源供给就会明显的不足，河流的径流被过度的人工化改变，断流情况则易多发。

（三）改变水温、水质

水利工程项目在施工建设中，对周边的地理形态和水文形态等均会产生不同程度的影响，但是在水利工程建成后，水流水温和水质等也会发生变化，例如水库建成后，会有分层现象在水温变化中出现，原水域中的相同水文出现的时间会变化。在水利工程项目建造期间，大型的机械设备和施工作业会产生较多的施工垃圾，这些施工垃圾或建材垃圾被人工大量排入水体中，会造成严重的水质污染；运行水利工程，水库库区中会增加水环境的容量，水环境的纳污能力相应地也会提高，使水体的浑浊度降低。但是建成水利工程项目后，由于径流的改变，上游水流流速和流量大大降低，加上人

工排入大量的垃圾，增加了对水体水质的污染程度。

（四）水利工程对生物多样性产生的影响分析

站在客观和理性的角度来讲，生物的多样性不仅可以使人类有一个良好的生活环境，而且可以使地球系统处于良好的平衡状态。水利工程对生物多样性的影响是非常大的，不利于保持生物的多样性，一定程度上破坏了生物的原本生活，某些生物因此而灭绝对于部分水生动物来说，生存在江河中是它们的生活习性，因为大坝的阻挡而不能游到源头进行繁殖。此外，水库在蓄水或泄水过程中，因为此地正好是鱼虾的产卵场地，就会淹没和破坏它们的产卵地，原有的水生物的水文生存条件就会发生很大程度的改变某些水生物因不能适应被改变的水文条件，就会威胁到它们的生命所以，一旦物种灭绝、那么想第二次恢复生物多样性是不可能的。针对此现状，需要提升相关施工人员的职业素养和业务水平，通过培训来强化他们的环保理念：施工企业在施工过程中，应当保护好水环境，建筑垃圾应合理进行处理，尽量减少水利工程施工对生物多样性的影响。

二、水利工程建设中减少不利的水生态环境影响措施

（一）合理的项目规划

水利工程项目在施工建设中，对水生态环境的影响是多面性的，在建造水利工程项目的过程中，需要采取有效措施，保证项目建设的合理，最大限度地降低项目建设对水生态环境造成的不利影响：由于水利工程项目的施工建造对于专业技术方面具有较高的要求，因而在项目的规划设计中，存在某单个环节出现问题，都会影响全面计划，从而给水利工程项目的施工建造或建成使用带来不便。在水利工程规划设计之中，需要对当地的地质条件、自然环境和水源水质等情况进行实地调研，分析项目建设和建成后可能对当地水生态环境造成的影响，然后对各项技术指标进行重新设定。相关人员在水环境调查中需要对整个水循环系统有所了解，统计自然资产的情况，实施保护性的项目建设。

（二）约束施工行为

水利工程项目建设中，由于工程规模大、建设周期长，参与建设的相关人员也较多，人员素质和技能水平等也难以保证，可能存在不规范的施工行为，如滥砍滥伐、就地取材以及随意倾倒施工垃圾和建材垃圾等。对于这种情况，需要施工单位内部加强制度化建设，对现场施工人员的施工行为进行严格的约束，统一垃圾堆放点和处理方式，在水利工程项目建设施工区域内，划定垃圾分堆场所，垃圾分为施工垃圾和生活垃圾。在集中处理中，防止垃圾被随意排放到水体中，污染水质。另外在水利工程建设中，清洗砂石骨料、化学灌溉、养护混凝土等需要在固定场所，使用固定水源，对于生活污水和机械废油等也要统一处理，加强环境监管，严格约束现场施工人员的个人行为：

（三）减少人为“掠夺”

水利工程的建设，主要是为了对水资源的自然形态进行合理的改变，在自然资源的合理调用中，为现代化的经济发展提供必要的能源资源供应，因而建设水利工程、既是一项为人类谋福利的事业，也是一项自然改造性工程。在具体的施工实践中，不注意对自然环境的保护，会给水生态环境造成严重的破坏。因而在建设水利工程实践中，需要尽量减少对耕地、湿地和林地等的占用，尽量保持原有的自然生态景观；建设水利工程项目，对于施工区和自然保护区要进行严格的划定，对于自然保护区中的林木资源、水资源、土地资源等不可擅自取用，否则影响生物多样性；合理的取用水生态环境的内部资源，能够起到保护水质、维持水土的作用，同时也避免了因人工改造自然，导致对自然资源“掠夺”式行为的产生，要求严格遵循科学发展观的发展理念和要求。

水利工程项目在施工建设中，需要对当地的自然环境和地理状态等有所了解，分析工程项目在建设中可能存在的问题，在施工方案和工艺技术上不断进行改进和优化，尽量减少水利工程建设对水生态环境的影响水生态环境对于社会发展以及人类生活具有重要的影响作用，水生态环境中的陆地水，一部分是天然形成的，另一部分是人工改造后形成的，但是在多种因素的影响下，构成一个水生态环境整体，其中主要包括森林、土地、野生动物、人工设施、城乡聚落和草原等。建设水利工程，是改造自然的活动，对于环境状态和水文过程具有改变性作用，自然生态平衡、能量平衡和水量平衡关系被打破。基于此，对水利工程建设方案以及施工规划内容进行优化和完善，对水生态环境中的环境因子进行分析，在宏观政策下，实施水利工程建设技术等方面的指导，对整体水利工程布局合理改进，重点解决工程项目与生态环境间存在的矛盾点，促使现代化水利工程项目建设的经济效益、社会效益及环境效益等均得到充分的发挥。

三、水利工程建设对水生态环境系统影响的解决措施

（一）建立起生态堤防工程

施工企业在水利工程施工过程中，应当尽量减少对工程材料的使用，对于堤线的布置更要引起关注，生态类型河坝的设计及考虑，一定要按照河流的基本情况进行，充分利用河流本身斜坡的作用，促使水源系统能够正常流通，正常完善，只有这样，才可能减少水利工程建设对水生生物所带来的不利影响。对于水利工程当中的生态堤防工程来说，它所秉承的原则是：整改与修复，不但要保护好综合性生态环境，也要保护好水环境，在此前提下来修复生态系统。保护好水环境、生态因素是水利工程规划以及建设必不可少的内容，预测可能会产生的问题，同时做好相应的评价，考虑普遍有可能出现问题，找到相应的预防措施，尽量避免重复性问题第二次发生，才能确保水利工程的建设方案更加完善，保证了水利工程有明确清晰的需求，以此实现保护好生态环境的目标。

（二）水利工程对生物多样性产生的影响分析

水利工程在建设规划阶段当中，不仅要对当地地质环境进行勘察和勘探，也要对当地的生态环境做好勘察与勘探，在此工作中，以对环境质量所产生的影响作为主要考虑内容，在科学分析过程中，要确保获得第一手资料，保证资料的准确性和真实性，根据所获得的信息和数据，在确定的方案中应当尽可能满足保护生态的需求。

第三节 水利工程建设与生态环境可持续发展

一、水利工程建设的背景

随着我国经济建设脚步的加快，我国越来越重视能源的开发和利用，水利工程、水电开发得到快速发展。进入 21 世纪之后，我国加大了水利工程的建设，先后动工新建一大批水电站，通过实现水利工程和水电的滚动式开发，有效降低了石化能源的消耗，提高了我国电力资源的利用水平，为我国的低碳经济做出了贡献。随着水利工程建设规模的逐步扩大，水利工程在为经济提供保障和支援后所表现出来的弊端也逐步显现，并随着建设规模的扩大而逐步增多。水利工程建设在发展中面临的最大问题就是对生态环境的影响，为了保障水利工程的健康发展，提高水利工程的利用效率和减少环境破坏及生态污染，在建设中需要走生态建设和可持续发展的道路，来完善水利工程建设的效益。

二、水利工程建设的作用

水利工程建设完成后，可为区域提供航运、防洪、灌溉、发电、水产养殖和供水等多方面的综合效益。

（一）航运

我国大多数的天然河流在通常情况下，具有水流急、落差大、水深浅、河滩多等特征，通常只能进行季节性的通航。通过水利工程建设，建成堤坝后能有效改善通航条件，有利于解决通航问题。

（二）防洪和灌溉

防洪是水利工程的主要功能，洪水肆虐，轻则毁坏农田，重则威胁人民的生命财产安全。通过建设水利工程，能在汛期发挥蓄滞洪水和削减洪峰的作用，在枯水期增加水流量，提高抗御洪涝灾害、旱灾等自然灾害的能力，降低了洪水的危害程度。

（三）发电

由于水资源的再生能力，相对于煤炭及石油等不可再生资源具有不可比拟的优势；同火力发电相比，具有不污染环境，能有效减缓温室效应和酸雨的危害等优势；同时具有清洁、不消耗水量、运行成本低等优点。

三、水利工程质量管理与水资源可持续利用的研究

（一）施工前期质量管理

1. 做好项目质量策划工作，统筹安排

在项目质量管理中，首先应确定项目资源，建立健全项目施工组织结构，合理配备人力、设备、材料等资源。通常情况下，质量策划常采用因果图法、流程图法等方法。在水利工程开工后，工程水工单位可根据项目质量计划和工作方针的要求，组织全体员工进行学习。尤其是对于中小型工程企业，由于民工包工队伍较多，应特别注意质量意识的学习和教育。具体包括以下几个方面：一是在进入施工现场之后，应组织施工人员学习技术资料、合同文件，根据文件的要求，再结合工程的具体情况，制订出详细的、切实可行的质量管理计划，保证质量管理工作能顺利实施：二是各单项工程在开工之前，应对全体施工人员进行培训，并且进行严格考核，保证在工程施工中严格按照技术规范、设计规范进行施工作业。同时，施工企业还应该实行挂牌作业、持证上岗制度，减少安全事故的发生三是在各单项工程开工之前，应组织全体人员对施工工艺、机械设备、原材料、检测方法以及可能出现的问题进行准备，并进行检查，在准备工作就绪后才能进行施工作业，

2. 建立健全项目质量管理制度，落实管理责任

在工程开工阶段，应建立健全项目质量管理制度，落实管理责任，让全体施工人员能明确自己的岗位职责。首先，应明确规定项目经理的管理职责，作为工程项目的首要负责人，项目经理应亲自抓好质量管理工作其次，应明确项目质量经理的管理职责，具体负责项目质量管理工作，主要如下：组织制订项目质量计划；根据项目质量计划的要求，检查、监督项目质量计划的执行情况，尤其是对质量控制点的检查、验证、评审等活动；如果发现技术、管理中存在重大质量问题应组织研究，并上报至项目经理；组织编制项目质量执行报告，上报至项目经理和质检部门、各技术工种、各部室、各专业负责人、各作业队应完成各自的质量管理责任，才可以保证水利工程施工的质量。

3. 明确项目质量管理的目标，制订计划方案

在执行项目质量计划方案时，应从项目总体出发，结合具体项目的特点，明确质量控制的重点环节，将项目采购、实施环节纳入质量管理中。同时，质量管理计划应简明扼要，操作性强。

（二）施工过程中质量管理

1. 人的管理

是质量管理的重要环节，也是最关键的环节。在水利工程施工过程中，项目经理、施工人员的任何行为，都可能对项目质量和进展造成影响。因此，在水利工程施工过程中，应加强人的管理，宣传质量管理意识。质量意识的高低，在很大程度上受到宣传力度的影响。从目前来看，由于施工人员的文化素质较低，在质量意识宣传方面要分层次进行，将复杂的理论以通俗的语言表达出来：质量意识应为一个自上而下、自下而上的过程，在多次循环中，施工人员才能树立起质量意识。同时，在工程施工过程中，施工企业还应该认识到团队精神的重要性，通过各种激励措施激发员工的工作积极性，为质量控制打下基础。在水利工程施工过程中，应树立“以人为本”的管理理念，逐步推行项目人本管理模式，通过“异而不乱、和而不同”方法，能够提高质量管理的水平。

2. 强化工地试验

在工程质量管理工作中，工地试验是其重要环节。工地试验由企业自检部门组成在工地试验中，对试验人员素质提出了很高的要求，同时，试验人员应对工作负责，实事求是。如果试验人员在工作中玩忽职守，不仅浪费企业资金，还会延误工期，甚至可能造成严重影响。在实验室配置方面，应选择合适的试验方法，并选择与之配套的仪器和设备。以测量工作为例，在设备选择时应尽量选择全站仪进行校验，主要是因为全站仪精度较高，还能提高工作效率。

（三）工程竣工后的质量管理

在工程竣工后，应做好工程质量检验，细化工程质量评定指标，对水利工程施工作业进行严格检查在工程质量评定时，应根据质量评定的方法和标准，结合施工质量的实际情况，确定施工质量的等级，根据工程项目划分的方法，可将质量评定分为以下几项：单元工程、分部工程、单位工程、项目等质量评定。在工程质量检验时，可以工程产品、工序安排为重点，判断工程质量和规定是否相符。

四、水利工程建设与生态环境可持续发展的措施

（一）遵循生态建设标准，提高水利工程的生态建设能力

水利工程的可持续发展是要在满足当代需求和实现水利工程基本作用的前提下，不出现损坏后代发展能力，能持续提供高质量的水利效益，生态建设的可持续发展需要在不产生危害的前提下来改善生活质量，减少生态环境的破坏：进行水利工程建设和开发时，要遵循生态建设的标准和要求，遵守生态环境规范，建设项目要满足可持续发展标准，并做出多项方案进行选择，综合评价环境影响，将正面效益最大化，来降低对环境的影响。

（二）水利工程建设结合环境工程设计，提高生态化水平

进行水利工程设计时，应当充分吸收环境科学技术的理论，达到水质与水量同步，结合水环境污染，设置相对应的防治工程。水利工程中的作用水量，考虑季节变化产生的影响，同时充分利用在雨水季节或枯水季节中不同的应对措施。生态水利要立足于水利工程建设和环境生态上，将水量的高效利用和水质的有效优化进行有机结合，实现水利建设中的生态平衡。

（三）建立科学发展观，合理引导水利工程建设的生态建设

要用科学发展的眼光来规划水利工程建设，转变传统的规划观念，调整开发思路，深入生态建设理念，做好水利工程的生态环境影响评价和保护环境设计，设置相关制度，加强对环境的检测。贯彻全面管理的思想，统筹考虑水利开发的规划管理，通过先进生态技术的支撑，来完善水利建设的生态发展水平，减少对环境的破坏程度。

随着社会经济的快速发展，能源的可持续发展是未来面临的主要问题。水利工程建设作为经济发展重要的支柱，需要从实际出发、保持和生态建设的同步性，在促进经济发展的同时，要能保证经济发展同保护生态环境步调一致，进一步调整人与环境的关系，实现人与自然的和谐。

第二章 水利工程水环境功能与生态功能

第一节 水利工程水环境功能

一、流域湿地水质净化功能研究进展

（一）流域湿地水质净化功能的内涵

湿地是自然界中最重要的自然资源、景观及生态系统，在维护生物地球化学平衡、净化水质方面发挥着巨大的作用，但是随着人类活动的影响，地球原本的生态平衡遭到极大的破坏。同时，湿地生态系统遭到极大的破坏，导致其原有的湿地净化功能不断减弱，从而引发水质下降、物质平衡失调等一系列生态问题。

（二）湿地的水质净化功能

湿地是重要的国土资源和自然资源，如同森林、耕地、海洋一样，具有多种功能。湿地与人类的生存、繁衍、发展息息相关，是自然界最富生物多样性的生态景观和人类最重要的生存环境之一，它不仅为人类的生产、生活提供多种资源，而且具有巨大的环境功能和效益，在抵御洪水、调节径流、蓄洪防旱、控制污染、调节气候、控制土壤侵蚀、促淤造陆、美化环境等方面有其他系统不可替代的作用，因此湿地被誉为“地球之肾”。在世界自然保护大纲当中，湿地与森林、海洋一起并称全球三大生态系统。

湿地具有去除水中营养物质或污染物质的特殊结构和功能属性，在维护流域生态平衡和水环境稳定方面发挥着巨大的作用。

1. 天然湿地的自我净化功能

流域湿地本身就是天然的生态系统，在一定程度上可以完成自我净化功能。但是由于近年来农村农业经济的发展，村民在河内的大量作业活动，严重影响湿地生态系统的多样性，使湿地难以完成水体的自我净化。

湿地一项重要的作用就是净化水体。当污水流经湿地时，流速减缓，水中的有机质、氮、磷、重金属等物质，通过重力沉降、植物和土壤吸附、微生物分解等过程，会发生复杂的物理和化学反应，这个过程就像“污水处理厂”和“净化池”一样可净化水质。湿地在净化农田径流中过剩的氮和磷方面发挥着极其重要的作用。

随着农村经济发展需求的逐步提升，河流退化、面源污染增加、社区环保意识不强等问题也日益凸显，使得原本的湿地面临着越来越严峻的水质和水量安全问题。

2. 人工湿地具有水质净化功能

天然湿地是处于水陆交接相的复杂生态系统，而人工湿地是处理污水而人为设计建造的、工程化的湿地系统，是近些年出现的一种新型的水处理技术，其去除污染物的范围较为广泛，净化机制十分复杂，综合了物理、化学及生物的三种作用，供给湿地除污需要的氧气；同时由于发达的植物根系及填料表面生长的生物膜的净化作用、填料床体的截留及植物对营养物质的吸收作用，而实现对水体的净化。

人工湿地具有投资省、能耗低、维护简便等优点。人工湿地不采用大量人工构筑物和机电设备，无须曝气、投加药剂和回流污泥，也没有剩余污泥产生，因而可大大节省投资和运行费用。同时，人工湿地可与水景观建设有机结合。人工湿地可作为滨水景观的一部分，沿着河流和湖泊的堤岸建设，可大可小，就地利用，部分湿生植物（如美人蕉、鸢尾等）本身即具有良好的景观效果。

（三）做好湿地水质净化工作，创造良好的生态环境

1. 流域湿地保护仍然存在着问题

湿地保护仍然是生态建设中一个十分突出的薄弱环节，面临的形势还相当严峻首先，面临着经济发展的巨大压力。过去的压力主要来自解决吃饭问题，为增加耕地而大量开垦围垦湿地。当前的压力则更多的来自对经济发展的追求，为了经济建设而过度开发湿地资源，其次，影响湿地保护管理工作的一些基本问题未得到解决、特别是思想认识缺位，政策机制缺乏，资金投入缺少，管理体系薄弱。这些问题，导致了一些地方盲目开发利用、乱占滥用湿地的现象不断发生，使得湿地面积不断减少，湿地功能不断下降，并且这种趋势还在继续。

虽然近年来在改善和保护环境方面取得了一些进步，但现实仍然令人忧虑：各行各业的努力和成果并不平衡，大多数工业企业依然采取传统的生产方式，很少致力于可持续发展。污染企业正在全球范围内向最贫穷国家转移，而这些国家往往缺乏保护环境、卫生和生产安全的能力。经济的发展和对商品、服务需求的增长正在抵消改善环境的努力。

2. 大力响应国家的湿地保护政策

湿地与森林、海洋并称为全球三大生态系统，被誉为“地球之肾”。健康的湿地生态系统是国家生态安全体系的重要组成部分，对经济社会发展发挥着越来越大的作用。

随着国家对生态建设的高度重视，社会对湿地的认识正在经历着把湿地看成是荒滩荒地到将湿地作为国家重要生态资源的转变相应的，在思想观念上正在经历由注重开发利用到保护与利用并重，并逐步做到保护优先的转变，这些转变虽然是初步的，但对湿地保护工作具有十分重要的意义。

二、净化水质环境污水处理技术

（一）引言

水，是人类的生命之源。地球表面有70%都被水所覆盖，而成人身体也有70%是由水组成的。总而言之，没有了水，这个世界将会灭亡。所以说，目前国内出现的水质环境污染问题，直接威胁着人们的生存以及生活。经济发展难免会导致污水的出现，而我们当下需要做的是如何去处理污水，从而净化水质环境，实现可持续发展。

（二）我国水质环境现状分析

虽然地球表面70%被水所覆盖，但是人类可直接使用的水源其实微乎其微。目前，全世界都处于一种缺水的状态之中。更加雪上加霜的是，水源污染问题已经在世界范围内蔓延开来中国，作为新兴国家的后起之秀，有着庞大的人口数量以及严重的水源污染问题。随着中国城镇化进程不断推进，现在中国的水源污染所呈现出的趋势为：由一二线城市向三四线城市蔓延，由城镇地区向农村地区蔓延，由东部地区向西部地区蔓延。很显然，如果我们继续制造污水而不加以处理，用不了多长时间，全国范围内的水质环境都会受到不同程度污染。

另外，我国的排污量更是以一个飞快的速度在增长。总体来说，造成了我国水质环境污染的根源是污水的排出，而污水的来源主要有以下几方面：

1. 工业废水未经处理直接排出

工业废水是造成我国水质环境污染最主要的原因。虽然从总量上来说，工业废水的排放要远远小于生活废水的排放。但是，工业废水所含有的有害物质，确实是生活废水所远远不可比的。如果工业废水不经过处理就直接排放，那对水质环境造成的危害可想而知。而事实上，很多的工厂为了节约生产成本以及逃避政府监管，常常都是将工业废水直接排放到江河等水源当中，尤其是印刷厂、造纸厂及化学厂等重污染行业。这种做法，直接造成了水源环境的污染。

2. 生活废水的排放量越来越大

生活废水对水质环境的危害虽然要比工业废水小得多。不过，近年来生活废水的排放逐年增加，并且增长趋势越来越明显。从总体上来看，生活废水的污染力也不可忽视。在固有的观念里，大家都认为生活废水并不会对水质环境造成多大的影响。也许正是因为这样，生活废水的集中处理率比工业废水要小得多。再加上国家在处理生活废水方面并没有制定明确的法律法规，所以近年来生活废水造成的污染问题才会越来越严重。

3. 农业废水有害物质越来越多

农业废水主要是指家禽养殖业造成的粪便污染及农药使用时造成的土壤污染，以上任何一种污染，最后都会造成地表水乃至地下水的水源问题。尤其是其中的农药问题，更是需要引起我们的注意。不少的农民为了追求高产量，在种植农作物的过程当中都会选用农药。而市面上所销售的农药，大多数都含有剧毒，并且是土壤无法分解的长期使用的话，必将由土壤污染最后造成水源污染

（三）常见的污水处理技术

我国目前确实存在着不小的水质环境污染问题，造成这种情况的原因之一是人们尤其是工业厂家的环境保护意识不够强烈，之二是国家相关保护水质环境安全的法律法规缺失，之三是污水处理技术比较落后。污水处理最根本的目的，就是将污水中的有毒有害物质以及其他的污染物从水体中分离出来，或者是采取其他方法将其分解转化，直至污水得以净化。目前所应用的污水处理技术基本上离不开物理方法、化学方法以及生物方法，基本上所有的技术都是基于这三种方法展开的。下面将罗列一列比较常见的污水处理技术。

1. 水体自净

所谓的水体自净，其实就是不采取人为操作的手段，让水体中的污染物浓度自然降低的过程。一般来说，物理净化、化学净化、生物净化是水体自净的三种机制。其中，物理净化是指水体自身的扩散、沉积、稀释、冲刷等作用，化学净化是指水解、氧化、吸附等化学反应，生物净化是指水中生物尤其是微生物的降解作用。在大部分情况下，以上提到的这三种水体自净的机制是同时发生的，而且互相交错。并不一定说必须是其中的哪一种起主导作用，具体还是要看污水的性质与特征。水体自净实质上是一种不作为的污水处理方式，效果虽然不如其他方法那么显而易见，但是遵循自然规律，成本也很低。一般程度的污水，水体自净的功能能起到初步净化的作用。

2. 活性污泥污水处理技术

活性污泥污水处理技术可以算得上是最为广泛运用的污水处理方法了，在国内外都是当之无愧的主流技术。因为使用这种方法来处理污水，不仅需要投入的设备以及技术成本较低，而且处理效率很高，处理效果也是稳定可靠’一般情况下，大中型的污水处理厂采用的都是这种污水处理技术，活性污泥处理技术需要用到排污泵、格栅、吸砂机等设备，本质上还是属于物理方法的一种。

3. 氧化沟污水处理技术

氧化沟工艺是在传统活性污泥法的基础上发展演变而来的：它与活性污泥法相比，强调的是稳定高效。在技术难度上与活性污泥法相差无几，但是比其成本更低、效果

更好。根据实际情况的不同，氧化沟工艺也有很多的类型：在设备方面，氧化沟工艺与活性污泥法是相似的，比如说排污泵、格栅等。

4. 生物接触氧化处理技术

很显然，生物接触氧化处理技术是一种生物方法二不过从本质上来说，生物接触氧化处理技术是活性污泥法与生物膜法的结合，具备以上两种方法的优点，采用这种污水处理方法，首先需要建造一个生物接触氧化池，然后往里面充填填料。当污水流过填料的时候，填料上会形成生物膜，生物膜上存在着很多的微生物在微生物的降解作用下，污水得以净化。生物接触氧化处理技术相对而言技术含量较高，同时处理效果也较好。

以上提到的几种污水处理技术，都是现在比较常见且容易运用的。具体选择哪一种，还是要从实际情况出发，毕竟不同的方法在适用范围上有所不同。不同的污水处理方法之间，可以取长补短，相互补充在实际的应用当中，很多时候光凭一种方法是很难达到无数处理目的的，这就要求相关技术人员了解不同方法的优缺点，从而熟练且灵活地运用。

（四）我国污水处理技术的发展趋势

在水质环境净化方面，我国依然存在着起步晚、发展慢的老问题，所以说污水处理技术相对于国外也还是比较落后的近些年，国家对于水质环境保护的重视度越来越高，从而推动了污水处理技术的新发展。目前，我国污水处理技术应该朝着科学化、集中化、环保化这三方面努力，走上可持续性的发展道路。关于污水处理，需要考虑的是如何最大限度地净化水源，保证不会发生二次污染；要考虑的是如何降低成本，获取更大的经济效益和环境效益。

第二节　水利工程生态功能

一、河流流域生态安全综合评估方法

（一）评估方法体系构建

1. DPS1R 模型的建立

DPSIR 模型通常运用在环境测量的系统之中，同时受到了较好的评价。对河流流域生态安全的评估选用该方法能够在驱动力、压力、状态、系统影响及系统响应五个方面做出深层次的解析。

驱动力主要是从人口、社会和经济发展三个方面着手，与河流区域的发展和人类生活相结合，能够体现出双方间具有的根本性联系。压力指标主要是因为人类在生产生活中排放的生活垃圾和工业的废水，这对河流的生态环境有着极其恶劣的影响，甚至是难以挽回的影响，对河流所蕴含的资源压力和环境压力造成了直接的损害。状态指标主要是通过水量、水质对河流的生态进行具体描述影响指标是反映河流流域对人类的生命健康和社会发展有着什么样的作用。在对比陆地生态、水生态和社会生态的情况下，分析河流的作用。最后一点是响应指标，即通过人类的反馈对河流进行改造和改善，更好地实现社会价值、经济价值和生态价值在这个过程中发现问题，并且寻找切实可行的方案改变不良的局面，建立更好的生存环境。

2. 评价步骤和流程

在评价的步骤上，首先要进行的就是数据的预先处理在环境保护上我们有一个重要的定律，就是当环境和生态质量指标形成等比关系时，环境和生态效应之间会出现等差反映，因此，我们需要得出正向型指标和负向型指标，具体的公式为：正向型指标 = 现状值 / 标准值，负向型指标 = 标准值 / 现状值在完成该步骤后，我们要对各层权重进行确定。这是在 AHP 的群体决策模型上进行方案选择的。最后我们要对调查的各项数据进行汇总及综合指数的计算。

（二）河流生态修复评价方法

20 世纪 80 年代初首次提出了“社会—经济—自然复合生态系统”的理论，与自然生态系统理论的区别在于充分重视人类活动对于自然生态系统的能动性。“社会—经济—自然复合生态系统理论”中指出不应孤立地研究自然资源环境退化的问题，而是应该把人类社会的进步和经济的发展与自然环境的退化统一联系起来，在确定社会经济发展的速度和规模的同时必须考虑自然生态系统的承载力在研究河流生态系统退化和河流生态修复时，应首先对河流自然环境状况进行评价，以判断河流生态系统是否退化，是否退化到不得不修复的程度；然后对河流周边城市社会发展状况进行评价，以判断其是否具有足够的经济能力去支撑河流生态修复的过程。若河流生态系统状况未恶化到一定程度，就没有必要对其进行生态修复；若河流生态系统退化程度严重，但河流周边社会经济发展状况较差，没有能力支撑修复费用，也无法对河流进行生态修复。因此，应在河流生态系统退化严重且社会经济发展程度较高的区域开展生态修复，即进行河流生态修复需要满足修复必要性和经济可行性两个先决条件。

这里针对受损河流生态系统缺乏基础资料的现状，提出以河流生态系统退化状况为参照系统，构建定量的修复标准作为河流生态修复的期望目标，并选择层次分析法（AHP 法）作为河流生态修复的评估方法。层次分析法具有所需定量数据少，易于计算，可解决多目标、多层次、多准则的决策问题等特性，其本质在于对复杂系统进行分析和综合评价，对评价的元素进行数学化分析 & 运用 AHP 法对河流生态修复进行评估时，首先分析表征河流生态系统主要特征的因素以及经济可行性评价分析因素，建立递级层次结构；其次通过两两比较因素的相对重要性，构造上层对下层相关因素的判断矩阵；在满足一致性检验基础上，进行总体因素的排序，确定每个因子的权重系数；最后确定评价标准，采用综合指数法或模糊综合评判方法进行相关计算，从而构成基于修复必要性评价和经济可行性评价分析的河流生态修复评价指标体系。

1. 指标因子的筛选

参考国内外关于河流生态环境的评估指标和现有关于经济可行性评价的研究成果，结合河南省河流现有特征，从生态修复必要性评价和社会经济可行性评价两方面共选取 12 个指标来构建河流生态修复的指标体系，分为目标层、因素层及指标层 3 个层次结构。

河流生态系统受人类活动的干扰而功能受损，修复必要性评价实质上是分析河流生态系统的退化程度一由于河流生态系统囊括的范围较广，在分析河流生态系统退化的时候，需要综合考虑河流的生境因素、水文水质因素，且不能仅仅局限于河流水质的恶化，需要更进一步地分析水质恶化造成的河流生态结构的变化、河流基本功能的丧失等。选用河流生境状况和环境评价指标作为河流生态系统修复必要性的两类评价指标。

经济可行性评价主要表征经济因素对河流生态的驱动作用，反映生态脆弱地区存在的“越污染越贫困，越贫困越污染”的河流利用困局。研究经济可行性评价的目的在于了解河流生态修复的综合效益和合理程度。分析研究区域内经济发展与河流生态的关系时，既不能一味地追求经济发展而忽略河流生态的恶化，又不能一味地追求河流生态恢复而弱化经济利益的满足，因此，在经济可行性评价中选用社会状况指标和经济状况指标来进行相关的评价。

在所有评价指标中，绝对权重值最大的 5 个指标依次为单位 GDP 用水量、水质平均污染指数、水资源开发利用率、水功能区水质达标率、污水处理率，是河流生态修复评价指标体系中的关键指标 - 既包括修复必要性评价指标，又包括经济可行性评价指标，表明修复必要性评价与经济可行性评价的同等重要。对比因素层和目标层之间的相对权重值，可以分析出社会经济状况指标的重要性。

2. 指标评价基准

评价基准以河流生态系统功能以及完善程度作为原型来确定，并参考国际标准及水质监测数据，部分指标参照国内相关研究文献，评价基准分为优、良、中、差 4 个级别。

为了避免不同物理意义和不同量纲的输入变量不能平等使用，采用了模糊综合评判模型，将指标数值由有量纲的表达式变换为无量纲的表达式在模糊综合评判时，需要建立隶属函数，使模糊评价因子明晰化，不同质的数据归一化。

（三）评估方法体系构建

1. DPSIR 概念模型

DPSIR 模型是一种在环境系统中广泛使用的评估指标体系概念模型基于 DPSIR 概念模型框架，该研究将河流流域生态安全评估指标分解为驱动力、压力、状态、影响及响应五个层次。

（1）驱动力指标反映河流流域所处的人类社会经济系统的相关属性，可以从人口、经济和社会三个部分梳理指标。

（2）压力指标反映人类社会废物排放对河流流域的直接影响，包括资源压力、环境压力和生态压力。

（3）状态指标直接反映河流流域生态的健康状况，可以通过水质、水量和水生态三方面来表征。

（4）影响指标反映流域所处的状态对人类健康和社会经济结构的影响，可以从陆地生态、水环境和社会发展三方面影响考虑。

（5）响应指标反映人类的“反馈”措施对社会经济发展的调控及河流水质水生态的改善作用。

2. 指标体系构建

考虑到河流生态系统和社会、经济系统的复合性，对于河流生态安全的评估必须从社会—经济—生态复合生态系统出发。体现到指标选取上，综合评估的指标体系必须从社会经济发展、污染物排放、复合生态系统压力以及河流水质水生态等多方面进行梳理，选取最具代表性的指标。结合对DPSIR概念模型应用于河流生态系统的分析并根据层次分析法，构建包含目标层、方案层、准则层和指标层4个层次的河流流域生态安全评估备选指标体系，在具体流域的指标使用上，需根据数据的可得性、独立性、显著性及指示性原则，同时利用相关分析和主成分分析等数学优选方法，筛选出既能反映当地流域环境特征，也具有时间差异性的指标体系。

二、河流生态治理

（一）河流生态修复的原则

1. 保护优先，科学修复原则

生态修复不能改变和替代现有的生态系统，要以保护现有的河流生态系统的结构和功能为出发点，结合生态学原理，以河流生态修复技术为指导，通过适度的人为干预，保护、修复及完善区域生态结构，实现河流的可持续发展。

2. 遵循自然规律原则

尊重自然规律，将生态规律与当地的水生态系统紧密结合，重视水资源条件的现实情况，因地制宜，制订符合当地河流现状的建设和修复方案。

3. 生态系统完整性原则

生态系统指在自然界的一定的空间内，由于生物与环境之间不断地进行着物质循环与能量流动的过程，而形成的统一整体，完整的生态系统能够通过自我调节和修复，维持自己正常的功能，对外界的干扰具有一定的抵抗力。要考虑河流生态系统的结构和功能，了解生态系统各要素间的相互作用，最大可能地修复和重建退化的河流生态系统，确保河流上下游环境的连续性。

4. 景观美学原则

河流除能满足渔业生产、农业灌溉和生活用水外，还能为人类提供休闲娱乐的场所无论是深潭还是浅滩，无论是水中的鱼儿还是嬉戏的水鸟，都能给人带来美的享受。河边的绿色观光带也为人类提供了一幅幅美丽的画卷。因此，河流生态系统的修复，还应注重美学的追求，保持河流的自然性、清洁性、可观赏性以及景观协调性。

5. 生态干扰最小化原则

在生态修复过程中，会对河流生态系统产生一种干扰，为了防止河流遭到二次污染和破坏，需合理安排施工期，严格控制施工过程中产生的废水、废渣。保证在施工修复的过程中，对河流生态系统的冲击降到最低，至少要保证不会造成过大的损害，

（二）河流生态治理效果

1. 恢复河流自然蜿蜒特性

天然的河流一般都具有蜿蜒曲折的自然特征，所以才会出现河湾、急流、沼泽和浅滩等丰富多样的生境，为鱼类产卵以及动植物提供栖息之所。但是，人类为了泄洪和航运，将河道强行裁弯取直，进行人工改造，使自然弯曲的河道变成直道，破坏了河流的自然生境，导致生物多样性降低。因此，在河流生态修复的过程中，应该尊重河流自然弯曲的特性，通过人工改造，重塑河流弯曲形态还能修建弯曲的水路、水塘，创造丰富的水环境。

2. 生态护岸技术

生态护岸是一种将生态环境保护和治水相结合的新型护岸技术主要是利用石块、木材以及多孔环保混凝土和自然材质制成的亲水性较好的结构材料，修筑于河流沿岸，对于防止水土流失、防止水土污染、加固堤岸、美化环境和提高动植物的多样性具有重要的作用。生态护岸集防洪效应、生态效应、景观效应和自净效应于一体，不仅是护岸工程建设的一大进步，也将成为以后护岸工程的主流：因为生态护岸除能防止河岸坍塌外，还具备使河水与土壤相互渗透，增强河道自净能力的作用，透水的河岸也保证了地表径流与地下水之间的物质、能量的交换。

3. 改善水质

改善河流的水质状况是河流生态修复的重点。一般有物理法、化学法、生态与生物结合法。其中，生态与生物结合法是比较常见的，也是最普遍、应用最广泛的方法：生态与生物结合法主要有人工湿地技术、生物浮岛技术和生物膜技术等。

（1）人工湿地技术

人工湿地技术是为了处理污水，人为地在具有一定的长宽比和坡度的洼地上，用土壤和填料混合成填料床，使污水在床体的填料缝隙中流动或在床体表面流动，并在床体表面种植具有性能好、成活率高、抗水性强、生长周期长、美观以及具有经济价值的水生植物的动植物生态体系，它是一种较好的废水处理技术，具有较高的环境效益、经济效益和社会效益。

（2）生态浮岛技术

生物浮岛是一种针对富营养化的水质，利用生态工学原理，降解水中的COD、氮、

磷的含量的人工浮岛。它能使水体透明度大幅度提高，同时水质指标也得到有效的改善，特别是对藻类有很好的抑制效果。生态浮岛对水质净化最主要的功效是利用植物的根系吸收水中的富营养化物质，例如总磷、氨氮、有机物等，使得水体的营养得到转移，减轻水体由于封闭或自循环不足带来的水体腥臭和富营养化现象。

（3）生物膜技术

生物膜法主要是根据河床上附着的生物膜进行进化和过滤的作用人工填充填料或载体，供细菌絮凝生长，形成生物膜，利用滤料与载体较大的比表面积，附着种类多，数量大的微生物，使河流的自净能力大大增强。

4. 河流生态景观建设

河流生态景观建设是指在河流生态修复过程中，除致力于水质的改善和恢复退化的生态系统外，还应该使河流更接近自然状态，展现河流的美学价值，注重对河流的美学观赏价值的挖掘。在修复河流的同时，也为人类提供了一片休息娱乐的地方。

随着人们对河流认识的加深，关于河流治理的呼声越来越高。我国在河流生态修复方面还处于技术研究的阶段。因此，还需要在河流修复实践过程中不断地积累经验，逐渐形成完善的河流生态修复体系，最终实现河流的生态化及自然化。

（三）河流生态治理措施

1. 修复河道形态

修复河道形态，即采取工程措施把曾经人工裁弯取直的河道修复成保留一定自然弯曲形态的河道，重新营造出接近自然的流路和有着不同流速带的水流，恢复河流低水槽（在平水期、枯水期使水流经过）的蜿蜒形态，使得河流既有浅滩，又有深潭造成水体多样性，以利于生物多样性。

2. 采用生态护坡

（1）植物护坡

采用发达根系植物进行护坡固土，既可以固土保沙，防止水土流失，又可以满足生态环境的需要，还可以进行景观造景，在城市河道护坡方面可以借鉴。近年来，一些发达国家利用水力喷播的方法在人们常规方法难以施工的坡面上植草坪。使用种子喷射机将种子、肥料以及保护料等一齐喷上边坡。与传统植草方法相比，具有可全天候施工、速度快、工期短的优势，成坪快、减少养护费用，不受土壤条件差和气象环境恶劣等影响。

3. 抛石、铺石护坡

抛石护坡是将石块或卵石抛到水边而成的最简单的工程，洪水时可以用天然石所具有的抵抗力来保护河岸。另外，抛石本身含有很多孔隙，可以成为鱼类以及其他水生生物的栖息场所铺石是将天然石铺于坡面，令石块互相咬合以保护坡面。一般用于急流处，但是缓流处若洪水时间较长，也可以用铺石护岸。石块和石块之间不用水泥填缝，其水下部分成为水生生物的栖息所，陆地土砂堆积也成为昆虫和植物的生育场所。

4. 新素材、新工法在生态护坡中的应用

袋装脱水法：将施工时产生的河底淤泥淤土装入大型袋子里，在现场脱水且固化，然后整袋不动地用作回填土或护岸、袋子材料要用植物扎根时可通过的，以期成为植物的生长基土袋装卵石法：将卵石或现场产出的混凝土弃渣装入用特殊网制成的袋中。由于具有多孔性，故其水下部分作为鱼类的居栖之所。这些泥土或混凝土弃渣，一般都是作为废弃物处理的，此时作为新型材料而被应用，不但美化了自然环境，而且减轻了环境负担。

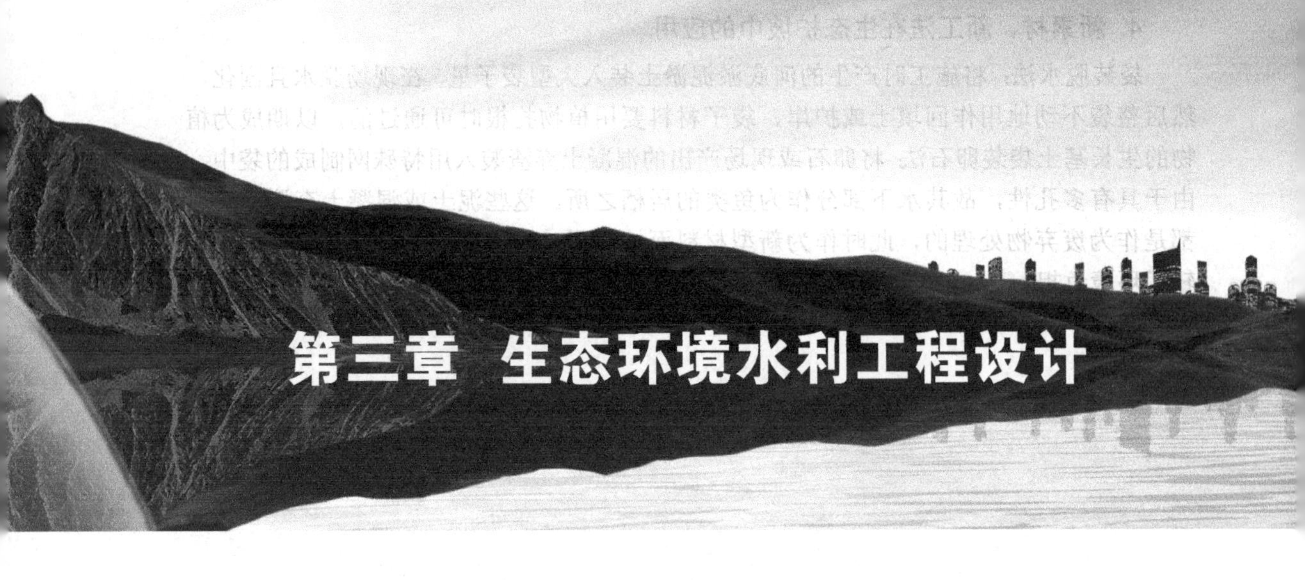

第三章 生态环境水利工程设计

第一节 生态环境水利工程的任务和目标

一、生态环境水利工程的任务

水利工程对生态环境有重大的影响，水利工程建设过程中会对生态环境产生一定的不利影响，造成水生态环境的破坏，例如影响河流的连续性、平面形态、断面形式和过渡段；改变自然水文条件；造成一定的淹没区；影响地表植被、地貌及地层稳定，造成水土流失等。

此外，其他建设工程对水生态环境也会产生不利的影响，例如城市建设对集水区的自然属性影响较大，地表硬质化使得的雨水下渗能力降低，地面的沟壑、湿地、水塘、湖泊等的消失，造成雨水拦蓄能力地降低等；市镇建设发展对水量需求增大，水污染日益严重等。

水利工程还具有改善水生态环境的功能，例如水库工程具有蓄洪、滞洪，降低洪峰，降低洪水造成的损失，使洪水资源化的作用；小流域治理工程具有减小水灾害，促进水土保持，涵养水源，改善小气候的功能。城市河道治理具有改善小气候和美化环境等作用。

生态环境水利工程的任务是修复受损水生态环境，将水利工程对水生态环境的不利影响降到最低，改善水生态环境、小气候和美化环境。最大程度地发挥水利工程的水生态环境功能，实现兴利、防灾减灾及改善水生态环境的综合治理目标。

二、水利工程生态环境治理的目标

（一）水功能区划与水质环境治理目标

水功能区划是实现水资源可持续发展的基础，是实现水资源全面规划、综合开发、合理利用、有效保护和科学管理的依据，是提高水资源利用率的重要条件。水功能区划是在宏观上对流域水资源的利用状态进行总体控制，统筹协调有关用水矛盾，确定总体功能布局，在重点开发利用水域内详细划分多种用途的水域界限，以便为科学合理地开发利用和保护水资源提供依据。

水功能区划采用三级体系，一级区划为流域级，二级区划为省级，三级区划为市级。一级水功能区划分为四类，即保护区、保留区、开发利用区、缓冲区。二级水功能区划重点在一级区划的保护区、开发利用区内进行细分，分为十类，即源头水保护区、自然保护区、调水水源区、饮用水源区、工业用水区、农业用水区、渔业用水区、景观娱乐用水区、过渡区及排污控制区。

（二）水生态治理目标、原则和任务

1. 河流生态恢复的目标

河流生态恢复的目标是维护原生态系统的完整性，包括维护生物及生境的多样性，维护原有生态系统的结构和功能。河流生态恢复的目标层次主要有：

（1）完全恢复

生态系统的结构和功能完全恢复到干扰前的状态。这意味着首先要完全恢复原有河流地貌，需要拆除河流上大部分大坝和人工设施，得恢复河道原有的蜿蜒性形态。

（2）修复

生态系统的结构和功能部分恢复到干扰前的状态。不需要完全恢复原有河道地貌形态，可以采用辅助修复工程，部分恢复生态系统的结构和功能，维护生态系统重要功能的可持续性。

（3）增强

采用增强措施补偿人类活动对生态的影响，使生态环境质量有一定的改善。增强措施主要是改变具体水域、河道和河漫滩特征，改善栖息条件。但增强措施是主观的产物，缺乏生态学基础，其有效性还需要探讨。

（4）创造

开发原来不存在的新的河流生态系统，形成新的河流地貌和河流生态群落。创设新的栖息地来代替消失或退化的栖息地。

（5）自然化

对于水利开发形成的新的河流生态系统，通过河流地貌及生物多样性的恢复，使之成为一个具有河流地貌多样性和生物种群多样性的动态稳定的、具有自我调节能力的河流生态系统。

2. 河流生态恢复的原则

（1）河流生态修复与社会经济协调发展原则。

（2）社会经济效益与生态效益相结合的原则。

（3）生态系统自我设计、自我恢复的原则。

（4）生态工程与资源环境管理相结合的原则。

3. 河流生态恢复的任务

河流生态系统恢复的任务有三项：恢复或改善水文、水质条件；恢复或者改善河流地貌特征；恢复河流生物物种。

（1）水文、水质条件

水文条件的改善主要包括水文情势的改善、河流水力条件的改善，要适度开发水资源，合理配置水资源，确保河流生态需水要求。提倡水库运用的生态调度准则，即在满足社会经济需求的基础上，尽量按照自然河流丰枯变化的水文模式来调度，以恢复下游的生境和水文规律。

通过控制污水排放、提倡源头清洁生产、加大污染处理力度及推广生物治污技术，实现循环经济以改善河流水质。

（2）河流地貌的恢复

河流地貌恢复的主要内容：河流纵向连续性的恢复、河流横向连通性的恢复；河流纵向蜿蜒性恢复、河流横向水陆过渡带的恢复；和河流关联的滩地、湿地、湖泊、滞洪区的恢复。

（3）生物物种时恢复

主要恢复与保护河流濒危、珍稀、特有物种，恢复原有物种群的种类和数量。

第二节 水利工程水质净化功能的设计

一、水库工程水质净化必须库容

水环境水利工程的目的是改善水质，治理水环境，提高水环境容量。一般来说，城市水环境水利工程的水库库容有限，不具备调节能力，是无调节水库。入库流量等于泄水流量，主要利用水库容积，使污水自然修复（降解），达到改善水质的目的。因此，水环境水利工程应保证具有一定的库容。为将污染物浓度控制在一定范围内（小于 c_s）所需要的库容，即为水环境水利工程的必须库容 $V_{必}$。这是水环境水利工程的重要工程指标。下面利用水环境容量概念来确定必须库容 $V_{必}$。无调节水库水环境容量包括：自净容量、迁移容量两部分。设入库水流污染物浓度为 c_o（mg / L），污染物浓度控制标准为 c_s（mg / L），流量为 Q（m^3 / s），水库泄水量也为 Q（m^3 / s），水库容积为 V（m^3），污染物的自然衰减系数为 K（1 / d），则水库水环境容量 W（g

/ d）为

$$W = Kc_sV + 3600 \times 24(c_s - c_0)Q \qquad (3\text{-}1)$$

如果城市的排污量 $W_{排}$等于水库水环境容量 W，那么相应的库容即为必须库容，必须库容的计算公式为

$$V_{必} = \left[W_{排} - 3600 \times 24(c_s - c_0)Q\right]\frac{1}{Kc_s} \qquad (3\text{-}2)$$

如果水库总库容不小于 $V_{必}$，则水库容积满足工程改善水质的要求，能将污染物浓度控制在 c_s 之内。否则需增大库容，才能达到改善水环境的目标，有效控制污染物的浓度。

式（3-1）、式（3-2）中，入库流量是一个重要指标。应按一定的设计频率（设计保证率）选择设计典型年，取得设计典型年的枯水期最小流量作为计算流量。目前还没有关于水质设计保证率的标准，因此可根据具体治水要求目标来确定。

不同污染物的自然衰减系数为K（1 / d）不同，对污染物浓度控制标准为 C_s 也不同。因此，要分别进行计算。总体而言，可以选择几种主要污染物进行控制计算，作为确定工程规模的依据。

城市环境水利工程的规模取决于水库正常水位。水库正常水位必须保证水库容积不小于水库的必须库容 V 必，相应的水位为水库最低正常水位。正常水位还受限于其他条件，如淹没、城市排污等要求，并由此确定最高正常水位。所以设计正常水位应在最高、最低正常水位之间选择，权衡其他要求，综合技术经济比较选择合理的正常水位。

二、水库拦河坝的位置、回水距离和水深

BOD—DO 水质模型的基本方程为

$$\frac{\partial C}{\partial t} + U\frac{\partial C}{\partial x} = -K_1C \qquad (3\text{-}3)$$

$$\frac{\partial O}{\partial t} + U\frac{\partial O}{\partial x} = -K_1C + K_2(O_s - O) \qquad (3\text{-}4)$$

或

$$\frac{\partial O}{\partial t} + U\frac{\partial O}{\partial x} = -K_1C + c\frac{U^n}{H^m}(O_s - O) \qquad (3\text{-}5)$$

（一）水库溶解氧的垂直分布情况

水库库容较大时，水面近似静止，溶解氧主要通过分子扩散进入水体，溶解氧在

水体分布形成一定梯度，促进氧分子扩散，补充污染物的耗氧。

若$U=0$，则

$$\frac{\partial O}{\partial t}=-K_1C \tag{3-6}$$

在净水中，式（3-3）改写为

$$\frac{\partial C}{\partial t}=E\frac{\partial^2 C}{\partial x^2}-K_1C \tag{3-7}$$

其稳态方程为

$$E\frac{\partial^2 C}{\partial x^2}=K_1C \tag{3-8}$$

稳态解为

$$C=C_0\mathrm{e}^{-\sqrt{\frac{K_1}{E}}x} \tag{3-9}$$

（二）河道型水库溶解氧的纵向分布情况

河道型水库库区宽度较小，与宽阔水库相比，水流流速较大，促进水面和空气接触，加速溶解氧进入水体。式（3-3）、式（3-5）的稳态方程为

$$U\frac{\partial C}{\partial x}=-K_1C \tag{3-10}$$

$$U\frac{\partial O}{\partial x}=-K_1C+K_2\left(O_s-O\right) \tag{3-11}$$

$$K_2=c\frac{U^n}{H^m}$$

式中 c——经验系数，c=1.963～3；

n、m——经验系数，n=0.5～1.0，m=0.85～1.865。

忽略U、H沿程变化的影响，视为常量，则解得

$$C_x=C_0\mathrm{e}^{-K_1\frac{x}{U}} \tag{3-12}$$

（三）水库规模与水体复氧功能

水库的位置、长度、水深等参数与水体复氧能力有一定的关系。水库的环境功能主要确保水库水质满足水质控制要求，特别水库排放水质要满足水质控制要求。

1. 水库的位置、长度

根据水质控制要求，水库排放水质要达到排放标准，设污染物及溶解氧浓度控制标准为 C_b 和 O_b，则按静水考虑。

$$C_b = C_0 e^{-\sqrt{\frac{K_1}{E}}x} \tag{3-13}$$

$$O_b = \frac{1}{H_0}\int_0^{H_0} O\mathrm{d}z = \frac{1}{H_0}\int_0^{H_0}\left(O_s - \frac{1}{2E_m}K_1C_0 e^{\sqrt{\frac{K_1}{E}}x} z^2 - A_x z\right)\mathrm{d}z \tag{3-14}$$

即

$$O_b = O_s - \frac{1}{6E_m}K_1C_0 e^{\sqrt{\frac{K_1}{E}}x} H_0^2 - \frac{1}{2}A_x H_0 \tag{3-15}$$

由式（3-13）、式（3-15）解得：

$$x_1 = \frac{\ln(C_0) - \ln(C_b)}{\sqrt{\frac{K_1}{E}}} \tag{3-16}$$

和

$$x_2 = \frac{1}{\sqrt{\frac{K_1}{E}}}\ln\left[\frac{6E_m}{K_1C_0H_0^2}\left(O_s - O_b - \frac{1}{2}A_x H_0\right)\right] \tag{3-17}$$

水库拦河坝至排污口的最小距离是

$$x_w = \max\{x_1, x_2\} \tag{3-18}$$

2. 水库的水深

对于河道型水库还应考虑溶解氧的垂直分布情况，根据式（3-14）、式（3-15），可得

$$H_0^2 - NH_0 + M = 0 \tag{3-19}$$

则令

$$H_{0\max} = \min\left\{\frac{N - \sqrt{N^2 - 4M}}{2}, \frac{N + \sqrt{N^2 - 4M}}{2}\right\} \tag{3-20}$$

其中

$$N=\frac{6E_m}{2K_1C_0}A_x\mathrm{e}^{\frac{K_1x_1}{U}}$$

$$M=\frac{6E_m\left(O_s-O_b\right)}{K_1C_0}\mathrm{e}^{\frac{K_1x_1}{U}} \tag{3-21}$$

那么，为确保水库水体溶解氧浓度满足水质控制标准，正常水深不宜超过H_{omax}。由此可见，水面开阔并且水深不大的水域自净能力较强，大型水库主要是稀释污染物，加上水体自净，因而可以确保良好的水质。

第三节 氨氮综合分析及其监控技术

一、氨氮循环水质分析

有机氮、氨氮、亚硝酸盐氮、硝酸盐氮等物质之间形成相互转化、相互影响的循环系统——动力学系统，所以需要从总体来考虑氨氮的综合治理。

（一）水体充分混合的水库安氮循环水质模型

水库安氮循环水质模型主要按水体充分混合的情况考虑，其基本方程如下：

$$\frac{\mathrm{d}N_1}{\mathrm{d}t}=-K_{11}N_1+N_1^* \tag{3-22}$$

$$\frac{\mathrm{d}N_2}{\mathrm{d}t}=-K_{22}N_2+K_{12}N_1+N_2^* \tag{3-23}$$

$$\frac{\mathrm{d}N_3}{\mathrm{d}t}=-K_{33}N_3+K_{23}N_2+N_3^* \tag{3-24}$$

$$\frac{\mathrm{d}N_4}{\mathrm{d}t}=-K_{44}N_4+K_{34}N_3+N_4^* \tag{3-25}$$

式中N_1、N_2、N_3、N_4、——有机氮、氨氮、亚硝酸盐氮和硝酸盐氮的浓度，mg / L；

N_1^*、N_2^* N_3^* N_4^*——污染源排放的有机氮、氨氮、荷，mg / （L • d）；亚硝酸盐氮及硝酸盐氮的负

K_{11}、K_{22} K_{33} K_{44}——污染源排放的有机氮、氨氮、亚硝酸盐氮和硝酸盐氮的降解系数，1 / d；

K_{12}、K_{23} K_{34}——污染源排放的有机氮转化为氨氮、氨氮转化成亚硝酸盐氮、亚

硝酸盐氮转化为硝酸盐氮的转化系数，1 / d。

（二）实际水库安氮循环水质模型

实际上，一般水体不能充分混合，需要考虑氨氮等污染物的浓度在空间方面的差异，即污染物迁移和离散运动，则上述模型应改为

$$\frac{\partial N_1}{\partial t}+U\frac{\partial N_1}{\partial x}=E_x\frac{\partial^2 N_1}{\partial x^2}-K_{11}N_1+N_1^* \tag{3-26}$$

$$\frac{\partial N_2}{\partial t}+U\frac{\partial N_2}{\partial x}=E_x\frac{\partial^2 N_2}{\partial x^2}-K_{22}N_2+K_{12}N_1+N_2^* \tag{3-27}$$

$$\frac{\partial N_3}{\partial t}+U\frac{\partial N_3}{\partial x}=E_x\frac{\partial^2 N_3}{\partial x^2}-K_{33}N_3+K_{23}N_2+N_3^* \tag{3-28}$$

$$\frac{\partial N_4}{\partial t}+U\frac{\partial N_4}{\partial x}=E_x\frac{\partial^2 N_4}{\partial x^2}-K_{44}N_4+K_{34}N_3+N_4^* \tag{3-29}$$

（三）方程组的解

实际水库安氮循环水质模型的稳态方程是

$$U\frac{\partial N_1}{\partial x}=E_x\frac{\partial^2 N_1}{\partial x^2}-K_{11}N_1+N_1^* \tag{3-30}$$

$$U\frac{\partial N_2}{\partial x}=E_x\frac{\partial^2 N_2}{\partial x^2}-K_{22}N_2+K_{12}N_1+N_2^* \tag{3-31}$$

$$U\frac{\partial N_3}{\partial x}=E_x\frac{\partial^2 N_3}{\partial x^2}-K_{33}N_3+K_{23}N_2+N_3^* \tag{3-32}$$

$$U\frac{\partial N_4}{\partial x}=E_x\frac{\partial^2 N_4}{\partial x^2}-K_{44}N_4+K_{34}N_3+N_4^* \tag{3-33}$$

考虑到相对于污染物的迁移运动而言，扩散运动较小，扩散系数也比较小，因此可以忽略扩散的影响，那么式（3-30）～式（3-33）可以改写为

$$U\frac{\partial N_1}{\partial x}=-K_{11}N_1+N_1^* \tag{3-34}$$

$$U\frac{\partial N_2}{\partial x}=-K_{22}N_2+K_{12}N_1+N_2^* \tag{3-35}$$

$$U\frac{\partial N_3}{\partial x}=-K_{33}N_3+K_{23}N_2+N_3^* \tag{3-36}$$

$$U\frac{\partial N_4}{\partial x}=-K_{44}N_4+K_{34}N_3+N_4^* \tag{3-37}$$

假设N_1^*、N_2^* N_3^* N_4^*都为常数，则以上方程可变成

$$U\frac{\partial N_1}{\partial x}=-K_{11}N_1 \tag{3-38}$$

$$U\frac{\partial N_2}{\partial x}=-K_{22}N_2+K_{12}N_1 \tag{3-39}$$

$$U\frac{\partial N_3}{\partial x}=-K_{33}N_3+K_{23}N_2 \tag{3-40}$$

$$U\frac{\partial N_4}{\partial x}=-K_{44}N_4+K_{34}N_3 \tag{3-41}$$

解得

$$N_1=N_{01}\mathrm{e}^{-\frac{K_{11}}{U}x} \tag{3-42}$$

$$N_2=\left(N_{02}-\frac{K_{12}}{K_{22}-K_{11}}N_{01}\right)\mathrm{e}^{-\frac{K_{22}}{U}x}+\frac{K_{12}}{K_{22}-K_{11}}N_{01}\mathrm{e}^{-\frac{K_{11}}{U}x} \tag{3-43}$$

$$\begin{aligned}N_3=&\left[N_{03}-\frac{K_{23}}{K_{33}-K_{22}}\left(N_{02}-\frac{K_{12}}{K_{22}-K_{11}}N_{01}\right)-\frac{K_{12}K_{23}}{(K_{22}-K_{11})(K_{33}-K_{11})}N_{01}\right]\mathrm{e}^{-\frac{K_{33}}{U}x}\\&+\left[\frac{K_{23}}{K_{33}-K_{22}}\left(N_{02}-\frac{K_{12}}{K_{22}-K_{11}}N_{01}\right)\right]\mathrm{e}^{-\frac{K_{22}}{U}x}+\frac{K_{12}K_{23}}{(K_{22}-K_{11})(K_{33}-K_{11})}N_{01}\mathrm{e}^{-\frac{K_{11}}{U}x}\end{aligned} \tag{3-44}$$

$$N_4=A\mathrm{e}^{-\frac{K_{44}}{U}x}+B\mathrm{e}^{-\frac{K_{33}}{U}x}+C\mathrm{e}^{-\frac{K_{22}}{U}x}+D\mathrm{e}^{-\frac{K_{11}}{U}x} \tag{3-45}$$

其中

$$B=\frac{K_{34}}{K_{44}-K_{33}}\left[N_{03}-\frac{K_{23}}{K_{33}-K_{22}}\left(N_{02}-\frac{K_{12}}{K_{22}-K_{11}}N_{01}\right)-\frac{K_{12}K_{23}}{(K_{22}-K_{11})(K_{33}-K_{11})}N_{01}\right]$$

$$C=\frac{K_{23}}{(K_{33}-K_{22})(K_{44}-K_{22})}\left(N_{02}-\frac{K_{12}}{K_{22}-K_{11}}N_{01}\right)$$

$$D=\frac{K_{12}K_{23}K_{34}}{(K_{22}-K_{11})(K_{33}-K_{11})(K_{44}-K_{11})}N_{01}$$

$$A=N_{04}-B-C-D$$

式中 N_{01}、N_{02}　N_{03}　N_{04}——有机氮、氨氮、亚硝酸盐氮及硝酸盐氮的初始浓度，mg / L。

二、氨氮循环水质的监控技术

明确有机氮、氨氮、亚硝酸盐氮和硝酸盐氮之间的转化、自净的相互关系，分析氨氮综合水质模型的关键因素，为氨氮的监控和综合治理提供科学依据，为此需要从整体分析氨氮的降解速率。设

$$N=\frac{K_{12}}{K_{11}}N_1+\frac{K_{23}}{K_{22}}N_2+\frac{K_{34}}{K_{33}}N_3+N_4 \tag{3-46}$$

$$\frac{\partial N}{\partial t}=\frac{K_{12}}{K_{11}}\frac{\partial N_1}{\partial t}+\frac{K_{23}}{K_{22}}\frac{\partial N_2}{\partial t}+\frac{K_{34}}{K_{33}}\frac{\partial N_3}{\partial t}+\frac{\partial N_4}{\partial t} \tag{3-47}$$

由此可见，N 是反映总氮的综合函数，其变化速率只与硝酸盐氮浓度及其降解系数有关，说明有机氮、氨氮、亚硝酸盐氮最终转化为硝酸盐氮，因此硝酸盐氮是氨氮循环的关键，其降解速率和浓度是监控总氮的重要指标和监控因子。

第四节　蓄潮冲污工程的设计

在蓄潮冲污的水力设计上，需要考虑几个技术要素：水闸的位置、开闸时间、冲刷效率等。需要通过水力分析，以确保蓄潮冲污的有效性。

一、闸址的位置、开闸时间

河道蓄潮水量泄空时间为 T，由泄库容 W 和最大流量 Q_m 来确定，即：

$$T = K\frac{W}{Q_m} \tag{3-48}$$

式中 K——系数，对于 4 次抛物线，K=4 ～ 5；对于 2.5 次抛物线，K=2.5。

计算时，首先要初步拟定水闸位置和关闸时的潮水位，并估算可排泄水量，计算开闸的最大流量。

其次，开闸与开始涨潮的时间应与泄空时间相适应，确保涨潮前能够基本泄空河道。为最大限度利用潮水冲污，应该以排泄水量最大化为目标，因此水闸位置越靠近河口，可排泄水量就越大，但要保证涨潮前能够泄空河道。

设计工况下，最高潮水位对应的河道库容是 V_{max}，开闸时的河道库容为 V_{min}，则可排泄水量为

$$W = V_{\max} - V_{\min} \tag{3-49}$$

设开闸时刻为 t_o，涨潮时刻为 t_k，那么

$$t_k - t_0 = K\frac{W}{Q_m} \tag{3-50}$$

由式（3-49）和式（3-50）确定水闸的位置。设定水闸位置，由式（3-49）和式（3-50）分别计算 W，当两式计算结果相等时，就假设的水闸位置合理，即为水闸的设计闸址。

二、闸址的位置、开闸时间的优化设计

（一）基本方程

以排泄水量最大化为目标的优化模型为

$$W_{\max} = \min\left\{\frac{Q_m(t_k - t_0)}{K}, V_{\max} - V_{\min}\right\} \tag{3-51}$$

（二）计算方法

1. 方案比较法

方程式（3-51）的求解方法比较复杂，可采用多方案比较法。设定 3 ～ 6 个水闸位置方案，首先分别求解开闸时间 t_o，并且由式（3-50）计算排泄水量，取排泄水量最大的闸址方案。

2. 简化计算

假设闸址位于河口位置，由式（3-50）计算最大排泄水量：

$$W_{\max}=\frac{Q_m\left(t_k-t_0\right)}{K} \tag{3-52}$$

如果

$$\frac{Q_m\left(t_k-t_0\right)}{K}..V_{\max}-V_{\min} \tag{3-53}$$

则河口位置为最优闸址。否则，闸址必须移向上游，在适当位置选定闸址，重复以上计算，直到

$$\frac{Q_m\left(t_k-t_0\right)}{K}„\ V_{\max}-V_{\min} \tag{3-54}$$

即可确定最优闸址。

第五节 河流生态恢复工程的设计

河道地貌是水沙运动长期作用形成的，是周边生物赖以生存的生境。动植物经过长期的进化已适应这一环境，如果改变河道地貌，会影响河道及其周边的生态生境。因此，保护或恢复河道自然地貌是生态水利工程的重要任务之一。河道地貌是复杂的，合理地评价或描述河道地貌是保护河道生态的基础。目前，通常采用 Rosgen 地貌分类模型来评价河道地貌，其主要特征参数或评价指标有宽窄率、宽深比、汊道数、蜿蜒度、河道坡降和河床材料等。其中河道平面形态主要利用汊道数、蜿蜒度来评价，断面形态由宽窄率、宽深比来评价。事实上河道的平面和断面形态是非常复杂的，仅仅用几个特征值是难于反映河道的地貌特性，引入非线性理论中的分形理论可以更加有效地描述河道地貌特征，分形几何指标也可用于河道自然地貌的恢复和修复。

非线性理论所描述的分形是指具有严格自相似性的研究对象，一旦初始元和生成元被确定，它就按严格的规律不断变化，直至无穷。但是河道岸线等自然形成的曲线并不具有严格的自相似性，其自相似性只存在于无标度区内，在无标度区外就不存在自相似性，也就无从讨论其分形特性。

利用分形理论来研究河道堤岸线的几何特性，其主要任务之一是分析其无标度区，并据此进行河道修复研究。由于河道平面形态十分复杂，一般来说河道各河段的分形特性是不同的，平面形态与断面形态也有区别，因此，需要根据实际情况分段、分部进行分析和研究。河道平面形态与断面形态的分形特性主要有以下几个特点：

（1）有多个无尺度区。河道平面形态比较复杂，在不同尺度范围会呈现不同的无尺度区，不同的尺度区有不同的分维值。

（2）各河段的分形特性不同。可以河道全长进行分形特性分析，但河道形态与河道的地形、地质构造有很大关系，由于地形地质条件的变化，各河段的形态变化较大，

必要时应分段分析河道。

用河道堤岸线为例来分析，首先需要建立测量尺度与河道堤岸线长度的关系，方法是利用实测地形图，用圆规来量取河道长度，例如沿河道右岸堤线测量，圆规两脚开度代表测量尺度，分别取 r_1、r_2、$r_3 \cdots r_m$，量得右岸堤线长度分别为 L_1、L_2、$L_3 \cdots L_m$，再应用分形几何分析方法，通过作图分析无标度区。

为了作图分析，取横坐标为 $1\mathrm{n}r_i$，纵坐标为 $\mathrm{I}1\mathrm{n}r_i$，利用前面测量结果进行计算，并绘图。所绘制曲线的直线段即为无标度区，根据豪斯道夫维数的定义，在该区域河道长度 L 与圆规开度 r 之间存在如下关系：

$$L = Kr^{1-D_f} \tag{3-55}$$

式中 K——常数；

D_f——豪斯道夫维数。

在无标度区度区读取两个点：$D_1(r_1, L_1)$ 和 $D_2(r_2, L_2)$，代入式（3-55），并对式（3-55）取对数得：

$$\ln(L_1) = \ln(K) + (1 - D_f)\ln(r_1)$$

$$\ln(L_2) = \ln(K) + (1 - D_f)\ln(r_2)$$

$$D_f = 1 - \frac{\ln(L_1) - \ln(L_2)}{\ln(r_1) - \ln(r_2)} \tag{3-56}$$

将 D_f 代入方程式（3-55），即可求得 K：

$$K = \frac{L_1}{r_1^{\left[\frac{\ln(r_2) - \ln(r_2)}{\ln(L_1) - \ln(L_2)}\right]}} \tag{3-57}$$

河道修复也可以利用河道的分形特性来进行，修复的方法是先确定大尺度的河道形式，即河道的粗略模型，然后从大尺度到小尺度逐步恢复。尺度能按整数倍选择，例如两级之间的尺度可以选为2倍、3倍。按2倍尺度修复时，可以建立三角形修复单元，用修复单元反对称逐步覆盖原河道的堤线，如图 3-1 所示。

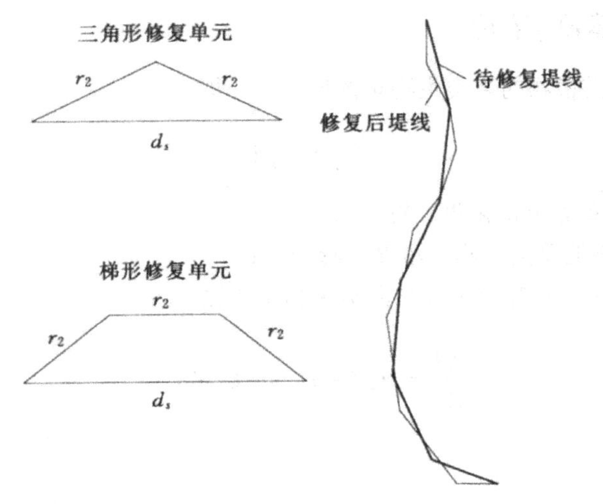

图 3-1 河道修复单元与修复方法示意图

设待修复堤线尺度为 r_1，本级修复采用尺度为 r_2，则 r_1=2r_2，三角形修复单元的两腰长度为 r_2，弦长为

$$d_s = \frac{2r_2}{\left(\frac{r_1}{r^2}\right)^{1-D_f}} \tag{3-58}$$

三角形修复单元如图 3-1 所示。按 3 倍尺度修复时，可以建立梯形修复单元，用修复单元反对称逐步覆盖原河道堤线。设待修复堤线尺度为 r_1，本级修复采用的尺度为 r_2，则 r_1=3r_2，梯形修复单元的两腰长度为 r_2，顶宽为弦长为 r_2，底宽是

$$d_s = r_2 + \frac{2r_2}{\left(\frac{r_1}{r^2}\right)^{1-D_f}} \tag{3-59}$$

梯形修复单元如图 3-1 所示。

第六节 水库水质—生态系统模型的分析与监控技术

一、水库、湖泊综合水质一生态系统模型

水库、湖泊综合水质一生态系统模型充分考虑水质成分的迁移演化特征以及水质成分与水生生态系统之间的相互联系，基本方程组如下：

（一）叶绿素α的浓度

叶绿素 α 和浮游植物的藻类生物量浓度有关，即

$$C_a = \alpha_0 A \tag{3-60}$$

式中 C_a——叶绿素 α 的浓度，Mg / L；

A——浮游植物的藻类生物量浓度，mg / L；

α_o——转换因子，是叶绿素 α 与藻类生物量之比。

$$\frac{\mathrm{d}A}{\mathrm{d}t} = \mu_A A - \rho_A A - C_g Z A \tag{3-61}$$

其中

$$\mu_A = \mu_{A\max 20℃}, \theta^{T-20}\left(\frac{N_3}{K_{N3}+N_3}\right)\left(\frac{OP}{K_{OP}+OP}\right)\left(\frac{C}{K_C+C}\right)\frac{1}{\lambda H}\ln\left(\frac{K_L+L}{K_L+L\mathrm{e}^{-\lambda H}}\right) \tag{3-62}$$

式中 μ_A——藻类生物量增长率，1 / d；

μ_{Amax}——20℃时藻类生物量最大生长量，1 / d；

θ——温度系数，取值为 1.02 ～ 1.06；

T——实测温度，℃；

N_3——硝酸盐氮浓度，mg / L；

OP——正磷酸盐磷浓度，mg / L；

C——碳浓度，mg / L；

K_{N3}——与温度有关的硝酸盐氮半饱及浓度，mg / L；

K_{OP}——与温度有关的正磷酸盐磷半饱和浓度，mg / L；

K_C——与温度有关的碳半饱及浓度，mg / L；

L——日照强度，兰勒 / d；

K_L——光的半饱和系数，兰勒 / d；

λ——河流水体的消光系数，1 / m；

ρ_A——藻类呼吸作用损失率，1 / 山

C_g——浮游动物食藻类率，L / （d · mg）；

Z——浮游动物生物量浓度，mg / L。

（二）浮游动物

浮游动物以捕食藻类为主的动物，其随时间变化的微分方程是

$$\frac{\mathrm{d}Z}{\mathrm{d}t} = G_{\max}\frac{A}{K_z + A}Z - D_z Z \tag{3-63}$$

式中 G_{max}——浮游动物最大生长率，1 / d；

K_z——Michaelis-Menten 常数，mg / L；

D_z——浮游动衰减率，1 / d。

（三）无机磷

根据磷的存在状态可分为：溶解态的无机磷 P_1、游离态的有机磷 P_2、沉淀态的磷 P_3，单位均为 mg / L。主要得考虑溶解态的无机磷 P_1、游离态的有机磷 P_2，则

$$\frac{dP_1}{dt}=-\mu_A A_{PP}A+I_3P_3-I_1P_1+I_2P_2+p_1 \tag{3-64}$$

式中 A_{PP}——藻类磷与碳的含量比率；

I_1——底泥的吸收率，1 / d；

I_2——有机磷的降解率，1 / d；

I_3——底泥的释放率，1 / d；

P_1——无机磷排放速率，mg / （L·d）。

（四）有机磷

$$\frac{dP_2}{dt}=\rho_A A_{PP}A+p_2-I_4P_2-I_2P_2 \tag{3-65}$$

式中 P_2——有机磷的排放速率（含浮游动物转化是有机磷部分），mg / （L·d）；

I_4——有机磷底泥的吸附率，1 / d。

（五）有机氮

$$\frac{dN_1}{dt}=-\beta_4N_1+\rho_A A_{NP}A-\beta_6N_1+n_1 \tag{3-66}$$

式中 N_1——有机氮浓度，mg / L；

β_4——有机氮降解速率常数，1 / d；

A_{NP}——藻类氮与碳的含量比率；

β_6——底泥对有机氮吸收的速率常数，1 / d；

n_1——有机氮的排放速率（含藻类和浮游动物腐败释放的有机氮），mg / （L·d）。

二、生态系氨氮循环水质的平衡状态解

河口水生生态系氮循环模型考虑浮游植物、浮游动物的相互关系以及氨氮、亚硝酸盐氮和硝酸盐氮的相互转化关系。浮游动物和浮游植物的有机腐殖质产生氨氮，而氨氮、亚硝酸盐氮和硝酸盐氮又为浮游植物吸收，同时氨氮硝化作用转化成亚硝酸盐氮和硝酸盐氮，浮游动物消耗可食用浮游植物和有机腐殖质。

为简便起见，仅考虑浮游植物与氨氮、亚硝酸盐氮和硝酸盐氮的相互转化关系，那么以上方程简化为

$$\frac{dA}{dt}=\mu_A A-\rho_A A-\frac{\sigma_1 A}{H}-G_z A \tag{3-67}$$

$$\frac{dN_1}{dt}=\alpha_1\rho_A A-\beta_1 N_1+\frac{\sigma_2}{A_x} \tag{3-68}$$

$$\frac{dN_2}{dt}=\beta_1 N_1-\beta_2 N_2 \tag{3-69}$$

$$\frac{dN_3}{dt}=\beta_2 N_2-\alpha_1\mu_A A \tag{3-70}$$

基于李雅普诺夫理论水生生态系氮循环模型的平衡状态解：

式（3-67）～式（3-70）为非线性微分方程组，求解方程组有一定的困难，只能采用数值算法计算。河流综合水质的动力系统，经过一定时间后，会趋于某一平衡状态。方程组的平衡状态解，才能反映系统最终状态。因此，系统的平衡状态解具有重要意义。

浮游植物的藻类生物量浓度 A（≥0）、氨氮 N_1（≥0）、亚硝酸盐氮 N_2（≥0）和硝酸盐氮 N_3（≥0）的相互转化关系构成一循环动力系统，各函数均为正定函数，负值无意义。根据李雅普诺夫理论，可构建一正定函数：

$$V=\alpha_1 A+N_1+N_2+N_3 \tag{3-71}$$

函数 V 符合正定条件，它是综合水质模型各物质的总量，且当 A、N_1、N_2、N_3 趋近于 0 时，V=0。所以，V 符合李雅普诺夫函数的条件。方程（3-71）两边微分，并将式（3-67）～式（3-70）代入：

$$\frac{dV}{dt}=-\alpha_1\left(\frac{\sigma_1}{H}+G_z\right)A+\frac{\sigma_2}{A_x} \tag{3-72}$$

当满足式（3-73）时，即

$$A>>\frac{\sigma_2}{A_x\alpha_1\left(\frac{\sigma_1}{H}+G_z\right)} \tag{3-73}$$

函数 V 负增长，A 将随函数 V 的减小而减小。否则，如果 A 不随函数 V 的减小而减小，那么由式（3-73）可以判断，函数 V 一直维持负增长，直至为 0。由式（3-71）可知，V=0，必然导致 A=0。所以，A 必定随函数 V 的减小而减小。

当满足式（3-74）时，即

$$A < \frac{\sigma_2}{A_x \alpha_1 \left(\frac{\sigma_1}{H} + G_z \right)} \tag{3-74}$$

函数 V 正增长，根据式（3-72），函数 V 的增大，必然使浮游植物的藻类生物量浓度A也逐步增大。否则，如果假设A不随函数 V 的增大而增大，那么由式（3-72）可以判断，函数 V 一直维持正增长，直至为无穷大。由式（3-71）可知，V=∞，除 A 之外，N_1、N_2 N_3 中必然有一组函数是无穷大：

当 N_1=∞时，由式（3-68）可知

$$\frac{\mathrm{d}N_1}{\mathrm{d}t} \to -\infty \tag{3-75}$$

N_1 迅速减小，因此 N_1 不可能达到无穷大。同理，N_2 也不可能达到无穷大。

当 N_3= ∞时，由式（3-70）可知，μ_A 值增至最大，由式（3-69）可知，A 必然增加（否则，藻类会自灭，这不符合实际），这与假设不相符。所以，A 必然随函数 V 的减小而减小。

由以上分析可得，浮游植物的藻类生物量浓度 A 必然趋近

$$A \to \frac{\sigma_2}{A_x \alpha_1 \left(\frac{\sigma_1}{H} + G_z \right)} \tag{3-76}$$

此时函数 V 维持稳定或平衡。从循环动力系统分析来看，浮游植物的藻类生物量浓度 A 最终维持在式（3-76）的水平，这是系统的平衡状态。

第七节 人工生态湖的最优设计

在城市河道治理工程中，常常设置人工湖，一方面出于美化环境、营造水面景观的需要，另一方面，还可以利用人工湖调蓄洪水、增加水体自净能力，提高河道防洪能力和纳污容量。为了发挥人工湖的调蓄作用，需要研究人工湖设置的位置、大小与调蓄作用的关系。人工湖调蓄设计的目标是减缓洪水对堤防和排涝站的压力，有效降低洪水位。

人工湖的调蓄作用主要针对城市小流域河道，这些河道全部或大部分位于城区，人工湖设置的位置和大小受到城区实际情况的限制，可能设置一系列串联人工湖，也可能为单一人工湖，一般利用原有河道两岸的滩地和低洼区域来设置。对于新开发区则有较大的设计自由度，可以兼顾多方面的需要。防洪调蓄功能的优化如下：

设河道串联布置 N 个人工湖，将河道分为 N+1 段，人工湖的位置为 L_i。第 i 段河道的最大流量由该河段末端断面（L_i 处）区间洪水流量过程 Q_i（L_i，t）与上游人工湖出口（L_{i+1}）同时段的泄洪流量过程 q_{i+1}（L_{i+1}，$t+\tau_i$）错时 τ_i 叠加的最大值，其对应的时刻

为 t_i，则

$$Q_{i\max}=Q_i\left(L_i,t_i\right)+q_{i+1}\left(L_{i+1},t_i+\tau_i\right) \tag{3-77}$$

令

$$W=\max\left\{Q_{1\max},Q_{2_{\max}},\cdots,Q_{i\max},\cdots\right\} \tag{3-78}$$

人工湖防洪调蓄功能的优化目标是

$$\min \quad W=\max\left\{Q_{1\max},Q_{2\max},\cdots,Q_{i\max},\cdots\right\} \tag{3-79}$$

s. t.

$$L_{i}, \ L, \quad i\in J=\{1,2,3,\cdots, \quad N\} \tag{3-80}$$

式中 L——河道长度。

根据式（3-79），人工湖防洪调蓄功能的优化问题的理论解为

$$Q_{1\max}=Q_{2\max}=\cdots=Q_{i\max}=\cdots=Q_{N\max} \tag{3-81}$$

即各河段峰流量相等，并且各河段的洪峰流量趋于最小。但是各河段的行洪能力不同，下游河段行洪能力较大，因此在实际工程中，应该视具体情况来控制河段设计洪峰流量。

一、人工湖的调蓄分析

（一）概化洪水过程

河道的洪水过程可以通过推理公式法和综合单位线法推求。为了便于分析，可以通过概化方式给出洪水过程的解析表达式。根据推理公式法，当汇流历时小于 6h，频率 P（%）对应面雨量的雨力 S_P 和暴雨递减指数 n_P 分别是

$$S_P=H_{1P面} \tag{3-82}$$

$$1-n_{P(1\sim6)}=\frac{\lg\left(\dfrac{H_{6P面}}{H_{1P面}}\right)}{\lg 6} \tag{3-83}$$

或

$$1-n_{P\left(\frac{1}{6}\sim1\right)}=\frac{\lg\left(\dfrac{H_{1P面}}{H_{\frac{1}{6}P面}}\right)}{\lg 6} \tag{3-84}$$

$$H_{1P面}=\alpha_t K_{tp}\overline{H}_t \tag{3-85}$$

式中 $H_{1P面}$——t(h) 历时面暴雨量，mm；

α_t——点面换算系数，对于特小流域的点面换算系数可取为 1。

推理公式法的设计洪峰流量计算公式为

$$Q_P=0.278\left[\frac{\alpha_1 H_{1P}}{\left(\dfrac{0.278\theta}{mQ_P^{\frac{1}{4}}}\right)^{n_P}}-\overline{f}_1\right]F \tag{3-86}$$

其中

式中 Q_P——与设计频率 P 对应的洪峰流量；

H_{1P}———1h 历时点暴雨量，mm；

F——集水面积，km^2。

相应的汇理历时计算公式是

$$\tau=\frac{0.278L}{mJ^{\frac{1}{3}}Q_P^{\frac{1}{4}}} \tag{3-87}$$

式中 L——河道长度，km；

J——河道纵比降；

m——汇流参数。

（二）人工湖水位一库容一泄流量关系曲线

设人工湖水面积为 F_{ri}，人工湖出口河道水深是 h_i，则人工湖水位一库容关系曲线可用 h_i 来表示，人工湖库容的计算公式为

$$V_i=V_{i0}+F_n h_i \tag{3-88}$$

式中 V_{i0}——人工湖出口河道底高程以下的库容，计算时可以取为 0。

考虑到避免河道水位的突变，令人工湖水位与进出口河道水位齐平，就出口流量过程可以按均匀流近似计算

$$Q = AC\sqrt{JR} \tag{3-89}$$

式中 A——过水面积；

C——谢才系数；

R——水力半径；

J——纵坡降。

人工湖起调水深为 $h_{i\min}$，最大水深为 $h_{i\max}$，上游来水流量为 Q_P，则调蓄库容为

$$V = \left(h_{i\max} - h_{i\min}\right) F_n \tag{3-90}$$

那么，设人工湖泄洪平均流量是 $\overline{Q}_i$，可得

$$\frac{1}{2} \times 0.89 Q_P \times 1.593 \tau \left(\frac{Q_P - \overline{Q}_i}{Q_P} \right)^2 = V \tag{3-91}$$

解得

$$\overline{Q}_i = Q_P \left(1 - \sqrt{\frac{V}{0.7089 Q_P \tau}} \right) \tag{3-92}$$

人工湖出口河道宽度应满足式（3-92）的过流要求，近似分析时，能令水深为

$$\overline{h}_i = \frac{h_{i\max} - h_{i\min}}{2} \tag{3-93}$$

代入式（3-89），并令 $Q=\overline{Q}_i$，则可确定河道宽度。

二、人工湖位置确定

按照人工湖调蓄功能的优化设计要求，人工湖位置尽量均化各河段的洪水流量，避免将洪水压力集中作用到某一河段，在人工湖库容一定的情况下，人工湖的设置位置将影响各河段洪水过程和洪峰流量，因此要合理布置人工湖的位置，使得河道洪峰流量最小。

小流域洪水汇流历时短，各河道洪峰流量可以按区间洪峰流量与上游人工湖平均泄洪流量直接相加来计算。

设某城区河道流域面积为 F，河长为 L，河道纵比降为 J。设一人工湖，人工湖面积为 F_r，人工湖起调水深为 $h_{\min}$，最大水深为 $h_{\max}$。人工湖将河道分为两段：上游段集水面积为 F_1，河长为 L_1，河道纵比降为 J_1；下游段集水面积为 F_2，河长为 L_2，河道纵比降为 J_2。

当河道比降较大时，为获得较大的工作深度和有效调蓄库容，可考虑将人工湖布置在河口附近。

第八节　河流生态的修复技术

一、河流生态恢复的目标、原则和任务

（一）河流生态恢复的目标

河流生态恢复的目标是维护原生态系统的完整性，包括维护生物及生境的多样性，维护原有生态系统的结构和功能，河流生态恢复的目标层次主要有：

1. 完全恢复

生态系统的结构和功能完全恢复到干扰前的状态。这意味着首先要完全恢复原有河流地貌，需要拆除河流上大部分大坝和人工设施，要恢复河道原有的蜿蜒性形态。

2. 修复

生态系统的结构和功能部分恢复到干扰前的状态。不用完全恢复原有河道地貌形态，可以采用辅助修复工程，部分恢复生态系统的结构和功能，维护生态系统重要功能可持续性。

3. 增强

采用增强措施补偿人类活动对生态的影响，使生态环境质量有一定的改善。增强措施主要是改变具体水域、河道和河漫滩特征，改善栖息条件。但增强措施是主观的产物，缺乏生态学基础，其有效性还需探讨。

4. 创造

开发原来不存在的新的河流生态系统，形成新的河流地貌和河流生态群落。创设新的栖息地，来代替消失或退化的栖息地。

5. 自然化

对于水利开发形成的新的河流生态系统，通过河流地貌和生物多样性的恢复，使他成为一个具有河流地貌多样性和生物种群多样性的动态稳定的、具有自我调节能力的河流生态系统。

（二）河流生态恢复的原则

（1）河流生态修复与社会经济协调发展原则。

（2）社会经济效益与生态效益相结合的原则。

（3）生态系统自我设计、自我恢复的原则。

（4）生态工程与资源环境管理相结合的原则。

（三）河流生态恢复的任务

河流生态系统恢复的任务有三项：恢复或改善水文、水质条件；恢复或改善河流地貌特征；恢复河流生物物种。

1. 水文、水质条件

水文条件的改善主要包括水文情势的改善、河流水力条件的改善，要适度开发水资源，合理配置水资源，确保河流生态需水要求。提倡水库运用的生态调度准则，即在满足社会经济需求的基础上，尽量地按照自然河流丰枯变化的水文模式来调度，以恢复下游的生境和水文规律。

通过控制污水排放、提倡源头清洁生产、加大污染处理力度、推广生物治污技术，实现循环经济以改善河流水质。

2. 河流地貌的恢复

河流地貌恢复的主要内容：河流纵向连续性的恢复、河流横向连通性的恢复；河流纵向蜿蜒性恢复、横向水陆过渡带的恢复；与河流关联的滩地、湿地、湖泊及滞洪区的恢复。

3. 生物物种的恢复

主要恢复与保护河流濒危、珍稀、特有物种，恢复原有物种群的种类和数量。

二、河道形态与水力设计

（一）河道断面形态

根据河流生态特性，河道断面可以概化为一复式断面：主河槽、河滩地（洪泛区）和过渡带三个部分，主河槽是正常河道，满槽流量约为P=66.67%，即1.5年一遇的洪水流量，此时水位与河滩地齐平，水面宽度为平滩宽度。由于水流的冲刷，主河槽的稳定断面性状为抛物线。平滩水位以上的河滩地是主要行洪断面，根据历史最大洪水或设计洪水来确定其宽度和范围。河滩地与河岸陆地之间有一个过渡区，是各种植物和两栖动物栖息地。人工河堤应布置在河道过渡带以外。

1. 主河槽几何尺寸设计

主河道几何设计是以平滩流态来计算，平滩流量为1.5年一遇的洪水流量，也可根据实际情况进行调整。平滩宽度 w 与平均水深 h 的确定方法如下：

（1）类比法

选取修复河道的上下游自然河道情况类比分析，所选参照河段的水文、水力和泥沙特性以及河段河床、河岸的材料均要与工程河道相似，而且所选参照河段的主槽界限明确，以便实测。根据参照河段主槽平滩宽度，按照上下游的流量变化关系，修正参照河道的平槽宽度，将修正后的平槽宽度作为工程河段的平槽宽度。

（2）水力几何关系法

自然河道在水力作用下，河段泥沙、坡降、流量与其断面宽度存在一定关系。这种水力几何关系必须参照比较稳定的河段的有关统计资料，通过统计分析建立，根据统计分析，河道平滩宽度与平滩流量的关系为

$$w = aQ^b \qquad (3\text{-}94)$$

式中 Q——平滩流量，m3 / s；

a、b ——参数，对于沙质河床 a =3.31 ～ 4.24，砾质河床 a =2.46 ～ 3.68，b=0.5。

（3）主河槽宽深比

根据鲁什科夫（1924）提出的计算公式：

$$\frac{\sqrt{w}}{h} = \xi \qquad (3\text{-}95)$$

式中 ξ——河相系数，对于砾石河床取 1.4，通常沙质河床取 2.75，极易冲刷的细沙河床取 5.5。

2. 河道横断面

河道行洪断面主要指河滩以上部分，河道断面是河道行洪所需的最大断面，一般按设计洪水来考虑，有条件最好按历史最大洪水来考虑。自然河道断面没有规则的断面形式，河道断面一般以宽深比来控制，使河道的泥沙输送及淤积状况恢复到自然状态。

根据洪峰流量、河道宽深比，利用水力学经验公式计算，可确定河道实际宽度。

（二）平面形态

1. 蜿蜒性河段

自然河道大多数为弯曲河道，平面形态见图 3-2。河道的弯曲特性可用蜿蜒度来描述：的长度与两断面的直线距离之比称为蜿蜒度。有一定蜿蜒度的河道会降低坡降，减少冲刷。但蜿蜒度过大会产生淤积，抬高河道水位，从而引起河道改道，因此，稳定的河道形态是在冲刷和淤积间找到平衡。

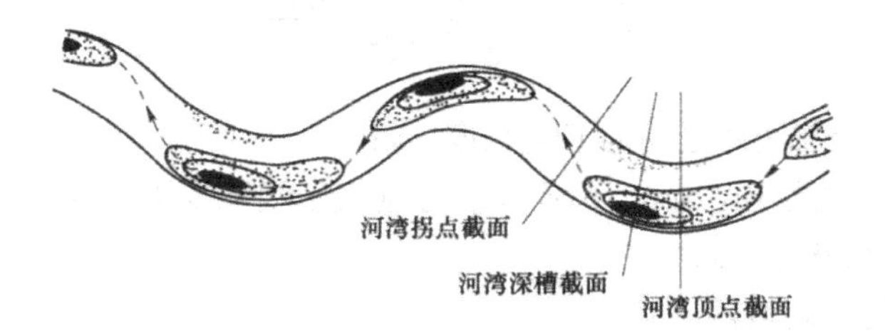

图 3-2　河段平面形态示意图

描述蜿蜒度大于 1.2 的河段平面形态的参数有：W 为河道平滩宽度；L_w 为河湾跨度；z 为弯段长度（半波长度）；R_c 为曲率半径；θ 为转弯中心角度；A_m 为河湾幅度；D 为相应于梯形断面的河道深度；D_m 为平均深度；D_{max} 弯段深槽的深度；W_i 为拐点断面的河段的宽度；W_p 为最大冲坑断面的河段的宽度；W_a 为弯曲顶点断面的河段宽度。

河道平面形态参数的经验公式是：

$$L_m = (11.26 \sim 12.47)W \tag{3-96}$$

$$\frac{W_a}{W_i} = 1.05 + 0.3T_b + 0.44T_c \pm u_1 \tag{3-97}$$

$$\frac{W_p}{W_i} = 0.95 + 0.2T_b + 0.14T_c \pm u_2 \tag{3-98}$$

$$\frac{R_c}{W} = 1.5 \sim 4.5 \tag{3-99}$$

$$\frac{z_{a-p}}{z_{a-i}} = 0.36 \pm u_3 \tag{3-100}$$

$$\frac{D_{max}}{D_m} = 1.5 + 4.5\left(\frac{R_c}{W_i}\right)^{-1} \tag{3-101}$$

式中 z_{a-p} × z_{a-i} ——弯段顶点到最大冲刷深槽的河段长度及弯段顶点到拐点的河段长度。

2. 顺直河段

顺直河段是指蜿蜒度小于 1.2 的河段。顺直河段的平面形态是深槽—浅滩的交替分布，深槽（浅滩）的间距为 5 ～ 7 倍的河段宽度。Higginson 和 Johnston（1989）提出的回归公式为

$$L_r = \frac{13.601 w^{0.2894} d_{r50}^{0.29}}{S^{0.2035} d_{p50}^{0.1367}} \tag{3-102}$$

式中 L_r——两相邻浅滩之间的河道长度，m；

d——河床材料的粒径，mm，下标 r、p 分别表示浅滩及深槽的材料；

w——河道平均宽度，m；

S——河段的平均坡降。

第九节 人工湿地技术

一、人工湿地基本概念

（一）净化原理

人工湿地是人工建造和调控的湿地系统，一般由人工基质和人工种植的水生植物组成，通过人为调控形成基质一植物-微生物生态系统。人工湿地系统对污水中污染物、有机废弃物具有吸收、转化及分解的作用，从而净化水质。

人工湿地的基质为水生植物提供载体和营养物质，也为微生物的生长提供稳定的附着表面；湿地植物可以直接吸收营养物质、富集污染物，其根区还为微生物的生长、繁衍和分解污染物提供氧气，植物根系也起到湿地水力传输的作用。微生物主要分解污染物，同时也为湿地植物生长提供养分。

人工湿地形成的基质一植物一微生物生态系统是一个开放、发展和可以自我设计的生态系统，构成多级食物链，形成了内部良好的物质循环和能量传递机制。人工湿地具有投资低、运行维护简便、可以改善水质及美化环境的优点，具有良好的经济效益和生态效益，其应用前景广泛。

（二）人工湿地的类型

按照水流形态划分有三种类型：表面流人工湿地、潜流人工湿地及复合流人工湿地。

1. 表面流人工湿地

表面流人工湿地是表面流形态，在人工湿地的表面形成一层地表水，水流从人工湿地的起端断面向终端断面推进，并完成整个净化过程。这类人工湿地没有淤堵问题，水力负荷能力较大。

2. 潜流人工湿地

水流在人工湿地以潜流方式推进，人工湿地河床的充填介质主要是砾石，废水沿介质下部潜流，水平渗滤推进，从出口端埋设的多孔集水管流出。这种人工湿地对废水处理效果好，卫生条件好，但投资较高，水力负荷能力较低。

3. 复合人工湿地

复合人工湿地是由多单元组成，形成垂直一水平复合流动组合。这种人工湿地充分发挥水平和垂直两个方向的净化作用，具有较好的水质净化效果。

二、人工湿地设计

（一）场地选择

人工湿地场地选择应因地制宜，主要考虑地形地势，与河流、湖泊的关系和洪水的破坏影响，尽量选择有一定坡度的洼地或经济价值不高的荒地，人工湿地场地选择主要考虑因素如下。

（1）场地范围、面积是否满足要求。

（2）地面坡度小于 2%，土层厚度大于 0.3m。

（3）土壤渗透系数不大于 0.12m / d。

（4）水文气象条件以及受洪水影响情况。

（5）投资费用。

（二）进水水质要求

（1）进入人工湿地的污水应符合《污水排入城镇下水道水质标准》和《污水综合排放标准》中规定的排入城市下水道并进入二级污水处理厂进行生物处理的污水水质标准。

（2）进入有农作物的人工湿地的污水的水质应满足《农田灌溉水质标准》的要求。

（3）人工湿地主要具有对污水的生化处理功能，要求污水中生物可降解有机物浓度应占一定的比例：BOD5 / COD ＞ 0.5，TOC / BOD5 ＜ 0.8。

（三）预处理设施

为避免泥沙和不利于人工湿地处理的物质造成的淤积和堵塞，必须设置预处理设施。常用的预处理设施有：格栅、沉沙池、化粪池、氧化池、除油池及水解池等。

（四）进水方式

1. 推进式

水流单向推进，污水从进口顺着推进方向流动，穿越人工湿地，直接从出口流出。这种方式简单，水头损失小。

2. 阶梯进水式

污水单向推进，但污水进水口在前半段沿程均匀分布，减小人工湿地前半段集中负荷，避免前半段的淤塞。

3. 汇流式

在推进式基础上，增加汇流通道，使处理后的部分污水汇流道进口，重新进入湿地，这样可增加湿地水体的溶解氧，延长水力停留时间，从而促进水体的净化。

4. 综合式

将阶梯推进式与回流式结合起来，就采用分布进水减少湿地前段压力，又使净化后的污水回流，提高湿地水体净化效果。

（五）基本设计参数的确定

1. 表流人工湿地

人工湿地的污水处理目标是降低污染物的浓度，污染物的浓度降低的幅度反映人工湿地污水处理效能。一般按 BOD5 的浓度变化来衡量表流人工湿地的净化效能，计算公式为

$$C_e = (C_0 + A)\mathrm{e}^{-0.7 K_T A_v^{1.75} t} \tag{3-103}$$

$$K_T = K_{20} \times (1.05 \sim 1.10)^{(T-20)} \tag{3-104}$$

式中 C_e——出水 BOD5 的浓度，mg / L；

C_0——进水 BOD5 的浓度，mg / L；

A——以污泥形式沉积在湿地床前的 BOD5 的浓度，一般取 0.52mg / L；

K_T——在设计温度下的反应速率常数，1 / d，

T——设计温度，℃；

K_{20}——在 20℃温度下的反应速率常数，1 / d，有研究报告建议取 0.39 ～ 2.891 / d，也有的建议取 0.451 / d；

A_v——比表面积，一般取 15.7m² / m³；

t——水力停留时间，h，当进水流量影响湿地水位时，按水力学方法计算；当进水流量较小，对湿地水位影响小时，可按下式计算。

$$t = \frac{\text{湿地长度} \times \text{湿地宽度} \times \text{湿地深度}}{\text{流量}} \tag{3-105}$$

由式（3-105）可见，湿地的三维空间尺寸对湿地净化效能影响很大，通常湿地水深为 0.1 ～ 0.6m，湿地长度需要不小于宽度的 3 倍。

2. 潜流人工湿地

潜流人工湿地的净化效能，计算公式为

$$C_e = C_0 \mathrm{e}^{-K_{T^{nt}}} \tag{3-106}$$

$$K_T = K_{20} \times (1.05 \sim 1.10)^{(T-20)} \tag{3-107}$$

$$t = \frac{A_s d}{Q} \tag{3-108}$$

式中 A_s ——湿地床面积，m2；

Q——污水流量，m3 / d；

d——湿地床深，m；

n——孔隙率；

K_{20}——在 20℃温度下的反应速率常数，1 / d。

按污水水质的净化目标和计算公式（3-106）～式（3-108）来确定潜流湿地的规模。

3. 复合流人工湿地

复合流人工湿地的设计参数是复合流人工湿地面积，按照水力负荷、降解的 BOD5 和植物输氧能力三个公式分别计算，取最大值。

（1）水力负荷

$$A_s = \frac{Q}{a} \times 1000 \tag{3-109}$$

式中 A_s ——复合湿地面积，m^2；

Q——污水流量，m3 / d；

a——水力负荷，一般取 80 ～ 620mm / d。

（2）降解的 BOD5

$$A_s = 5.2Q\left(\ln C_0 - \ln C_e\right) \tag{3-110}$$

（3）植物输氧能力

$$R_0 = 1.5L_0 \tag{3-111}$$

$$R_0' = \frac{T_0 A_s}{1000} \tag{3-112}$$

$$R_0 = R_0' \tag{3-113}$$

式中 R_0 ——处理污水需氧量

L_0——每天需去除的 BOD5 量，kg / d；

R_0'——水生植物的供氧能力，kg / d；

T_0——植物的输氧能力，一般是 5 ～ 45g / （m2 • d），计算时取 20g / （m2 • d）。

设计时单池的长宽比为 2 ： 1。

第四章 水利工程建设

第一节 水利工程规划设计

一、水利勘测

水利勘测是为水利建设而进行的地质勘察及测量。它是水利科学的组成部分。其任务是对拟定开发的江河流域或地区，就有关的工程地质、水文地质、地形地貌、灌区土壤等条件开展调查与勘测，分析研究其性质、作用及内在规律，评价预测各项水利设施与自然环境可能产生的相互影响和出现的各种问题，为水利工程规划、设计和施工运行提供基本资料和科学依据。

水利勘测是水利建设基础工作之一，与工程的投资和安全运行关系十分密切；有时由于对客观事物的认识和未来演化趋势的判断不同，措施失当，往往发生事故或失误。水利勘测需反复调查研究，必须要密切配合水利基本建设程序，分阶段并逐步深入进行，达到利用自然和改造自然的目的。

（一）水利勘测内容

1. 水利工程测量

包括平面高程控制测量、地形测量（含水下地形测量）、纵横断面测量，定线、放线测量及变形观测等。

2. 水利工程地质勘察

包括地质测绘、开挖作业、遥感、钻探、水利工程地球物理勘探、岩土试验和观测监测等。用以查明：区域构造稳定性、水库地震；水库渗漏、浸没、塌岸、渠道渗漏等环境地质问题；水工建筑物地基的稳定和沉陷；洞室围岩的稳定；天然边坡和开挖边坡的稳定，以及天然建筑材料状况等。随着实践经验的丰富和勘测新技术的发展，环境地质、系统工程地质、工程地质监测和数值分析等，都有较大进展。

3. 地下水资源勘察

已由单纯的地下水调查、打井开发，向全面评价、合理开发利用地下水发展，如渠灌井灌结合、盐碱地改良、动态监测预报、防治水质污染等。此外，对环境水文地质和资源量计算参数的研究，也有较大提高。

4. 灌区土壤调查

包括自然环境、农业生产条件对土壤属性的影响，土壤剖面观测，土壤物理性质测定，土壤化学性质分析，土壤水分常数测定以及土壤水盐动态观测。通过调查，研究土壤形成、分布和性状，掌握在灌溉、排水、耕作过程中土壤水、盐、肥力变化的规律。除上述内容外，水文测验、调查和实验也是水利勘测的重要组成部分，但中国的学科划分现多将其列入水文学体系之内。

水利勘测要密切配合水利工程建设程序，按阶段要求逐步深入进行；工程运行期间，还要开展各项观测、监测工作，以策安全。勘测中，既要注意区域自然条件的调查研究，又要着重水工建筑物与自然环境相互作用的勘探试验，使得水利设施起到利用自然和改造自然的作用。

（二）水利勘测特点

水利勘测是应用性很强的学科，大致具有如下三点特性：

1. 实践性

即着重现场调查、勘探试验及长期观测、监测等一系列实践工作，以积累资料、掌握规律，为水利建设提供可靠依据。

2. 区域性

即针对开发地区的具体情况，运用相应的有效勘测方法，阐明不同地区的各自特征。如山区、丘陵与平原等地形地质条件不同的地区，其水利勘测的任务要求与工作方法，往往大不相同，不能千篇一律。

3. 综合性

即充分考虑各种自然因素之间及其与人类活动相互作用的错综复杂关系，掌握开发地区的全貌及其可能出现的主要问题，为采取较优的水利设施方案提供依据。因此，水利勘测兼有水利科学与地学（测量学、地质学与土壤学等）以及各种勘测、试验技术相互渗透、融合的特色。但通常以地学或地质学为学科基础，用测绘制图和勘探试验成果的综合分析作为基本研究途径，是一门综合性的学科。

二、水利工程规划设计的基本原则

水利工程规划是以某一水利建设项目为研究对象的水利规划。水利工程规划通常是在编制工程可行性研究或工程初步设计时进行的。

改革开放以来，随着社会主义市场经济的飞速发展，水利工程对我国国民经济增长具有非常重要的作用。无论是城市水利还是农村水利，它不但可以保护当地免遭灾害的发生，更有利于当地的经济建设。因此必须严格坚持科学的发展理念，确保水利工程的顺利实施。在水利工程规划设计中，要切合实际，严格按照要求，以科学的施工理念完成各项任务。

随着经济社会的不断快速发展，水利事业对于国民经济的增长而言发挥着越来越重要的作用，无论是对于农村水利，还是城市水利，其不仅会影响到地区的安全，防止灾害发生，而且也能够为地区的经济建设提供足够的帮助。鉴于水利事业的重要性，水利工程的规划设计就必须严格按照科学的理念开展，从而确保各项水利工程能够带来必要的作用。对于科学理念的遵循就是要求在设计当中严格按照相应的原则，从而很好的完成相应的水利工程。总的来讲，水利工程规划设计的基本原则包括着如下几个部分：

（一）确保水利工程规划的经济性和安全性

就水利工程自身而言，其所包含的要素众多，是一项较为复杂与庞大的工程，不仅包括着防止洪涝灾害、便于农田灌溉、支持公民的饮用水等要素，也包括着保障电力供应、物资运输等方面的要素，因此对于水利工程的规划设计应该从总体层面入手。在科学的指引下，水利工程规划除了要发挥出其做大的效应，也需要将水利科学及工程科学的安全性要求融入到规划当中，从而保障所修建的水利工程项目具有足够的安全性保障，在抗击洪涝灾害、干旱、风沙等方面都具有较为可靠的效果。对于河流水利工程而言，由于涉及到河流侵蚀、泥沙堆积等方面的问题，水利工程就更需进行必要的安全性措施。除了安全性的要求之外，水利工程的规划设计也要考虑到建设成本的问题，这就要求水利工程构建组织对于成本管理、风险控制、安全管理等都具有十分清晰的了解，进而将这些要素进行整合，得到一个较为完善的经济成本控制方法，使得水利工程的建设资金能够投放到最需要的地方，杜绝浪费资金状况出现。

（二）保护河流水利工程的空间异质的原则

河流水利工程的建设也需要将河流的生物群体进行考虑，而对于生物群体的保护也就构成了河流水利工程规划的空间异质原则。所谓的生物群体也就是指在水利工程所涉及到的河流空间范围内所具有的各类生物，其彼此之间的互相影响，并在同外在环境形成默契的情况下进行生活，最终构成了较为稳定的生物群体。河流作为外在的环境，实际上其存在也必须与内在的生物群体的存在相融合，具有系统性的体现，只有维护好这一系统，水利工程项目的建设才能够达到其有效性。作为一种人类的主观性的活动，水利工程建设将不可避免的会对整个生态环境造成一定的影响，使得河流出现非连续性，最终可能带来不必要的破坏。因此，在进行水利工程规划的时候，有必要对空间异质加以关注。尽管多数水利工程建设并非聚焦于生态目标，而是为了促进经济社会的发展，但在建设当中同样要注意对于生态环境的保护，从而确保所构建的水利工程符合可持续发展的道路。当然，这种对于异质空间保护的思考，有必要对河流的特征及地理面貌等状况进行详细的调查，进而确保所指定的具体水利工程规划能够切实满足当地的需要。

（三）水利工程规划要注重自然力量的自我调节原则

就传统意义上的水利工程而言，对于自然在水里工程中的作用力的关注是极大的，很多项目的开展得益于自然力量，而并非人力。伴随着现代化机械设备的使用，不少水利项目的建设都寄希望于使用先进的机器设备来对整个工程进行控制，但效果往往并非很好。因此，在具体的水利工程建设中，必须将自然的力量结合到具体的工程规划当中，从而在最大限度的维护原有地理、生态面貌的基础上，进行水利工程建设。当然，对于自然力量的运用也需要进行大量的研究，不仅需要对当地的生态面貌等状况进行较为彻底的研究，而且也要在建设过程中竭力维护好当地的生态情况，并且防止外来物种对原有生态进行入侵。事实上，大自然都有自我恢复功能，而水利工程作为一项人为的工程项目，其对于当地的地理面貌进行的改善也必然会通过大自然的力量进行维护，这就要求所建设的水利工程必须将自身的一系列特质与自然进化要求相融合，从而在长期的自然演化过程中，将自身也逐步融合成为大自然的一部分，有利水利项目可以长期为当地的经济社会发展服务。

（四）对地域景观进行必要的维护与建设

地域景观的维护与建设也是水利工程规划的重要组成部分，而这也要求所进行的设计必须从长期性角度入手，将水利工程的实用性与美观性加以结合。事实上，在建设过程中，不可避免的会对原有景观进行一定的破坏，这在注意破坏的度的同时，也需要将水利工程的后期完善策略相结合，也即在工程建设后期或使用和过程中，对原有的景观进行必要的恢复。当然，整个水利工程的建设应该以尽可能的不破坏原有景观的基础之上进行开展，但不可避免的破坏也要将其写入建设规划当中。另外水利工程建设本身就要可能具有较好的美观性，而这也能够为地域景观提供一定的补充。总的来说，对于经管的维护应该尽可能从较小的角度入手，这样既能保障所建设的水利工程具备详尽性的特征，而且也可以确保每一项小的工程获得很好的完工。值得一提的是，整个水利工程所涉及到的景观维护与补充问题都需要进行严格的评价，进而确保所提供的景观不会对原有的生态、地理面貌发生破坏，而这种评估工作也需要涵盖着整个水利工程范围，并有必要向外进行拓展，确保评价的完备性。

（五）水利工程规划应遵循一定的反馈原则

水利工程设计主要是模仿成熟的河流水利工程系统的结构，力求最终形成一个健康、可持续的河流水利系统。在河流水利工程项目执行以后，就开始了一个自然生态演替的动态过程。这个过程并不一定按照设计预期的目标发展，可能出现多种可能性。针对具体一项生态修复工程实施以后，一种理想的可能是监测到的各变量是现有科学水平可能达到的最优值，表示水利工程能够获得较为理想的使用与演进效果；另一种差的情况是，监测到的各生态变量是人们可接受的最低值，在这两种极端状态之间，形成了一个包络图。

三、水利工程规划设计的发展与需求

目前在对城市水利工程建设当中，把改善水域环境和生态系统作为主要建设目标，同时也是水利现代化建设的重要内容，所以按照现代城市的功能来对流经市区的河流进行归类大致有两类要求：

对河中水流的要求是：水质清洁、生物多样性、生机盎然和优美的水面规划。

对滨河带的要求是：其规划不仅要使滨河带能充分反映当地的风俗习惯和文化底蕴，同时还要有一定的人工景观，供人们休闲、娱乐和活动，另外在规划上还要注意文化氛围的渲染，所形成的景观不仅要有现代的气息，同时还要注意与周围环境的协调性，达到自然环境、山水、人的和谐统一。

这些要求充分体现在经济快速发展的带动下社会的明显进步，这也是水利工程建设发展的必然趋势。这就对水利建设者提出了更高的要求，水利建设者在满足人们的要求的同时，还要在设计、施工和规划方面进行更好的调整和完善，从而使水利工程建设具有更多的人文、艺术和科学气息，使得工程不仅起到美化环境的作用，同时还具有一定的欣赏价值。

水利工程不仅实现了人工对山河的改造，同时也起到了防洪抗涝，实现了对水资源的合理保护和利用，从而使之更好地服务于人类。水利工程对周围的自然环境和社会环境起到了明显的改善。现在人们越来越重视到环境的重要性，所以对环境保护的力度不断的提高，对资源开发、环境保护和生态保护协调发展加大了重视的力度，在这种大背景下，水利工程设计时在强调美学价值的同时，就更注重生态功能的发挥。

四、水利工程设计中对环境因素的影响

（一）水利工程与环境保护

水利工程有助于改善和保护自然环境。水利工程建设主要以水资源的开发利用和防止水害，其基本功能是改善自然环境，如除涝、防洪，为人们的日常生活提供水资源，保障社会经济健康有序的发展，同时还可以减少大气污染。另外，水利工程项目可以调节水库，改善下游水质等优点。水利工程建设将有助于改善水资源分配，满足经济发展和人类社会的需求，同时，水资源也是维持自然生态环境的主要因素。如果在水资源分配过程中，忽视自然环境对水资源的需求，将会引发环境问题。水利工程对环境工程的影响主要表现在对水资源方面的影响，如河道断流、土地退化、下游绿洲消失、湖泊萎缩等生态环境问题，甚至会导致下游环境恶化。工程的施工同样会给当地环境带来影响，若这些问题不能及时解决，将会限制社会经济的发展。

水利工程既能改善自然环境又能对环境产生负面效应，因此在实际开发建设过程中，要最大限度地保护环境、改善水质，维持生态平衡，将工程效益发挥到最大。要对环境的纳入实际规划设计工作中去，并且实现可持续发展。

（二）水利工程建设的环境需求

从环境需求的角度分析建设水利工程项目的可行性和合理性，具体表现在如下几个方面：

1. 防洪的需要

兴建防洪工程为人类生存提供基本的保障，这是构建水利工程项目的主要目的。从环境的角度分析，洪水是湿地生态环境的基本保障，如河流下游的河谷生态、新疆的荒漠生态的等，它都需要定期的洪水泛滥以保持生态平衡。因此，在兴建水利工程时必须要考虑防洪工程对当地生态环境造成的影响。

2. 水资源的开发

水利工程的另一功能是开发利用水资源。水资源不仅是维持生命的基本元素，也是推动社会经济发展的基本保障。水资源的超负荷利用，会造成一系列的生态环境问题。因此在水资源开发过程中强调水资源合理利用。

（三）开发土地资源

土地资源是人类赖以生存的保障，通过开发土地，以提高其使用率。针对土地开发利用根据需求和提法的不同分为移民专业和规划专业。移民专业主要是从环境容量、土地的承受能力以及解决的社会问题方面进行考虑。而规划专业的重点则是从开发技术的可行性角度进行分析。改变土地的利用方式多种多样，在前期规划设计阶段要充分考虑环境问题，并制订多种可行性方案并择优进行。

第二节 水利枢纽

一、水利枢纽概述

水利枢纽是为满足各项水利工程兴利除害的目标，在河流或渠道的适宜地段修建的不同类型水工建筑物的综合体。水利枢纽常以其形成的水库或主体工程——坝、水电站的名称来命名，如三峡大坝、密云水库、罗贡坝及新安江水电站等；也有直接称水利枢纽的，如葛洲坝水利枢纽。

（一）类型

水利枢纽按承担任务的不同，可分为防洪枢纽、灌溉（或供水）枢纽、水力发电枢纽和航运枢纽等。多数水利枢纽承担多项任务，称为综合性水利枢纽。影响水利枢纽功能的主要因素是选定合理的位置和最优的布置方案。水利枢纽工程的位置一般通过河流流域规划或地区水利规划确定。具体位置须充分考虑地形、地质条件、使各个水工建筑物都能布置在安全可靠的地基上，并能满足建筑物的尺度和布置要求，以及施工的必需条件。水利枢纽工程的布置，一般通过可行性研究及初步设计确定。枢纽布置必须使各个不同功能的建筑物在位置上各得其所，在运用中相互协调，充分有效地完成所承担的任务；各个水工建筑物单独使用或联合使用时水流条件良好，上下游的水流和冲淤变化不影响或少影响枢纽的正常运行，总之技术上要安全可靠；在满足基本要求的前提下，要力求建筑物布置紧凑，一个建筑物能发挥多种作用，减少工程量和工程占地，以减小投资；同时要充分考虑管理运行的要求和施工便利，工期短。一个大型水利枢纽工程的总体布置是一项复杂的系统工程，需要按系统工程的分析研究方法进行论证确定。

（二）枢纽组成

利枢纽主要由挡水建筑物、泄水建筑物、取水建筑物及专门性建筑物组成。

1. 挡水建筑物

在取水枢纽和蓄水枢纽中，为拦截水流、抬高水位和调蓄水量而设的跨河道建筑物，分为溢流坝（闸）和非溢流坝两类。溢流坝（闸）兼做泄水建筑物。

2. 泄水建筑物

为宣泄洪水和放空水库而设。其形式有岸边溢洪道、溢流坝（闸）、泄水隧洞、闸身泄水孔或坝下涵管等。

3. 取水建筑物

为灌溉、发电、供水和专门用途的取水而设。其形式有进水闸、引水隧洞及引水涵管等。

4. 专门性建筑物

为发电的厂房、调压室，为扬水的泵房、流道，为通航、过木、过鱼的船闸、升船机、筏道、鱼道等。

（三）枢纽位置选择

在流域规划或地区规划中，某一水利枢纽所在河流中的大体位置已基本确定，但其具体位置还需在此范围内通过不同方案的技术经济比较来进行比选。水利枢纽的位置常以其主体——坝（挡水建筑物）的位置为代表。因此，水利枢纽位置的选择常称为坝址选择。有的水利枢纽，只需在较狭的范围内进行坝址选择；有的水利枢纽，则需要现在较宽的范围内选择坝段，然后在坝段内选择坝址。例如，三峡水利枢纽，就曾先在三峡出口的南津关坝段及其上游 30 ～ 40km 处的美人坨坝段进行比较。前者的坝轴线较短，工程量较小，发电量稍大。但地下工程较多，特别是地质条件、水工布置和施工条件远较后者为差，因而选定了美人坨坝段。在这一坝段中，又选择了太平溪和三斗坪两个坝址进行比较。两者的地质条件基本相同，前者坝体工程量较小，但后者便于枢纽布置，特别是便于施工，最后，选定了三斗坪坝址。

（四）划分等级

水利枢纽常按其规模、效益和对经济、社会影响的大小进行分等，并将枢纽中的建筑物按其重要性进行分级。对级别高的建筑物，在抗洪能力、强度和稳定性、建筑材料、运行的可靠性等方面都要求高一些，反之就要求低些，以达到既安全又经济的目的。

（五）水利枢纽工程

指水利枢纽建筑物（含引水工程中的水源工程）和其他大型独立建筑物。包括挡水工程、泄洪工程、引水工程、发电厂工程、升压变电站工程、航运工程、鱼道工程、交通工程、房屋建筑工程和其他建筑工程。其中挡水工程等前七项为主体建筑工程。

1. 挡水工程。包括挡水的各类坝（闸）工程。

2. 泄洪工程。包括溢洪道、泄洪洞、冲砂孔（洞）、放空洞等工程。

3. 引水工程。包括发电引水明渠、进水口、隧洞、调压井、高压管道等工程。

4. 发电厂工程。包括地面、地下各类发电厂工程。

5. 升压变电站工程。包括升压变电站、开关站等工程。

6. 航运工程。包括上下游引航道、船闸、升船机等工程。

7. 鱼道工程。根据枢纽建筑物布置情况，可独立列项，与拦河坝相结合的，也可作为拦河坝工程的组成部分。

8. 交通工程。包括上坝、进厂、对外等场内外永久公路、桥涵、铁路、码头等交通工程。

9. 房屋建筑工程。包括为生产运行服务的永久性辅助生产建筑、仓库、办公、生活及文化福利等房屋建筑和室外工程。

10. 其他建筑工程。包括内外部观测工程，动力线路（厂坝区），照明线路，通信线路，厂坝区及生活区供水、供热及排水等公用设施工程，厂坝区环境建设工程，水情自动测报工程及其他。

二、拦河坝水利枢纽布置

拦河坝水利枢纽是为解决来水与用水在时间和水量分配上存在的矛盾，修建的以挡水建筑物为主体的建筑物综合运用体，又称水库枢纽，一般由挡水、泄水、放水及某些专门性建筑物组成。将这些作用不同的建筑物相对集中布置，并保证它们在运行中良好配合的工作，就是拦河水利枢纽布置。

拦河水利枢纽布置应根据国家水利建设的方针，依据流（区）域规划，从长远着眼，结合近期的发展需要，对各种可能的枢纽布置方案进行综合分析、比较，选定最优方案，然后严格按照水利枢纽的基建程序，分阶段有计划地进行规划设计。

拦河水利枢纽布置的主要工作内容有坝址、坝型选择及枢纽工程布置等。

（一）坝址及坝型选择

坝址及坝型选择的工作贯穿于各设计阶段之中，并且是逐步优化的。

在可行性研究阶段，一般是根据开发任务的要求，分析地形、地质及施工等条件，初选几个可能筑坝的地段（坝段）和若干条有代表性的坝轴线，通过枢纽布置进行综合比较，选择其中最有利的坝段和相对较好的坝轴线，进而提出推荐坝址，开在推荐坝址上进行枢纽工程布置，再通过方案比较，初选基本坝型和枢纽布置方式。

在初步设计阶段，要进一步进行枢纽布置，通过技术经济比较，选定最合理的坝轴线，确定坝型及其他建筑物的形式和主要尺寸，并进行具体的枢纽工程布置。

在施工详图阶段，随着地质资料和试验资料的进一步深入和详细，对已确定的坝轴线、坝型和枢纽布置做最后的修改和定案，并且作出能够依据施工的详图。

坝轴线及坝型选择是拦河水利枢纽设计中的一项很主要的工作，具有重大的技术经济意义，两者是相互关联的，影响因素也是多方面的，不仅要研究坝址及其周围的自然条件，还需考虑枢纽的施工、运用条件、发展远景和投资指标等。需进行全面论证和综合比较后，才能做出正确的判断及选择合理的方案。

1. 坝址选择

选择坝址时，应综合考虑下述条件。

（1）地质条件

地质条件是建库建坝的基本条件，是衡量坝址优劣的重要条件之一，在某种程度上决定着兴建枢纽工程的难易。工程地质和水文地质条件是影响坝址、坝型选择的重要因素，且往往起决定性作用。

选择坝址，首先要清楚有关区域的地质情况。坚硬完整、无构造缺陷的岩基是最理想的坝基：但如此理想的地质条件很少见，天然地基总会存在这样或那样的地质缺陷，要看能否通过合宜的地基处理措施使其达到筑坝的要求。在该方面必须注意的是：不能疏漏重大地质问题，对重大地质问题要有正确的定性判断，以便决定坝址的取舍或定出防护处理的措施，或在坝址选择和枢纽布置上设法适应坝址的地质条件。对存在破碎带、断层、裂隙、喀斯特溶洞、软弱夹层等坝基条件较差的，还有地震地区，应作充分的论证和可靠的技术措施。坝址选择还必须对区域地质稳定性和地质构造复杂性以及水库区的渗漏、库岸塌滑、岸坡及山体稳定等地质条件做出评价和论证。各种坝型及坝高对地质条件有不同的要求。如拱坝对两岸坝基的要求很高，支墩坝对地基要求也高，次之为重力坝，土石坝要求最低，一般较高的混凝土坝多要求建在岩基上。

（2）地形条件

坝址地形条件必须满足开发任务对枢纽组成建筑物的布置要求。通常，河谷两岸有适宜的高度和必需的挡水前缘宽度时，则对枢纽布置有利。一般来说，坝址河谷狭窄，坝轴线较短，坝体工程量较小，但河谷太窄则不利于泄水建筑物、发电建筑物、施工导流及施工场地的布置，有时反不如河谷稍宽处有利。除考虑坝轴线较短外，对坝址选择还应结合泄水建筑物、施工场地的布置和施工导流方案等综合考虑。枢纽上游最好有开阔的河谷，使在淹没损失尽量小的情况下，能获得较大库容。

坝址地形条件还必须与坝型相互适应，拱坝要求河谷窄狭；土石坝适应河谷宽阔、岸坡平缓、坝址附近或库区内有高程合适的天然垭口，并且方便归河，以便布置河岸式溢洪道。岸坡过陡，会使坝体与岸坡接合处削坡量过大。对于通航河道，还应注意通航建筑的布置、上河及下河的条件是否有利。对有暗礁、浅滩或陡坡、急流的通航河流，坝轴线宜选在浅滩稍下游或急流终点处，以改善通航条件。有瀑布的不通航河流，坝轴线宜选在瀑布稍上游处以节省大坝工程量，对于多泥沙河流及有漂木要求的河道，应注意坝址位段对取水防沙及漂木是否有利。

（3）建筑材料

在选择坝址、坝型时，当地材料的种类、数量及分布往往起决定性影响。对土石坝，坝址附近应有数量足够、质量能符合要求的土石料场；如为混凝土坝，则要求坝址附近有良好级配的砂石骨料。料场应便于开采、运输，且施工期间料场不会因淹没而影响施工。所以对建筑材料的开采条件、经济成本等，应该进行认真的调查和分析。

（4）施工条件

从施工角度来看，坝址下游应有较开阔的滩地，以便布置施工场地、场内交通和进行导流。应对外交通方便，附近有廉价的电力供应，以满足照明及动力的需要。从长远利益来看，施工的安排应考虑今后运用、管理的方便。

（5）综合效益

坝址选择要综合考虑防洪、灌溉、发电、通航，过木、城市及工业用水、渔业以及旅游等各部门的经济效益，还应考虑上游淹没损失以及蓄水枢纽对上、下游生态环境的各方面的影响。兴建蓄水枢纽将形成水库，使大片原来的陆相地表和河流型水域变为湖泊型水域，改变了地区自然景观，对自然生态和社会经济产生多方面的环境影响。其有利影响是发展了水电、灌溉、供水、养殖、旅游等水利事业和解除洪水灾害、改善气候条件等，但是，也会给人类带来诸如淹没损失、浸没损失、土壤盐碱化或沼泽化、水库淤积、库区塌岸或滑坡、诱发地震、使水温、水质及卫生条件恶化、生态平衡受到破坏以及造成下游冲刷，河床演变等不利影响。虽然水库对环境的不利影响与水库带给人类的社会经济效益相比，一般说来居次要地位，但处理不当也能造成严重的危害，故在进行水利规划和坝址选择时，必须对生态环境影响问题进行认真研究，并作为方案比较的因素之一加以考虑。不同的坝址、坝型对防洪、灌溉、发电、给水、航运等要求也不相同。至于是否经济，要根据枢纽总造价来衡量。

归纳上述条件，优良的坝址应是：地质条件好、地形有利、位置适宜、方便施工造价低、效益好。所以应全面考虑、综合分析，进行多种方案比较，合理解决矛盾，选取最优成果。

2. 坝型选择

常见的坝型有土石坝、重力坝及拱坝等。坝型选择仍取决于地质、地形、建材及施工及运用等条件。

（1）土石坝

在筑坝地区，若交通不便或缺乏三材，而当地又有充足实用的土石料，地质方面无大的缺陷，又有合宜的布置河岸式溢洪道的有利地形时，则可就地取材，优先选用土石坝。随着设计理论、施工技术和施工机械方面的发展，近年来土石坝比重修建的数量已有明显的增长，而且其施工期较短，造价远低于混凝土坝。我国在中小型工程中，土石坝占有很大的比重。目前，土石坝是世界坝工建设中应用最为广泛和发展最快的一种坝型。

（2）重力坝

有较好的地质条件，当地有大量的砂石骨料可以以利用，交通又比较方便时，一般多考虑修筑混凝土重力坝。可直接由坝顶溢洪，但不需另建河岸溢洪道，抗震性能也较好。我国目前已建成的三峡大坝是世界上最大的混凝土浇筑实体重力坝。

（3）拱坝

当坝址地形为V形或U形狭窄河谷，且两岸坝肩岩基良好时，则可考虑选用拱坝。它工程量小，比重力坝节省混凝土量1／2～2／3，造价较低，工期短，也可从坝顶或坝体内开孔泄洪，因而也是近年来发展较快的一种坝型。

（二）枢纽的工程布置

拦河筑坝以形成水库是拦河蓄水枢纽的主要特征。其组成建筑物除拦河坝和泄水建筑物外，根据枢纽任务还可能包括输水建筑物、水电站建筑物和过坝建筑物等。枢纽布置主要是研究和确定枢纽中各个水工建筑物的相互位置。该项工作涉及泄洪、发电、通航、导流等各项任务，并与坝址、坝型密切相关，需要统筹兼顾，全面安排，认真分析，全面论证，最后通过综合比较，从若干个比较方案中选出了最优的枢纽布置方案。

1. 枢纽布置的原则

进行枢纽布置时，一般可遵循下述原则。

（1）为使枢纽能发挥最大的经济效益，进行枢纽布置时，应综合考虑防洪、灌溉、发电、航运、渔业、林业、交通、生态及环境等各方面的要求。应确保枢纽中各主要建筑物，在任何工作条件下都能协调地、无干扰地进行正常工作。

（2）为方便施工、缩短工期和能使工程提前发挥效益，枢纽布置应同时考虑便是选择施工导流的方式、程序和标准便是选择主要建筑物的施工方法，与施工进度计划等进行综合分析研究。工程实践证明，统筹行当不仅能方便施工，还能使部分建筑物提前发挥效益。

枢纽布置应做到在满足安全和运用管理要求的前提下，尽量降低枢纽总造价和年运行费用；如有可能，应考虑使一个建筑物能发挥多种作用。例如，使一条陪同做到灌溉和发电相结合；施工导流与泄洪、排沙、放空水库相结合等。

（3）在不过多增加工程投资的前提下，枢纽布置应与周围自然环境相协调，应注意建筑艺术、力求造型美观，加强绿化环保，因地制宜地将人工环境和自然环境有机地结合起来，创造出一个完美的及多功能的宜人环境。

2. 枢纽布置方案的选定

水利枢纽设计需通过论证比较，从若干个枢纽布置方案中选出一个最优方案。最优方案应该是技术上先进和可能、经济上合理、施工期短、运行可靠以及管理维修方便的方案。需论证比较的内容如下。

（1）主要工程量

如土石方、混凝土和钢筋混凝土、砌石、金属结构、机电安装、帷幕和固结灌浆等工程量。

（2）主要建筑材料数量

如木材、水泥、钢筋、钢材、砂石及炸药等用量。

（3）施工条件

如施工工期、发电日期、施工难易程度、所需劳动力和施工机械化水平等。

（4）运行管理条件

如泄洪、发电、通航是否相互干扰、建筑物及设备的运用操作和检修是否方便，对外交通是否便利等。

（5）经济指标

指总投资、总造价、年运行费用、电站单位千瓦投资、发电成本、单位灌溉面积投资、通航能力、防洪以及供水等综合利用效益等。

（6）其他

根据枢纽具体情况，需专门进行比较的项目。如在多泥沙河流上兴建水利枢纽时，应注重泄水和取水建筑物的布置对水库淤积、水电站引水防沙和对不游河床冲刷的影响等。

上述项目有些可定量计算，有些则难以定量计算，这就给枢纽布置方案的选定增加了复杂性，因而，必须以国家研究制订的技术政策为指导，在充分掌握基本资料的基础上，用科学的态度，实事求是地全面论证，通过综合分析和技术经济比较选出最优方案。

3. 枢纽建筑物的布置

（1）挡水建筑物的布置

为了减少拦河坝的体积，除拱坝外，其他坝型的坝轴线最好短而直，但根据实际情况，有时为了利用高程较高的地形以减少工程量，或为避开不利的地址条件，或为便于施工，也可采用较长的直线或折线或部分曲线。

当挡水建筑物兼有连通两岸交通干线的任务时，坝轴线与两岸的连接在转弯半径与坡度方面应满足交通上的要求。

对于用来封闭挡水高程不足的山垭口的副坝，不应该片面追求工程量小，而将坝轴线布置在坯口的山脊上。这样的坝坡可能产生局部滑动，容易使坝体产生裂缝。在这种情况下，一般将副坝的轴线布置在山脊略上游处，避免下游出现贴坡式填土坝坡；如下游山坡过陡，还应适当削坡来满足稳定要求。

（2）泄水及取水建筑物的布置

泄水及取水建筑物的类型和布置，常决定于挡水建筑物所采用的坝型和坝址附近的地质条件。

土坝枢纽：土坝枢纽一般均采用河岸溢洪道作为主要的泄水建筑物，而取水建筑物及辅助的泄水建筑物，则采用开凿于两岸山体中的隧洞或埋于坝下的涵管。若两岸地势陡峭，但有高程合适的马鞍形垭口，或两岸地势平缓且有马鞍形山脊，以及需要修建副坝挡水的地方，其后又有便于洪水归河的通道，则是布置河岸溢洪道的良好位置。如果在这些位置上布置溢洪道进口，但其后的泄洪线路是通向另一河道的，只要经济合理且对另一河道的防洪问题能做妥善处理的，也是比较好的方案。对上述利用有利条件布置溢洪道的土坝枢纽，枢纽中其他建筑物的布置一般容易满足各自的要求，干扰性也较小。当坝址附近或其上游较远的地方均无上述有利条件时，则常采用坝肩溢洪道的布置形式。

重力坝枢纽：对于混凝土或浆砌石重力坝枢纽，通常采用河床式溢洪道（溢流坝段）作为主要泄水建筑物，而取水建筑物及辅助的泄水建筑物采用设置于坝体内的孔道或开凿于两岸山体中的隧洞。泄水建筑物的布置应使下泄水流方向尽量与原河流轴线方向一致，

以利于下游河床的稳定。沿坝轴线上地质情况不同时，溢流坝应布置在比较坚实的基础上。在含沙量大的河流上修建水利枢纽时，泄水及取水建筑物的布置应考虑水库淤积和对

下游河床冲刷的影响，一般在多泥沙河流上的枢纽中，常设置大孔径的底孔或隧洞，汛期用来泄洪并排沙，以延长水库寿命；如汛期洪水中带有大量悬移质的细微颗粒时，应研究采用分层取水结构并利用泄水排沙孔来解决浊水长期化问题，减轻对环境的不利影响。

（3）电站、航运及过木等专门建筑物的布置

对于水电站、船闸、过木等专门建筑物的布置，最重要的是保证它们具有良好的运用条件，并便于管理。关键是进、出口的水流条件。布置时须选择好这些建筑物本身及其进、出口的位置，并处理好它们与泄水建筑物及其进、出口之间的关系。

电站建筑物的布置应使通向上、下游的水道尽量短、水流平顺，水头损失小，进水口应不致被淤积或受到冰块等的冲击；尾水渠应有足够的深度和宽度，平面弯曲度不大，且深度逐渐变化，并与自然河道或渠道平顺连接；泄水建筑物的出口水流或消能设施，应尽量避免抬高电站尾水位。此外，电站厂房应布置在好的地基上，以简化地基处理，同时还应考虑尾水管的高程，避免石方开挖过大；厂房位置还应争取布置在可以先施工的地方，以便早日投入运转。电站最好靠近临交通线的河岸，密切和公路或铁路的联系，便于设备的运输；变电站应有合理的位置，应尽量靠近电站。航运设施的上游进口及下游出口处应有必要的水深，方向顺直并与原河道平顺连接，而且没有或仅有较小的横向水流，以保证船只、木筏不被冲入溢流孔口，船闸和码头或筏道及其停泊处通常布置在同一侧，应该横穿溢流坝前缘，并使船闸和码头或筏道及其停泊处之间的航道尽量地短，以便在库区内风浪较大时仍能顺利通航。

船闸和电站最好分别布置于两岸，以免施工和运用期间的干扰。如必须布置在同一岸时，则水电站厂房最好布置在靠河一侧，船闸则靠河岸或切入河岸中布置，这样易于布置引航道。筏道最好布置在电站的另一岸。筏道上游常需设停泊处，以便重新绑扎木或竹筏。

在水利枢纽中，通航、过木以及过鱼等建筑物的布置均应与其形式和特点相适应，以满足正常的运用要求。

第三节 水库施工

一、水库施工的要点

（一）做好前期设计工作

水库工程设计单位必须明确设计的权利和责任，对设计规范，由设计单位在设计过程中实施质量管理。设计的流程和设计文件的审核，设计标准和设计文件的保存和发布等一系列都必须依靠工程设计质量控制体系。在设计交接时，由设计单位派出设计代表，做好技术交接和技术服务工作。在交接过程中，要根据现场施工的情况，对设计进行优化，进行必要的调整和变更。对于项目建设过程中确有需要的重大设计变更、子项目调整、建设标准调整、概算调整等，必须组织开展充分的技术论证，由业主委员会提出编制相应文件，报上级部门审查，并报请项目原复核、审批单位履行相应手续；一般设计变更，项目主管部门和项目法人等也应及时地履行相应审批程序。由监理审查后报总工批准。对设计单位提交的设计文件，先由业主总工审核后交监理审查，不经监理工程师审查批准的图纸，不能交付施工。坚决杜绝以“优化设计”为名，人为擅自降低工程标准、减少建设内容，造成安全隐患。如果出现对大坝设计比较大的变更时。

（二）强化施工现场管理

严格进行工程建设管理，认真落实项目法人责任制、招标投标制、建设监理制和合同管理制，确保工程建设质量、进度和安全。业主与施工单位签订的施工承包合同条款中的质量控制、质量保证、要求与说明，承包商根据监理指示，必须遵照执行。承包商在施工过程中必须坚持“三检制”的质量原则，在工序结束时必须经业主现场管理人员或监理工程师值班人员检查、认可，未经认可不得进入下道工序施工，对关键的施工工序，均建立有完整的验收程序和签证制度，甚至监理人员跟班作业。施工现场值班人员采用旁站形式跟班监督承包商按合同要求进行施工，把握住项目的每一道工序，坚持做到“五个不准”。为了掌握和控制工程质量，及时了解工程质量情况，对施工过程的要素进行核查，并作出施工现场记录，换班时经双方人员签字，值班人员对记录的完整性及真实性负责。

（三）加强管理人员协商

为了协调施工各方关系，业主驻现场工程处每日召开工程现场管理人员碰头会，检查每日工程进度情况、施工中存在的问题，提出改进工作的意见。监理部每月五日、二十五日召开施工单位生产协调会议，由总监主持，重点解决急需解决的施工干扰问题，会议形成纪要文件，结束承包商按工程师的决定执行。

（四）构建质量监督体系

水库工程质量监督可通过查、看、问、核的方式实施工程质量的监督。查，即抽查；通过严格地对参建各方有关资料的抽查，如抽查监理单位的监理实施细则，监理日志；抽查施工单位的施工组织设计，施工日志、监测试验资料等。看，即查看工程实物：通过对工程实物质量的查看，可以判断有关技术规范、规程的执行情况。一旦发现问题，应及时提出整改意见。问，即查问：参建对象，通过对不同参建对象的查问，了解相关方的法律、法规及合同的执行情况，一旦发现问题，及时处理。核，即核实工程质量，工程质量评定报告体现了质量监督的权威性，同时对参建各方的行为也起到监督作用。

（五）合理确定限制水位

通常一些水库防洪标准是否应降低须根据坝高以及水头高度而定。若 15m 以下坝高土坝且水头小于 10m，应采用平原区标准，此类情况水库防洪标准响应降低，调洪时保证起调水位合理性应分析考虑两点：第一，若原水库设计中无汛期限制水位，仅存在正常蓄水位时，在调洪时应以正常蓄水位作为起调水位。第二，若原计划中存在汛期限制水位，则应该把原汛期限制水位当作参考依据，同时对水库汛期后蓄水情况应做相应的调查，分析水库管理积累的蓄水资料，总结汛末规律，径流资料从水库建成至今，汛末至第二年灌溉用水止，如果蓄至正常蓄水位年份占水库运行年限比例应小于 20%，应利用水库多年的来水量进行适当插补延长，重新确定汛期限制水位，对水位进行起调。若蓄至正常蓄水位的年份占水库运行年限的比例大于 20%，应该采用原汛期限制水位为起调水位。

二、水库帷幕灌浆施工

根据灌浆设计要求，帷幕灌浆前由施工单位在左、右坝肩分别进行了灌浆试验，进一步确定了选定工艺对应下的灌浆孔距、灌浆方法、灌浆单注量和灌浆压力等主要技术参数及控制指标。

（一）钻孔

灌浆孔测量定位后，钻孔采用 100 型或 150 型回转式地质钻机，直径 91mm 金刚石或硬质合金钻头。设计孔深 17.5 ～ 48.9m，按照单排 2m 孔距沿坝轴线布孔，分 3 个序次逐渐加密灌浆。钻孔具体要求如下：

1. 所有灌浆孔按照技施图认真统一编号，精确测量放线并报监理复核，复核认可后方可开钻。开孔位置与技施图偏差≥ 2cm，最后终孔深度应符合设计规定。若需要增加孔深，必须取得监理及设计人员的同意。

2. 施工中高度重视机械操作及用电安全，钻机安装要平正牢固，立轴铅直。开孔钻进采用较长粗径钻具，并适当控制钻进速度及压力。井口管埋设好后，选用较小口径钻具继续钻孔，若孔壁坍塌，应考虑跟管钻进。

3. 钻孔过程中应进行孔斜测量，每个灌段（即5m左右）测斜一次。各孔必须保证铅直，孔斜率≤ 1%。测斜结束，将测斜值记录汇总，如发现偏斜超过要求，确认对帷幕灌浆质量有影响，应及时纠正或采取补救措施。

4. 对设计和监理工程师要求的取芯钻孔，应对岩层、岩性以及孔内各种情况进行详细记录，统一编号，填牌装箱，采用数码摄像，进行岩芯描述并绘制钻孔柱状图。

5. 如钻孔出现塌孔或掉块难以钻进时，应先采取措施进行处理，再继续钻进。如发现集中漏水，应立即停钻，查明漏水部位、漏水量及原因，处理后再进行钻进。

6. 钻孔结束等待灌浆或灌浆结束等待钻进时，孔口应堵盖，妥善加于保护，防止杂物掉入从而影响下一道工序的实施和灌浆质量。

（二）洗孔

1. 灌浆孔在灌浆前应进行钻孔冲洗，孔底沉积厚度不得超过20cm。洗孔宜采用清洁的压力水进行裂隙冲洗，直至回水清净为止。冲洗压力为灌浆压力的80%，该值若> 1MPa时，采用1MPa。

2. 帷幕灌浆孔（段）因故中断时间间隔超过24h的应在灌浆前重新进行冲洗。

（三）制浆材料及浆液搅拌

该工程帷幕灌浆主要为基础处理，灌入浆液为纯水泥浆，采用32.5普通硅酸盐水泥，用150L灰浆搅拌机制浆。水泥必须有合格卡，每个批次水泥必须附生产厂家质量检验报告。施工用水泥必须严格按照水泥配制表认真投放，称量误差< 3%。受湿变质硬化的水泥一律不得使用。施工用水采用经过水质分析检测合格的水库上游来水，制浆用水量严格按搅浆桶容积准确兑放。水泥浆液必须搅拌均匀，拌浆时用150L电动普通搅拌机，搅拌时间不少于3min，浆液在使用前过筛，从开始制备至用完时间< 4h。

（四）灌前压水试验

施工中按自上而下分段卡塞进行压水试验。所有的工序灌浆孔按简易压水（单点法）进行，检查孔采用五点法进行压水试验。工序灌浆孔压水试验的压力值，按灌浆压力的0.6倍使用，但最大压力不能超过设计水头的1.5倍。压水试验前，必须先测量孔内安定水位，检查止水效果，效果良好时，才能进行压水试验。压水设备、压力表、流量表（水表）的安装及规格、质量必须符合规范要求，具体按《水利水电工程钻孔压水试验规程》执行。压水试验稳定标准：压力调到规定数值，持续观察，待压力波动幅度很小，基本保持稳定后，开始读数，每5min测读一次压入流量，当压入流量读数符合下列标准之一的时候，压水即可结束，并以最有代表性流量读数作为计算值。

（五）灌浆工艺选定

1. 灌浆方法

基岩部分采用自上而下孔内循环式分段灌注，射浆管口距孔底≤ 50cm，灌段长 5 ～ 6m。

2. 灌浆压力

采用循环式纯压灌浆，压力表安装在孔口进浆管路上。灌浆压力采用了公式 $P1=P0+MD$ 计算，式中 $P1$ 为灌浆压力；$P0$ 为岩石表面所允许的压力；M 为灌浆段顶板在岩石中每加深 1m 所允许增加的压力值；D 为灌浆段顶部上覆地层的厚度。因表层基岩节理、裂隙发育较破碎，M 取 0.15 ～ 0.2m，$P0=1.0$。

3. 浆液配制

灌浆浆液的浓度按照由稀到浓，逐级调整的严责进行。水灰比按5 ∶ 1，3 ∶ 1，2 ∶ 1，1 ∶ 1，0.8 ∶ 1，0.6 ∶ 1，0.5 ∶ 1 七个级逐级调浓使用，起始水灰比 5 ∶ 1。

4. 浆液调级

当灌浆压力保持不变，吃浆量持续减少，或当注入率保持不变而灌浆压力持续升高时，不得改变水灰比级别；当某一比级浆液的注入浆量超过 300L 以上或灌浆时间已达 1h，而灌浆压力和注入率均无改变或变化不明显时，应改浓一级；当耗浆量＞ 30L / min 时，检查证明没有漏浆、冒浆情况时，应该立即越级变换浓浆灌注；灌浆过程中，灌浆压力突然升高或降低，变化较大；或吃浆量突然增加很多，应高度重视，及时汇报值班技术人员进行仔细分析查明原因，并采取相应的调整措施。灌浆过程中如回浆变浓，宜换用相同水灰比新浆进行灌注，若效果不明显，延续灌注 30min，即可停止灌注。

5. 灌浆结束标准

在规定压力下，当注入率≤ 1L / min 时，继续灌注 90min；当注入率≤ 0.4L / min 时，继续灌注 60min，可结束灌浆。

6. 封孔

单孔灌浆结束后，必须及时做好封孔工作。封孔前由监理工程师、施工单位、建设单位技术员共同及时进行单孔验收。验收合格采用全孔段压力灌浆封孔，浆液配比与灌浆浆液相同，即灌什么浆用什么浆封孔，直至孔口不再向下沉为止，每孔限 3d 封好。

（六）灌浆过程中特殊情况处理

冒浆、漏浆、串浆处理：灌浆过程中，应加强巡查，发现岸坡或井口冒浆、漏浆现象，可立即停灌，及时分析找准原因后采取嵌缝、表面封堵、低压、浓浆、限流、限量、间歇灌浆等具体方法处理。相邻两孔发生串浆时，如被串孔具备灌浆条件，可采用串通的两个孔同时灌浆，即同时两台泵分别灌两个孔。另一种方法是先将被串孔用木塞塞住，继续灌浆，待串浆孔灌浆结束，再对被串孔重新扫孔、洗孔、灌浆及钻进。

（七）灌浆质量控制

首先是灌浆前质量控制，灌浆前对孔位、孔深、孔斜率、孔内止水等各道工序进行检查验收，坚持执行质量一票否决制，上一道工序未经检验合格，不得进行下道工序的施工。其次是灌浆过程中质量控制，应严格按照设计要求和施工技术规范严格控制灌浆压力、水灰比及变浆标准等，并严把灌浆结束标准关，使灌浆主要技术参数均满足设计和规范要求。灌浆全过程质量控制先在施工单位内部实行 3 检制，3 检结束报监理工程师最后检查验收、质量评定。为保证中间产品及成品质量，监理单位质检员必须坚守工作岗位，实时掌控施工进度，严格控制各个施工环节，做到多跑、多看、多问，发现问题及时解决。施工中应认真做好原始记录，资料档案汇总整理及时归档。因灌浆系地下隐蔽工程，其质量效果判断主要手段之一是依靠各种记录统计资料，没有完整、客观、详细的施工原始记录资料就无法对灌浆质量进行科学合理的评定。最后是灌浆结束质量检验，所有的灌浆生产孔结束 14d 后，按照单元工程划分布设检查孔获取资料对灌浆质量进行评定。

三、水库工程大坝施工

（一）施工工艺流程

1. 上游平台以下施工工艺流程

浆砌石坡脚砌筑和坝坡处理→粗砂铺筑→土工布铺设→筛余卵砾石铺筑和碾压→碎石垫层铺筑→砼砌块护坡砌筑→砼锚固梁浇筑→工作面清理。

2. 上游平台施工工艺流程

平台面处理→粗砂铺筑→天然沙砾料铺筑和碾压→平台砼锚固梁浇筑→砌筑十字波浪砖→工作面清理。

3. 上游平台以上施工工艺流程

坝坡处理→粗砂铺筑→天然沙砾料铺筑碾压→筛余卵砾石铺筑和碾压→碎石垫层铺筑→砼预制砌块护坡砌筑→砼锚固梁及坝顶税封顶浇注→工作面清理。

4. 下游坝脚排水体处施工工艺流程

浆砌石排水沟砌筑和坝坡处理→土工布铺设→筛余卵砾石分层铺筑和碾压→碎石垫层铺筑→水工砖护坡砌筑→工作面清理。

5. 下游坝脚排水体以上施工工艺流程

坝坡处理→天然沙砾料铺筑和碾压→砼预制砌块护坡砌筑→工作面清理。

（二）施工方法

1. 坝体削坡

根据坝体填筑高度拟按 2 ～ 2.5m 削坡一次。测量人员放样后，采用了 1 部 1.0m3

反铲挖掘机削坡，预留 20cm 保护层待填筑反滤料之前，由人工自上而下削除。

2. 上游浆砌石坡脚及下游浆砌石排水沟砌筑

严格按照图纸施工，基础开挖完成并经验收合格后，方可开始砌筑。浆砌石采用铺浆法砌筑，依照搭设的样架，逐层挂线，同一层要大致水平塞垫稳固。块石大面向下，安放平稳，错缝卧砌，石块间的砂浆插捣密实，并做到砌筑表面平整美观。

3. 底层粗砂铺设

底层粗砂沿坝轴方向每 150m 为一段，分段摊铺碾压。具体施工方法为：自卸车运送粗砂至坝面后，从平台及坝顶向坡面到料，人工摊铺、平整，平板振捣器拉三遍振实；平台部位粗砂垫层人工摊铺平整后采用光面震动碾顺坝轴线方向碾压压实。

4. 土工布铺设

土工布由人工铺设，铺设过程中，作业人员不得穿硬底鞋及带钉的鞋。土工布铺设要平整，与坡面相贴，呈自然松弛状态，以适应变形。接头采用手提式缝纫机缝合3道，缝合宽度为 10cm，以保证接缝施工质量要求；土工布铺设完成后，必须妥善保护，以防受损。为了减少土工布的暴晒，摊铺后 7 日内必须完成上部的筛余卵砾石层铺筑。

（1）上游土工布

土工布与上游坡脚浆砌石的锚固方法为：压在浆砌石底的土工布向上游伸出 30cm，包在浆砌石上游面上，土工布与土槽之间的空隙用 M10 砂浆填实；与 107.4 平台的锚固方法为：在 107.4 平台坡肩 50cm 处挖 30×30cm 的土槽，土工布压入土槽后用土压实，以防止土工布下滑。

（2）下游土工布

下部压入排水沟浆砌石底部 1m、上部范围为高出透水砖铅直方向 0.75m 并且用扒钉在顶部固定。

5. 反滤层铺设

天然沙砾料及筛余卵砾料铺筑沿坝轴方向每 250m 为一段，分段摊铺碾压。具体施工方法为：

（1）天然沙砾料

自卸车运送天然沙砾料至坝面后从平台及坝顶卸料，推土机机械摊铺，人工辅助平整，然后采用山推 160 推土机沿坡面上下行驶、碾压，碾压遍数为 8 遍；平台处天然沙砾料推土机机械摊铺人工辅助平整后，碾压机械顺坝轴线方向碾压 6 遍。由于 2+700 ～ 3+300 坝段平台处天然沙砾料为 70cm 厚，所以应分两层摊铺、碾压。天然沙砾料设计压实标准为相对密度不低于 0.75。

（2）筛余卵砾石

自卸车运送筛余卵砾料至坝面后从平台及坝顶向坡面到料，推土机机械摊铺，人工辅助平整，然后采用山推 160 推土机沿坡面上下行驶、碾压。上游筛余卵砾料应分层碾压，铺筑厚度不超过 60cm，碾压遍数为 8 遍；下游坝脚排水体处护坡筛余料按设计分为两层，底层为 50cm 厚筛余料，上层为 40cm 厚＞ 20mm 的筛余料，故应根据设计要求分别铺筑、碾压。筛余卵砾石设计压实标准为孔隙率不大于 25%0

6. 混凝土砌块砌筑

（1）施工技术要求

①混凝土砌块自下而上砌筑，砌块的长度方向水平铺设，下沿第一行砌块与浆砌石护脚用现浇C25混凝土锚固，锚固混凝土与浆砌石护脚应结合良好。

②从左（或右）下角铺设其他混凝土砌块，应水平方向分层铺设，不得垂直护脚方向铺设。铺设时，应固定两头，均衡上升，以防止产生累计误差，影响铺设质量。

③为增强混凝土砌块护坡的整体性，拟每间隔150块顺坝坡垂直坝轴方向设混凝土锚固梁一道。锚固梁采用现浇C25混凝土，梁宽40cm，梁高40cm，锚固梁两侧半块空缺部分用现浇混凝土充填和锚固梁同时浇筑。

④将连锁砌块铺设至上游107.4高程和坝顶部位时，应在平台变坡部位和坝顶部位设现浇混凝土锚固连接砌块，上述部位连锁砌块必须与现浇混凝土锚固。

⑤护坡砌筑至坝顶后，应在防浪墙底座施工完成后浇筑护坡砌块的顶部与防浪墙底座之间的锚固混凝土。

⑥如需进行连锁砌块面层色彩处理时，应清除连锁砌块表面浮灰及其他杂物，如需水洗时，可用水冲洗，待水干后即可进行色彩处理。

⑦根据图纸和设计要求，用砂或天然沙砾料（筛余2cm以上颗粒）填充砌块开孔和接缝。

⑧下游水工连锁砌块和不开孔砌块分界部位可采用切割或C25混凝土现浇连接。水工连锁砌块和坡脚浆砌石排水沟之间的连接采用C25混凝土现浇连接。

（2）砌块砌筑施工方法

①首先确定数条砌体水平缝的高程，各坝段均以此为基准。然后由测量组把水平基线和垂直坝轴线方向分块线定好，并用水泥沙浆固定基线控制桩，来防止基线的变动造成误差。

②运输预制块，首先用运载车辆把预制块从生产区运到施工区，由人工抬运到护坡面上来。

③用瓦刀把预制块多余的灰渣清除干净，再用特制地抬预制块的工具（抬耙）把预制块放到指定位置，与前面已就位的预制块咬合相连锁，咬合式预制块的尺寸46cm×34cm；具体施工时，需用几种专用工具包括：抬的工具，类似于钉耙，我们临时称为抬耙；瓦刀和80cm左右长的撬杠，用来调节预制块的间距和平整度；木棒（或木锤）用来撞击未放进的预制块；常用的铝合金靠尺和水平尺，用来校核预制块的平整度。施工工艺可用五个字来概括：抬，敲，放，调，平。抬指把预制块放到预定位置；敲指用瓦刀把灰渣敲打干净，以便预制快顺利组装；放置二人用专用抬的工具把预制块放到指定位置；调指用专用撬杠调节预制块的间距和高低；平指用水平尺、靠尺及木锤（木棒）来校核预制块的平整度。

7. 锚固梁浇筑

在大坝上游坝脚处设以小型搅拌机。按照设计要求混凝土锚固梁高40cm，故先由人工开挖至设计深度，人工用胶轮车转运混凝土入仓并振捣密实，人工抹面收光。

四、水库除险加固

土坝需要检查是否有上下游贯通的孔洞，防渗体是否有破坏、裂缝，是否有过大的变形，造成垮塌的迹象。混凝土坝需要检查混凝土的老化、钢筋的锈蚀程度等，是否存在大幅度的裂缝。还有进、出水口的闸门、渠道、管道是否需要更换和修复等。库区范围内是否有滑坡体、山坡蠕变等问题。

（一）为了病险水库的治理，提高质量，从下面的几个方面入手

第一，继续加强病险水库除险加固建设进度必须半月报制度，按照“分级管理，分级负责”的原则，各级政府都应该建立相应的专项治理资金。每月对地方的配套资金应该到位、投资的完成情况、完工情况、验收情况等进行排序，采取印发文件和网站公示等方式向全国通报。通过信息报送和公示，实时掌握各地进展情况，动态监控，及时研判，分析制约年底完成3年目标任务的不利因素，为下一步工作提供决策参考。同时，结合病险水库治理的进度，积极稳妥地搞好小型水库的产权制度改革。有除险加固任务的地方也要层层建立健全信息报送制度，指定熟悉业务、认真负责的人员具体负责，保证数据报送及时、准确；同时，对全省、全市所有的正在进行的项目进展情况进行排序，与项目的政府主管部门责任人和建设单位责任人名单一并公布，以便接受社会监督。病险水库加固规划时，应考虑增设防汛指挥调度网络及水文水情测报自动化系统、大坝监测自动化系统等先进的管理设施，而且要对不能满足需要的防汛道路及防汛物资仓库等管理设施一并予以改造。

第二，加强管理，确保工程的安全进行，督促各地进一步的加强对病险水库除险加固的组织实施和建设管理，强化施工过程的质量与安全监管，以确保工程质量和施工的安全，确保目标任务全面完成。一是要狠抓建设管理，认真的执行项目法人的责任制、招标投标制、建设监理制，加强对施工现场组织和建设管理、科学调配施工力量，努力调动参建各方积极性，切实地把项目组织好、实施好。二是狠抓工作重点，把任务重、投资多、工期长的大中型水库项目作为重点，把项目多的市县作为重点，有针对性地开展重点指导、重点帮扶。三是狠抓工程验收，按照项目验收计划，明确验收责任主体，科学组织，严格把关，及时验收，确保项目年底前全面完成竣工验收或投入使用验收。四是狠抓质量关与安全，强化施工过程中的质量与安全监管，建立完善的质量保证体系，真正的做到建设单位认真负责、监理单位有效控制、施工单位切实保证，政府监督务必到位，来确保工程质量和施工一切安全。

（二）水库除险加固的施工

加强对施工人员的文明施工宣传，加强教育，统一思想，使得广大干部职工认识到文明施工是企业形象、队伍素质的反映，是安全生产的必要保证，增强现场管理和全体员工文明施工的自觉性。在施工过程中协调好与当地居民、当地政府的关系，共建文明施工窗口。明确各级领导及有关职能部门和个人的文明施工的责任和义务，从思想上、管理上、行动上、计划上和技术上重视起来，切实的提高现场文明施工的质

量和水平。健全各项文明施工的管理制度，如岗位责任制、会议制度、经济责任制、专业管理制度、奖罚制度、检查制度和资料管理制度。对不服从统一指挥和管理的行为，要按条例严格执行处罚。在开工前，全体施工人员认真学习水库文明公约，遵守公约的各种规定。在现场施工过程当中，施工人员的生产管理符合施工技术规范和施工程序要求，不违章指挥，不蛮干。对施工现场不断进行整理、整顿、清扫、清洁和素养，有效地实现文明施工。合理布置场地，各项临时施工设施必须符合标准要求，做到场地清洁、道路平顺、排水通畅、标志醒目、生产环境达到标准要求。按照工程的特点，加强现场施工的综合管理，减少现场施工对周围环境的一切干扰和影响。自觉接受社会监督。要求施工现场坚持做到工完料清，垃圾、杂物集中堆放整齐，并及时的处理；坚持做到场地整洁、道路平顺、排水畅通、标志醒目，使生产环境标准化，严禁施工废水乱排放，施工废水严格按照有关要求经沉淀处理后用于洒水降尘。加强施工现场的管理，严格按照有关部门审定批准的平面布置图进行场地建设。临时建筑物、构成物要求稳固、整洁、安全，并且满足消防要求。施工场地采用全封闭的围挡形成，施工场地及道路按规定进行硬化，其厚度和强度要满足施工和行车的需要。按设计架设用电线路，严禁任意去拉线接电，严禁使用所有的电炉及明火烧煮食物。施工场地和道路要平坦、通畅并设置相应的安全防护设施及安全标志。按要求进行工地主要出入口设置交通指令标志和警示灯，安排专人疏导交通，保证车辆和行人的安全。工程材料、制品构件分门别类、有条有理地堆放整齐；机具设备定机、定人保养，并保持运行正常，机容整洁。同时在施工中严格按照审定的施工组织设计实施各道工序，做到工完料清，场地上无淤泥积水，施工道路平整畅通，以实现文明施工合理安排施工，尽可能使用低噪声设备严格控制噪声，对于特殊设备要采取降噪声措施，以尽可能的减少噪声对周边环境的影响。现场施工人员要统一着装，一律佩戴胸卡和安全帽，遵守现场各项规章和制度，非施工人员严禁进入施工现场。加强土方施工管理。弃渣不得随意弃置，并运至规定的弃渣场。外运和内运土方时决不准超高，并且采取遮盖维护措施，防止泥土沿途遗漏污染到马路。

第四节 堤防施工

一、水利工程堤防施工

（一）堤防工程的施工准备工作

1. 施工注意事项

施工前应注意施工区内埋于地下的各种管线，建筑物废基，水井等各类应拆除的建筑物，并与有关单位一起研究处理措施方案。

2. 测量放线

测量放线非常重要，因为它贯穿于施工的全过程，从施工前的准备，到施工中，到施工结束以后的竣工验收，都离不开测量工作。如何把测量放线做块做好，是对测量技术人员一项基本技能的考验和基本要求。当前堤防施工中一般都采用全站仪进行施工控制测量，另外配置水准仪、经纬仪，进行施工放样测量。

（1）测量人员依据监理提供的基准点、基线、水准点及其他测量资料进行核对、复测，监理施工测量控制网，报请监理审核，批准后予以实施，以利于施工中随时校核。

（2）精度的保障。工程基线相对于相邻基本控制点，平面位置误差不超过 ±30 ～ 50mm，高程误差不超过 ±30mm。

（3）施工中对所有导线点、水准点进行定期复测，对测量资料进行及时、真实的填写，由专人保存，以便归档。

3. 场地清理

场地清理包括植被清理和表土清理，他的方位包括永久和临时工程、存弃渣场等施工用地需要清理的全部区域的地表。

（1）植被清理：用推土机清除开挖区域内的全部树木、树根、杂草、垃圾及监理人指明的其他有碍物，运至监理工程师指定的位置。除监理人另有指示外，主体工程施工场地地表的植被清理，必须延伸至施工图所示最大开挖边线或建筑物基础变现（或填筑边脚线）外侧至少 5m 距离。

（2）表土清理：用推土机清楚开挖区域内的全部含细根、草本植物及覆盖草等植物的表层有机土壤，按照监理人指定的表土开挖深度进行开挖，并且将开挖的有机土壤运至指定地区存放待用。防止土壤被冲刷流失。

（二）堤防工程施工放样与堤基清理

在施工放样中，首先沿堤防纵向定中心线和内外边脚，同时钉以木桩，要把误差控制在规定值内。当然根据不同堤形，可以在相隔一定距离内设立一个堤身横断面样架，以便能够为施工人员提供参照。堤身放样时，必须要按照设计要求来预留堤基、堤身的沉降量。而在正式开工前，还需要进行堤基清理，清理的范围主要包括堤身、铺盖、压载的基面，其边界应在设计基面边线外 30 ～ 50cm。如果堤基表层出现不合格土、杂物等，就必须及时清除，针对堤基范围内的坑、槽、沟等部分，需要按照堤身填筑要求进行回填处理。同时需要耙松地表，这样才能保证堤身与基础结合。当然，假如堤线必须通过透水地基或软弱地基，就必须得对堤基进行必要的处理，处理方法可以按照土坝地基处理的方法进行。

（三）堤防工程度汛与导流

堤防工程施工期跨汛期施工时，度汛、导流方案应根据设计要求和工程需要编制，并报有关单位批准。挡水堤身或围堰顶部高程，按照度汛洪水标准的静水位加波浪爬高与安全加高确定。当度汛洪水位的水面吹程小于 500m、风速在 5 级（风速 10m / s）

以下时，堤顶高程可仅考虑安全加高。

（四）堤防工程堤身填筑要点

1. 常用筑堤方法

（1）土料碾压筑堤

土料碾压筑堤是应用最多的一种筑堤方法，也是极为有效一种方法，其主要是通过把土料分层填筑碾压，主要用于填筑堤防的一种工程措施。

（2）土料吹填筑堤

土料吹填筑堤主要是通过把浑水或人工拌制的泥浆，引到人工围堤内，通过降低流速，最终能够沉沙落淤，其主要是用于填筑堤防的一种工程措施。吹填的方法有许多种，包括提水吹填、自流吹填、吸泥船吹填、泥浆泵吹填等。

（3）抛石筑堤

抛石筑堤通常是在软基、水中筑堤或地区石料丰富的情况下使用的，其主要是利用抛投块石填筑堤防。

（4）砌石筑堤

砌石筑堤是采用块石砌筑堤防的一种工程措施。其主要特点是工程造价高，在重要堤防段或石料丰富地区使用较为广泛。

（5）混凝土筑堤

混凝土筑堤主要用于重要堤防段，1，其工程造价高。

2. 土料碾压筑堤

（1）铺料作业

铺料作业是筑堤的重要组成部分，因此需要根据要求把土料铺至规定部位，禁止把砂（砾）料，或者其他透水料与黏性土料混杂。当然在上堤土料的过程中，需要把杂质清除干净，这主要是考虑到黏性土填筑层中包裹成团的砂（砾）料时，可能会造成堤身内积水囊，这将会大大影响到堤身安全；如果是土料或者砾质土，就需要选择进占法或后退法卸料，如果是沙砾料，则需要选择后退法卸料；当出现沙砾料或砾质土卸料发生颗粒分离的现象，就需要将其拌和均匀；需要按照碾压试验确定铺料厚度和土块直径的限制尺寸；如果铺料到堤边，那就需要在设计边线外侧各超填一定余量，人工铺料宜为100cm，机械铺料宜为30cm。

（2）填筑作业

为了更好的提高堤身的抗滑稳定性，需要严格控制技术要求，在填筑作业中如果遇到地面起伏不平的情况，就需要根据水分分层，按照从低处开始逐层填筑的原则，禁止顺坡铺填；如果堤防横断面上的地面坡度陡于1 ∶ 5，就需要把地面坡度削至缓于1 ∶ 5。

如果是土堤填筑施工接头，那很可能会出现成质量隐患，这就要求分段作业面的最小长度要大于100m，如果人工施工时段长，那可以根据相关标准适当减短；如果是相邻施工段的作业面宜均衡上升，在段与段之间出现高差时，就需要以斜坡面相接；

不管选择哪种包工方式，填筑作业面都严格按照分层统一铺土、统一碾压的原则进行，同时还需要配备专业人员，或者用平土机具参与整平作业，避免出现乱铺乱倒，出现界沟的现象；为了使填土层间结合紧密，尽可能地减少层间的渗漏，如果已铺土料表面在压实前，已经被晒干，此时就需要洒水湿润。

（3）防渗工程施工

黏土防渗对于堤防工程来说主要是用在黏土铺盖上，而黏土心墙、斜墙防渗体方式在堤防工程中应用较少。黏土防渗体施工，应在清理的无水基底上进行，并与坡脚截水槽和堤身防渗体协同铺筑，尽量减少接缝；分层铺筑时，上下层接缝应错开，每层厚以 15 ～ 20cm 为宜，层面间应刨毛、洒水，来保证压实的质量；分段、分片施工时，相邻工作面搭接碾压应符合压实作业规定。

（4）反滤、排水工程施工

在进行铺反滤层施工之前，需要对基面进行清理，同时针对个别低洼部分，则需要通过采用与基面相同土料，或者反滤层第一层滤料填平。而在反滤层铺筑的施工中，需要遵循以下几个要求：

①铺筑前必须要设好样桩，做好场地排水，准备充足的反滤料。

②按照设计要求的不同，来选择粒径组的反滤料层厚。

③必须要从底部向上按设计结构层要求，禁止逐层铺设，同时需要保证层次清楚，不能混杂，也不能从高处顷坡倾倒。

④分段铺筑时，应使接缝层次清楚，不能出现发生缺断、层间错位、混杂等现象。

二、堤防工程防渗施工技术

（一）堤防发生险情的种类

堤防发生险情包括开裂、滑坡和渗透破坏，其中，渗透破坏尤为突出。渗透破坏的类型主要有接触流土、接触冲刷、流土、管涌及集中渗透等。由渗透破坏造成的堤防险情主要有：

1. 堤身险情

该类险情的造成原因主要是堤身填筑密实度以及组成物质的不均匀所致，如堤身土壤组成是砂壤土、粉细沙土壤，或者堤身存在裂缝、孔洞等，跌窝、漏洞、脱坡、散浸是堤身险情的主要表现。

2. 堤基与堤身接触带险情

该类险情的造成原因是建筑堤防时，没有清基，导致堤基与堤身的接触带的物质复杂、混乱。

3. 堤基险情

该类险情是由于堤基构成物质中包含了砂壤土和砂层，而这些物质的透水性又极强所致。

（二）堤防防渗措施的选用

在选择堤防工程的防渗方案时，应当遵循以下原则：首先，对于堤身防渗，防渗体可选择劈裂灌浆、锥探灌浆、截渗墙等。在必要情况下，可帮堤以增加堤身厚度，或挖除、刨松堤身后，重新碾压并填筑堤身。其次在进行堤防截渗墙施工时，为降低施工成本，要注意采用廉价、薄墙的材料。较为常用的造墙方法有开槽法、挤压法、深沉法，其中，深沉法的费用最低，对于＜20m的墙深最宜采用该方法。高喷法的费用要高些，但在地下障碍物较多、施工场地较狭窄的情况下，该方法的适应性较高。若地层中含有的砂卵砾石较多且颗粒较大时，应结合使用冲击钻和其他开槽法，该法的造墙成本会相应地提高不少。对于该类地层上堤段险情的处理，还可使用盖重、反滤保护、排水减压等措施。

（三）堤防堤身防渗技术分析

1. 黏土斜墙法

黏土斜墙法，是先开挖临水侧堤坡，将其挖成台阶状，再将防渗黏性土铺设在堤坡上方，铺设厚度N2m，并要在铺设过程中将黏性土分层压实。对堤身临水侧滩地足够宽且断面尺寸较小的情况，适宜使用该方法。

2. 劈裂灌浆法

劈裂灌浆法，是指利用堤防应力的分布规律，通过灌浆压力在沿轴线方向将堤防劈裂，再灌注适量泥浆形成防渗帷幕，使堤身防渗能力加强。该方法的孔距通常设置为10m，但在弯曲堤段，要适当缩小孔距，对于沙性较重的堤防，不适宜使用劈裂灌浆法，这是因为沙性过重，会使堤身弹性不足。

3. 表层排水法

表层排水法，是指在清除背水侧堤坡的石子、草根后，喷洒除草剂，然后铺设粗砂，铺设厚度在20cm左右，再一次铺设小石子、大石子，每层厚度都为20cm，最后铺设块石护坡，铺设厚度为30cm。

4. 垂直铺塑法

垂直铺塑法，是指使用开槽机在堤顶沿着堤轴线开槽，开槽后，将复合土工膜铺设在槽中，然后使用黏土在其两侧进行回填。该方法对复合土工膜的强度和厚度要求较高。若将复合土工膜深入至堤基的弱透水层中，还能起到堤基防渗作用。

（四）堤基的防渗技术分析

1. 加盖重技术

加盖重技术，是指在背水侧地面增加盖重，以减小背水侧的出流水头，从而避免堤基渗流破坏表层土，使背水地面的抗浮稳定性增强，降低其出逸比降。针对下卧透水层较深、覆盖层较厚的堤基，或者透水地基，都适宜采用该方法进行处理。在增加盖重的过程中，要选择透水性较好的土料，至少要等于或大于原地面的透水性。而且不宜使用沙性太大的盖重土体，因为沙性太大易造成土体沙漠化，影响周围环境。若盖重太长，要考虑联合使用减压沟或减压井。如果背水侧为建筑密集区或是城区，则不适宜使用该方法。对于盖重高度、长度的确定，要用渗流计算结果为依据。

2. 垂直防渗墙技术

垂直防渗墙技术，是指在堤基中使用专用机建造槽孔，使用泥浆加固墙壁，再将混合物填充至槽孔中，最终形成连续防渗体。它主要包括了全封闭式、半封闭式和悬挂式三种结构类型。全封闭式防渗墙：是指防渗墙穿过相对强透水层，且底部深入到相对弱透水层中，在相对弱透水层下方没有相对强透水层。通常情况下，该防渗墙的底部会深入到深厚黏土层或弱透水性的基岩中。若在较厚的相对强透水层中使用该方法，会增加施工难度和施工成本。该方式会截断地下水的渗透径流，故其防渗效果十分显著，但同时也易发生地下水排泄、补给不畅的问题。所以会对生态环境造成一定的影响。

半封闭式防渗墙：是指防渗墙经过相对强透水层深入弱透水层中，在相对弱透水层下方有相对强透水层。该方法对的防渗稳定性效果较好。影响其防渗效果的因素较多，主要有相对强透水层和相对弱透水层各自的厚度、连续性及渗透系数等。该方法不会对生态环境造成影响。

三、堤防绿化的施工

（一）堤防绿化在功能上下功夫

1. 防风消浪，减少地面径流

堤防防护林可以降低风速、削减波浪，从而减小水对大堤的冲刷。绿色植被能够有效地抵御雨滴击溅、降低径流冲刷，减缓河水冲淘，起到了护坡、固基、防浪等方面的作用。

2. 以树养堤、以树护堤，改善生态环境

合理的堤防绿化能有效地改善堤防工程区域性的生态景观，实现养堤、护堤、绿化、美化的多功能，实现堤防工程的经济、社会和生态 3 个效益相得益彰，为全面建设和谐社会提供和谐的自然环境。

3. 缓流促淤、护堤保土，保护堤防安全

树木干、叶、枝有阻滞水流作用，干扰水流流向，使水流速度放缓，对地表的冲刷能力大大下降，从而使泥沉沙落。同时林带内树木根系纵横，使得泥土形成整体，大大提高了土壤的抗冲刷能力，保护堤防安全。

4. 净化环境，实现堤防生态效益

枝繁叶茂的林带，通过叶面的水分蒸腾，起到一定排水作用，可以降低地下水位，能在一定程度上防止由于地下水位升高而引起的土壤盐碱化现象。另外防护林还能储存大量的水资源，维持环境的湿度，改善局部循环，形成良好的生态环境。

（二）堤防绿化在植树上保成活

理想的堤防绿化是从堤脚到堤肩的绿化，理想的堤防绿化是一条绿色的屏障，是一道天然的生态保障线，它可以成为一条亮丽的风景线，不但要保证植树面积，还要保证树木的存活率。

1. 健全管理制度

领导班子要高度重视，成立专门负责绿化苗木种植管理领导小组，制定绿化苗木管理，责任制，实施细则、奖惩办法等一系列规章制度。直接责任到人，真正实现分级管理、分级监督、分级落实，全面推动绿化苗木种植管理工作。为打造“绿色银行”起到了保驾护航和良好的监督落实作用。

2. 把好选苗关

近年来，我省堤防上的“劣质树”“老头树”，随处可见，成材缓慢，不仅无经济效益可言，还严重影响堤防环境的美化，制约经济的发展。得选择种植成材快、木质好，适合黄土地带生长的既有观赏价值又有经济效益的树种。

3. 把好苗木种植关

堤防绿化的布局要严格按照规划，植树时把高低树苗分开，高低苗木要顺坡排开，即整齐美观，又能够使苗木采光充分，有利于生长。绿化苗木种植进程中，根据绿化计划和季节的要求，从苗木品种、质量、价格、供应能力等多方面入手，严格按照计划选择苗木。要严格按照三埋、两踩、一提苗的原则种植，认真按照专业技术人员指导植树的方法、步骤、注意事项完成，既保证整齐美观，又能确保成活率。

（1）三埋

所谓三埋就是：植树填土分3层，即挖坑时要将挖出的表层土1／3、中层土1／3、底层土1／3分开堆放。在栽植前先将表层土填于坑底，然后将树苗放于坑内，使中层土还原，底层土是起封口使用。

（2）两踩

所谓两踩就是：中层土填过后进行人工踩实，封堆后再进行一次人工踩实，可使根部周围土密实，保墒抗倒。

（3）一提苗

所谓一提苗就是指有根系的树苗，待中层土填入后，在踩实之前先将树苗轻微上提，使弯乱的树根舒展，便于扎根。

（三）堤防绿化在管理上下功夫

巍巍长堤，人、水、树相依，堤、树、河相伴。堤防变成绿色风景线。这需要堤防树木的“保护伞”的支撑。

1. 加强法律法规宣传，加大对沿堤群众的护林教育

利用电视、广播、宣传车、散发传单、张帖标语等各种方式进行宣传，目的是使广大群众从思想上认识到堤防绿化对保护堤防安全的重要性和必要性，增强群众爱树、

护树的自觉性，形成全员管理的社会氛围。对乱砍乱伐的违法乱纪行为进行严格地查处，提高干部群众的守法意识，自觉做环境的绿化者。

2. 加强树木呵护，组织护林专业队

根据树木的生长规律，时刻关注树木的生长情况，做好保墒、施肥、修剪等工作，满足树木不同时期生长的需要。

3. 防治并举，加大对林木病虫害防治的力度

在沿堤设立病虫害观测站，并坚持每天巡查，一旦发现病虫害，及时除治，及时总结树木的常见病、突发病害，交流防治心得、经验，控制病虫害的泛滥。例如：杨树虽然生长快、材质好、经济价值高，但幼树抗病虫害能力差的缺点。易发病虫害有：溃疡病，黑斑病、桑天牛、潜叶蛾等病害。针对溃疡病、黑斑病主要通过施肥、浇水增加营养水分，使其缝壮：针对桑天牛害虫，主要采用清除构、桑树，断其食源，对病树虫眼插毒签、注射1605、氧化乐果50倍或100倍溶液等办法：针对潜叶蛾等害虫主要采用人工喷洒灭幼脲药液的办法。

（四）堤防防护林发展目标

1. 抓树木综合利用，促使经济效益最大化

为创经济效益和社会效益双丰收，在路口、桥头等重要交通路段，种植一些既有经济价值，又有观赏价值的美化树种，来适应旅游景观的要求，创造美好环境，为打造水利旅游景观做基础。

2. 乔灌结合种植，缩短成才周期

乔灌结合种植，树木成材快，经济效益明显。乔灌结合种植可以保护土壤表层的水土，有效防止水土流失，协调土壤水分。另外，灌木的叶子腐烂后，富含大量的腐殖质，既防止土壤板结，又改善土壤环境，促使植物快速生长，形成良性循环。缩短成才的周期。

3. 坚持科技兴林，提升林业资源多重效益

在堤防绿化实践中，要勇于探索，大胆实践及科学造林。积极探索短周期速生丰产林的栽培技术和管理模式。加大林木病虫害防治力度。管理人员的经常参加业务培训，实行走出去，引进来的方式，不断提高堤防绿化水准。

4. 创建绿色长廊，打造和谐的人居环境

为了满足人民日益提高的物质文化生活的需要，在原来绿化、美化的基础上，建设各具特色的堤防公园，使它成为人们休闲娱乐的好去处，实现经济效益、社会效益的双丰收。

四、生态堤防建设

（一）我国目前堤防建设的现状

在防洪工程建设中，堤防最主要的功能就是防汛，但生态功能往往被忽视，工程设计阶段多没有兼顾生态需求，从而未能合理引入生态工程技术，不能减轻水利工程对河流生态系统的负面影响，使得原来自然河流趋势人为渠道化和非连续化，破坏了自然生态。

（二）生态堤防建设概述

1. 生态堤防的含义

生态堤防是指恢复后的自然河岸或具有自然河岸水土循环的人工堤防。主要是通过扩大水面积和绿地、设置生物的生长区域、设置水边景观设施、采用天然材料的多孔性构造等措施来实现河道生态堤防建设。在实施过程中要尊重河道实际情况，根据河岸原生态状况，因地制宜，在此基础上稍加“生态加固”，不要作过多的人为建设。

2. 生态堤防建设的必要性

原来河道堤防建设，仅是加固堤岸、裁弯取直、修筑大坝等工程，满足了人们对于供水、防洪、航运的多种经济要求。但水利工程对于河流生态系统可能造成不同程度的负面影响：一是自然河流的人工渠道化，包括平面布置上的河流形态直线化，河道横断面几何规则化，河床材料的硬质化；二是自然河流的非连续化，包括筑坝导致顺水流方向的河流非连续化，筑堤引起了侧向的水流联通性的破坏。

3. 生态堤防的作用

生态堤防在生态的动态系统中具有多种功能，主要表现在：①成为通道，具有调节水量、滞洪补枯的作用。堤防是水陆生态系统内部及相互之间生态流流动的通道，丰水期水向堤中渗透储存，减少洪灾；枯水期储水反渗入河或蒸发，起着滞洪补枯、调节气候的作用。传统上用混凝土或浆砌块石护岸，阻隔这个系统的通道，就会使水质下降；②过滤的作用，提高河流的自净能力。生态河堤采用种植水中植物，从水中吸取无机盐类营养物，利于水质净化；③能形成水生态特有的景观。堤防有自己特有的生物和环境特征，是各种生态物种的栖息地。

4. 生态堤防建设效益

生态堤防建设改善了水环境的同时，也改善了城市生态、水资源及居住条件，并强化了文化、体育、休闲设施，使城市交通功能、城市防洪等再上新的台阶，对于优化城市环境，提升城市形象，改善投资环境，拉动经济增长，扩大对外开放，都将产生直接影响。

（三）堤防建设的生态问题

1. 对天然河道裁弯取直

天然河流是蜿蜒弯曲、分叉不规则的，宽窄不一、深浅各异，在以往的堤防建设中，过多地强调“裁弯取直”，堤线布置平直单一，使河道的形态不断趋于直线化，导致整个河道断面变为规则的矩形或组合梯形断面，使河道断面失去了天然不规则化形态，从而改变了原有河道的水流流态，对水生生物产生不良影响。

2. 追求保护面积的最大化

以往的堤防设计往往追求最大的保护面积，堤线紧靠岸坡坡顶布置，导致河槽变窄，河漫滩也不复存在，从而失去了原有天然河道的开放性，使生物的生长发育失去了栖息环境。

3. 现场施工无序

堤防施工对生态环境的破坏，施工后场地沟壑纵横、土壤裸露、杂乱无章，引起水土流失，破坏了原有的生态环境。

4. 对岸坡的硬质化处理

对岸坡的处理，以往一般多采用“硬处理”，也就是采用大片的干砌石、浆砌石或混凝土护坡，忽视生态的防护措施的研究和应用，对生态环境的影响非常严重。

（四）解决堤防生态问题的对策

1. 堤线和堤型的选择

堤线布置及堤型选择河流形态的多样化是生物物种多样化的前提之一，河流形态的规则化、均一化，会在不同程度上对生物多样性造成影响。堤线的布置要因地制宜，应尽可能保留江河湖泊的自然形态，保留或恢复其蜿蜒性或分汊散乱状态，就保留或恢复湿地、河湾、急流和浅滩。

2. 河流断面设计

自然河流的纵、横断面也显示出多样性的变化，浅滩与深潭相间。

3. 岸坡的防护

岸堤是水陆过渡地带，是水生物繁衍和生息的场所，所以岸坡的防护将对生态环境产生直接的影响。以往在岸坡防护方面多采用“硬处理措施”，即在坡中、坡顶进行削坡、修坡，在坡脚修筑齿墙并抛石防冲，在坡面采用干砌石、浆砌石或混凝土预制块砌护，而很少考虑“软处理措施”亦即生态防护措施的应用，导致河道渠化，岸坡植被遭破坏，河道失去原来的天然形态，因此重视“软处理措施”或“软硬结合处理措施”的应用是十分必要的。

（1）尽可能保持岸坡的原来形态，尽量不破坏岸坡的原生植被，局部不稳定的岸坡可局部采用工程措施加以处理，避免大面积削坡，导致全堤段岸坡断面统一化。

（2）尽可能少用单纯的干砌石、浆砌石或混凝土护坡，宜采用植物护坡，在坡面种植适宜的植物，达到防冲固坡的目的，或者采用生态护坡砖，为增强护坡砖的整体性，可采用互锁式护坡砖，中间预留适当大小的孔洞，以便种植固坡植物（如香根草、蟛蜞菊等），固坡植物生长后，将护坡砖覆盖，既能达到固坡防冲的目的，又能绿化岸坡，使岸坡保持原来的植被形态，为水生生物提供必要的生活环境。

（3）尽可能保护岸坡坡脚附近的深潭和浅滩，这是河床多样化的表现，为生物的生长提供栖息场所，增加与生物和谐性，坡脚附近的深潭以往一般认为是影响岸坡稳定的主要因素之一，因此，常采用抛石回填，实际上可以采取多种联合措施，减少或避免单一使用抛石回填，从而保护深潭的存在，比如将此处的堤轴线内移，减少堤身荷载对岸坡稳定的影响，或者在坡脚采用阻滑桩处理等。

4. 对已建堤防作必要的生态修复

由于认识和技术的局限性，以往修筑的一些堤防，尤其是城市堤防对生态环境产生的负面影响是存在的，可以采用必要的补救措施，尽可能地减少或消除对生态环境的影响，而植物措施是最为经济有效的，如对影响面较大的硬质护坡，可采用打孔种植固坡植物，覆盖硬质护坡，使岸坡恢复原有的绿色状态；也可结合堤防的扩建，对原有堤防进行必要的改造，使其恢复原有的生态功能。

第五节 水闸施工

一、水闸工程地基开挖施工技术

开挖分为水上开挖和水下开挖。其中涵闸水上部分开挖、旧堤拆除等为水上开挖，新建堤基础面清理、围堰形成前水闸处淤泥清理开挖为水下开挖。

（一）水上开挖施工

水上开挖采用常规的旱地施工方法。施工原则是“自上而下，分层开挖”。水上开挖包括旧堤拆除、水上边坡开挖及基坑开挖。

1. 旧堤拆除

旧堤拆除在围堰保护下干地施工。为保证老堤基础的稳定性和周边环境的安全性，旧堤拆除不采用爆破方式。干、砌块石部分采用挖掘机直接挖除，开挖渣料可利用部分装运至外海进行抛石填筑或者用于石渣填筑，其余弃料装运至监理指定的弃渣场。

2. 水上边坡开挖

开挖方式采取旱地施工，挖掘机挖除；水上开挖由高到低依次进行，均衡下降。待围堰形成和水上部分卸载开挖工作全部结束后，方可进行基坑抽水工作，以确保基坑的安全稳定。开挖料可利用部分用于堤身和内外平台填筑，其余弃料运至指定弃料场。

3. 基坑开挖与支护

基坑开挖在围堰施工和边坡卸载完毕后进行，开挖前首先进行开挖控制线和控制高程点的测量放样等。开挖过程中要做好排水设施的施工，主要有：开挖边线附近设置临时截水沟，开挖区内设干码石排水沟，干码石采用挖掘机压入作为脚槽。另外设混凝土护壁集水井，配水泵抽排，以降低基坑水位。

（二）水下开挖施工

水下开挖施工主要为水闸基坑水下流溯状淤泥开挖。

1. 水下开挖施工方法

（1）施工准备

水下开挖施工准备工作主要有：弃渣场的选择、机械设备的选型等。

（2）测量放样

水下开挖的测量放样拟采用全站仪进行水上测量，主要测定开挖范围。浅滩可采用打设竹杆作为标记，水较深的地方用浮子作标记；为了避免开挖时毁坏测量标志，标志可设在开挖线外 10m 处。

（3）架设吹送管、绞吸船就位

根据绞吸船的吹距（最大可达 1000m）和弃渣场的位置，吹送管可架设在陆上，也可架设在水上或淤泥上。

（4）绞吸吹送施工

绞吸船停靠就位、吹送管架设牢固后，即可开始进行绞吸开挖。

2. 涵闸基坑水下开挖

（1）涵闸水下基坑描述

涵闸前后河道由于长期双向过流，其表层主要为流塑状淤泥，对后期的干地开挖有较大影响，因此须先采用水下开挖方式清除掉表层淤泥。

（2）施工测量

施工前，对涵闸现状地形实施详细的测量，绘制原始地形图，标注出各部位的开挖厚度。一般采用 $50m^2$ 为分隔片，并在现场布置相应的标识指导施工。

（3）施工方法

在围堰施工前，绞吸船进入开挖区域，根据测量标识开始作业。

（三）基坑开挖边坡稳定分析与控制

1. 边坡描述

根据本工程水文、地质条件，水闸基础基本为淤泥土构成，基坑边坡土体含水量大，基本为淤泥，基坑开挖及施工过程中，容易出现边坡失稳，造成整体边坡下滑的现象。因此如何保证基坑边坡的稳定是本开挖施工重点。

2. 应对措施

（1）采取合理的开挖方法

根据工程特点，对于基坑先采用水下和岸边干地开挖，以减少基坑抽水后对边坡下部的压载，上部荷载过大使边坡土体失稳而出现垮塌及深层滑移。

（2）严格控制基坑抽排水速度

基坑水下部分土体长期经海水浸泡，含水量大，地质条件差，基坑排水下降速度大于边坡土体固结速度，在没有水压力平衡下极易造成整体边坡失稳。

（3）对已开挖边坡的保护

在基坑开挖完成后，沿坡脚形成排水沟组织排水，并设置小型集水井，及时排除基坑内的水。在雨季，对边坡覆盖条纹布加以保护，必要时设置抗滑松木桩。

（4）变形监测

按规范要求，在边坡开挖过程中，在坡顶、坡脚设置观测点，对边坡进行变形观测，测量仪器采用全站仪和水准仪。观测期间，对每一次的测量数据进行分析，若发现位移或沉降有异常变化，立即报告并停止施工，待分析处理后再恢复施工。

（四）开挖质量控制

1. 开挖前进行施工测量放样工作，以此控制开挖范围与深度，并做好过程中的检查。

2. 开挖过程中安排有测量人员在现场观测，避免出现超、欠挖现象。

3. 开挖自上而下分层分段施工，随时做成一定的坡势，避免挖区积水。

4. 水下开挖时，随时进行水下测量，以保证基坑开挖深度。

5. 水闸基坑开挖完成后，沿坡脚打入木桩并堆砂包护面，维持出露边坡的稳定。

6. 开挖完成后对基底高程进行实测，并且上报监理工程师审批，以利于下道工序迅速开展。

二、水闸排水与止水问题

（一）水闸设计中的排水问题

1. 消力池底板排水孔

消力池底板承受水流的冲击力、水流脉动压力和底部扬压力等作用，应有足够的重量、强度和抗冲耐磨的能力。为了降低护坦底部的渗透压力，可在水平护坦的后半部设置垂直排水孔，孔下铺反滤层。排水孔呈梅花形布置。有一些水闸消力池底板排水孔是从水平护坦的首部一直到尾部全部布设有排水孔。这种布置有待商榷。因为，水流出闸后，经平稳整流后，经陡坡段流向消力池水平底板，在陡坡段末端和底板水平段相交处附近形成收缩水深，为急流，此处动能最大，即流速水头最大，其压强水头最小。如果在此处也设垂直排水孔，在高流速及低压强的作用下，垂直排水孔下的细粒结构，在底部大压力的作用下，有可能被从孔中吸出，久而久之底板将被掏空。故应在消力池底板的后半部设垂直排水孔。以使从底板渗下的水量从消力池的垂直排水孔排出，从而达到减小消力池底板渗透压力的作用。

2. 闸基防渗面层排水

水闸在上下游水位差的作用下，上游水从河床入渗，绕经上游防渗铺盖、板桩及闸底板，经反滤层由排水孔至下游。不透水的铺盖、板桩及闸底板等与地基的接触面成为地下轮廓线。地下轮廓线的布置原则是高防低排，即在高水位一侧布置铺盖、板桩、浅齿墙等防渗设施，滞渗延长底板上游的渗径，使得作用在底板上的渗透压力减小。在低水位一侧设置面层排水、排渗管等设施排渗，使地基渗水尽快地排出。土基上的水闸多采用平铺式排水，即用透水性较强的粗砂、砾石或卵石平铺在闸底板、护坦等下面。渗流由此与下游连通，降低排水体起点前面闸底上的渗透压力，消除排水体起点后建筑物底面上的渗透压力。排水体一般无须专门设置，而是将滤层中粗粒粒径最大的一层厚度加大，构成排水体。然而，有一些在建水闸工程，其水闸底板后的水平整流段和陡坡段，却没有设平铺式排水体，有的连反滤层都没有，仅在消力池底板处设了排水体。这种设计，将加大闸底板，陡坡段的渗透压力，对水闸安全稳定也极为不利。一般水闸的防渗设计，都应在闸室后水平整流段处开始设排水体，闸基渗透压力在排水体开始处是零。

3. 翼墙排水孔

水闸建成后，除闸基渗流外，渗水经从上游绕过翼墙、岸墙和刺墙等流向下游，成为侧向渗流。该渗流有可能造成底板渗透压力的增大，并使渗流出口处发生危害性渗透变形，故应做好侧向防渗排水设施。为了排出渗水，单向水头的水闸可在下游翼墙和护坡设置排水孔，并在挡土墙一侧孔口处设置反滤层。然而，有些设计，却在进口翼墙处也设置了排水孔。此种设计，使翼墙失去了防渗、抗冲和增加渗径的作用，使上游水流不是从垂直流向插入河岸的墙后绕渗，而是直接从孔中渗入墙后，这将减少了渗径，增加了渗流的作用，将会减小翼墙插入河岸的作用。

4. 防冲槽

水流经过海漫后，能量虽然得到进一步消除，但海漫末端水流仍具有一定的冲刷能力，河床仍难免遭受冲刷。故需在海漫末端采取加固措施，即设置防冲槽。常见的防冲槽有抛石防冲槽和齿墙或板桩式防冲槽。在海漫末端处挖槽抛石预留足够的石块，当水流冲刷河床形成冲坑时，预留在槽内的石块沿冲刷的斜坡陡段滚下，铺盖在冲坑的上游斜坡上。防止冲刷坑向上游扩展，保护海漫安全。有些防冲槽采用的是干砌石设计，且设计的非常结实，此种设计不甚合理。因为防冲槽的作用，是有足够量的块石，以随时填补可能造成的冲坑的上游侧表面，护住海漫不被淘刷。因此建议使用抛石防冲为好。

（二）水闸的止水伸缩缝渗漏问题

1. 渗漏原因

水闸工程中，止水伸缩缝发生渗漏的原因很多，有设计、施工及材料本身的原因等，但绝大多数是由施工引起的。止水伸缩缝施工有严格的施工措施、工艺和施工方法，施工过程中引起渗漏的原因一般有以下几条：

（1）止水片上的水泥渣、油渍等污物没有清除干净就浇筑混凝土，使得止水片与混凝土结合不好而渗漏。

（2）止水片有砂眼、钉孔或接缝不可靠而渗漏。

（3）止水片处混凝土浇筑不密实造成渗漏。

（4）止水片下混凝土浇筑得较密实，但因混凝土的泌水收缩，形成微间隙而渗漏。

（5）相邻结构由于出现较大沉降差造成止水片撕裂或止水片锚固松脱引起渗漏。

（6）垂直止水预留沥青孔沥青灌填不密实引起了渗漏或预制混凝土凹形槽外周与周围现浇混凝土结合不好产生侧向绕流渗水。

2. 止水伸缩缝渗漏的预防措施

（1）止水片上污渍杂物问题

施工过程中，模板上脱模剂时易使止水片沾上脱模剂污渍，所以模板上脱模剂这道工序要安排在模板安装之前并在仓面外完成。浇筑过程中不断会有杂物掉在止水片上，故在初次清除的基础上还要强调在混凝土淹埋止水片时再次清除这道工序。另外，浇筑底层混凝土时就会有混凝土散落在止水片上，在混凝土淹埋止水片时先期落上的混凝土因时间过长而初凝，这样混凝土会留下渗漏隐患应及时清除。

（2）止水片砂眼、钉孔和接缝问题

在止水片材料采购时，应严格把关。不但止水片材料的品种、规格和性能要满足规范和设计要求，对其外观也要仔细检查，不合格材料应及时更换。止水片安装时有的施工人员为了固定止水片采用铁钉把止水片钉在模板上，这样会在止水片上留下钉孔，这种方法应避免，而应采取模板嵌固的方法来固定止水片。止水片接缝也是常出现渗漏的地方，金属片接缝一定要采用与母材相同的材料焊接牢固。为了保证焊缝质量和焊接牢固，可以使用制接加双面焊接的方法，焊缝均采用平焊，并且搭接长度220mm。重要部位止水片接头应热压黏接，接缝均要做压水检查验收合格后才能使用。

（3）止水片处混凝土浇筑不密实问题

止水处混凝土振捣要细致谨慎，选派的振捣工既要有较强的责任心又要有熟练的操作技能。振捣要掌握“火候”，既不能欠振，也不能烂振，振捣时振捣器一定不能触及止水片。混凝土要有良好的和易性，易于振捣密实。

（4）止水处混凝土的泌水收缩问题

选用合适的水泥和级配合理的骨料能有效减小混凝土的泌水收缩。矿渣水泥的保水性较差，泌水性较大，收缩性也大，因此止水处混凝土最好不要用矿渣水泥而宜用普通硅酸盐水泥配制。另外混凝土坍落度不能太大，流动性大的混凝土收缩性也大，一般选 5 ～ 7cm 坍落度为佳，泵送混凝土由于坍落度大不宜采用。

（5）沉降差对止水结构的影响问题

沉降差很难避免，有设计方面的原因，也有施工方面的原因。结构荷载不同，沉降量一般也不同，大的沉降差一般出现在荷载悬殊的结构之间。水闸建筑中，防渗铺盖与闸首、翼墙间荷载较悬殊，会有较大的沉降差。小的沉降差一般不会对止水结构产生危害，因为止水结构本身有一定的变形适应能力。施工方面可采取预沉和设置二次浇筑带的施工措施和方法来减小沉降差：施工计划安排时先安排荷载大的闸首、翼墙施工，让它们先沉降，待施工到相当荷载阶段，沉降较稳定后再施工相邻的防渗铺盖，或在沉降悬殊的结构间预留二次浇筑带等到两结构沉降较稳定后再浇筑二次混凝土浇筑带。

（6）垂直止水缝沥青灌注密实问题及混凝土预制凹槽与现浇混凝土结合问题

通常预留沥青孔一侧采用每节1m长左右的预制混凝土凹形槽，逐节安装于已浇筑止水片的混凝土墙面上，缝槽用砂浆密封固定，热沥青分节从顶端灌注。需要注意的是在安装预制槽时要格外小心，沥青孔中不能掉进杂物和垃圾。因为沥青孔断面较小，一旦掉进去很难清除干净，必将留下渗漏隐患，所以安装好的预制槽顶端要及时封盖，避免掉进杂物甚至垃圾。

三、水闸施工导流规定

（一）导流施工

1. 导流方案

在水闸施工导流方案的选择上，多数是采用束窄滩地修建围堰的导流方案。水闸施工受地形条件的限制比较大，这就使得围堰的布置只能紧靠主河道的岸边，但是在施工中，岸坡的地质条件非常差，极易造成岸坡的坍塌，因此在施工中必须通过技术措施来解决此类问题。在围堰的选择上，要坚持选择结构简单及抗冲刷能力大的浆砌石围堰，基础还要用松木桩进行加固，堰的外侧还需通过红黏土夯措施来进行有效的加固。

2. 截流方法

在水利水电工程施工中，我国在堵坝的技术上累积了很多成熟的经验。在截流方法上要积极总结以往的经验，在具体的截流之前要进行周密的设计，可以通过模型试验和现场试验来进行论证，可以采用平堵与立堵相结合的办法进行合龙。土质河床上的截流工程，戗堤常因压缩或冲蚀而形成较大的沉降或滑移，所以导致计算用料与实际用料会存在较大的出入，所以在施工中要增加一定的备料量，以保证工程的顺利施工。特别要注意，土质河床尤其是在松软的土层上筑戗堤截流要做好护底工程，这一工程是水闸工程质量实现的关键。根据以往的实践经验，应该保证护底工程范围的宽广性，对护底工程要排列严密，在护堤工程进行前，要找出抛投料物在不同流速及水深情况下的移动距离规律，这样才能保证截流工程中抛投料物的准确到位。对那些准备抛投的料物，要保证其在浮重状态和动静水作用下的稳定性能。

（二）水闸施工导流规定

1. 施工导流、截流及渡汛应制订专项施工措施设计，重要的或技术难度较大的须报上级审批。

2. 导流建筑物的等级划分及设计标准应按《水利水电枢纽工程等级划分及设计标准》（平原、滨海部分）有关规定执行。

3. 当按规定标准导流有困难时，经充分论证并报主管部门批准，可适当降低标准；但汛期前，工程应达到安全渡汛的要求，在感潮河口和滨海地区建闸时，其导流挡潮标准不应降低。

4. 在引水河、渠上的导流工程应满足下游用水的最低水位和最小流量的要求。

5. 在原河床上用分期围堰导流时，不宜过分束窄河面宽度，通航河道尚需满足航运的流速要求。

6. 截流方法、龙口位置及宽度应根据水位、流量、河床冲刷性能及施工条件等因素确定。

7. 截流时间应根据施工进度，尽可能选择在枯水、低潮和非冰凌期。

8. 对土质河床的截流段，应在足够范围内抛筑排列严密的防冲护底工程，并随龙口缩小及流速增大及时投料加固。

9. 合龙过程中，应随时测定龙口的水力特征值，适时改换投料种类、抛技强度和改进抛投技术。截流后，应即加筑前后戗，然后才可以有计划地降低堰内水位，并完善导渗、防浪等措施。

10. 在导流期内，必须对导流工程定期进行观测、检查，并及时维护。

11. 拆除围堰前，应根据上下游水位、土质等情况确定充水、闸门开度等放水程序。

12. 围堰拆除应符合设计要求，筑堰的块石及杂物等应拆除干净。

四、水闸混凝土施工

（一）施工准备工作

大体积混凝土的施工技术要求比较高，特别在施工中要防止混凝土因水泥水化热引起的温度差产生温度应力裂缝。因此需要从材料选择上、技术措施等有关环节做好充分的准备工作，才能保证闸室底板大体积混凝土的施工质量。

1. 材料选择

（1）水泥

考虑本工程闸室混凝土的抗渗要求及泵送混凝土的泌水小，保水性能好的要求，确定采用P.042.5级普通硅酸盐水泥，并通过掺加合适的外加剂可以改善混凝土的性能，提高混凝土的抗裂和抗渗能力。

（2）粗骨料

采用碎石，粒径5～25mm，含泥量不大于1%。选用粒径较大、级配良好的石子配制混凝土，和易性较好，抗压强度较高，同时可以减少用水量和水泥用量，从而使水泥水化热减少，降低混凝土温升。

（3）细骨料

采用机制混合中砂，平均粒径大于0.5mm，含泥量不大于5%。选用平均粒径较大的中、粗砂拌制的混凝土比采用细砂拌制的混凝土可减少用水量10%左右，同时相应减少水泥用量，使水泥水化热减少，降低混凝土温升，并可减少混凝土收缩。

（4）矿粉

采用金龙S95级矿粉，增加混凝土的和易性，同时相应地减少水泥用量，使水泥水化热减少，降低混凝土温升。

（5）粉煤灰

由于混凝土的浇筑方式为泵送，为了改善混凝土的和易性便于泵送，考虑掺加适量的粉煤灰。粉煤灰对降低水化热、改善混凝土和易性有利，但掺加粉煤灰的混凝土早期极限抗拉值均有所降低，对混凝土抗渗抗裂不利，因此要求粉煤灰的掺量控制在15%以内。

（6）外加剂

设计无具体要求，通过分析比较及过去在其他工程上的使用经验，混凝土确定采用微膨胀剂，每立方米混凝土掺入23kg，对混凝土收缩有补偿功能，可提高混凝土的抗裂性。同时考虑到泵送需要，采用高效泵送剂，其减水率大于18%，可有效降低水化热峰值。

2. 混凝土配合比

混凝土要求混凝土搅拌站根据设计混凝土的技术指标值、当地材料资源情况及现场浇筑要求，提前做好混凝土试配。

3. 现场准备工作

（1）基础底板钢筋及闸墩插筋预先安装施工到位，并进行隐蔽工程验收。

（2）基础底板上的预留闸门门槽底槛采用木模，并安装好门槽插筋。

（3）将基础底板上表面标高抄测在闸墩钢筋上，并作明显标记，供浇筑混凝土时找平用。

（4）浇筑混凝土时，预埋的测温管及覆盖保温所需的塑料薄膜、土工布等应提前准备好。

（5）管理人员、现场人员、后勤人员及保卫人员等做好排班，确保混凝土连续浇灌过程中，坚守岗位，各负其责。

（二）混凝土浇筑

1. 浇筑方法

底板浇筑采用泵送混凝土浇筑方法。浇筑顺序沿长边方向，采用台阶分层浇筑的方式由右岸向左岸方向推进，每层厚0.4m，台阶宽度4.0m。每层每段混凝土浇筑量为20.5×0.4×4.0×3=98.4m3，现场混凝土供应能力为75m3／h，循环浇筑间隔时间约1.31h，浇筑日期为9月10日，未形成冷缝。

2. 混凝土振捣

混凝土浇筑时，在每台泵车的出灰口处配置3台振捣器，因为混凝土的坍落度比较大，在1.2m厚的底板内可斜向流淌2m远左右，1台振捣器主要负责下部斜坡流淌处振捣密实，另外1～2台振捣器主要负责顶部混凝土振捣，为防止混凝土集中堆积，先振捣出料口处混凝土，形成自然流淌坡度，然后全面振捣。振捣时严格控制振动器移动的距离、插入深度及振捣时间，避免各浇筑带交接处的漏振。

3. 混凝土中泌水的处理

混凝土浇筑过程中，上部的泌水和浆水顺着混凝土坡脚流淌，最后集中在基底面，用软管污水泵及时排除，表面混凝土找平后采用真空吸水机工艺脱去混凝土成型后多余的泌水，从而降低混凝土的原始水灰比，提高混凝土强度、抗裂性、耐磨性。

4. 混凝土表面的处理

由于采用泵送商品混凝土坍落度比较大，混凝土表面的水泥沙浆较厚，易产生细小裂缝。为了防止出现这种裂缝，在混凝土表面进行真空吸水后、初凝前，用圆盘式磨浆机磨平、压实，并用铝合金长尺刮平；在混凝土预沉后、混凝土终凝前采取二次抹面压实措施。即用叶片式磨光机磨光，人工辅助压光，这样既可以很好地避免干缩裂缝，又能使混凝土表面平整光滑、表面强度提高。

5. 混凝土养护

为防止浇筑好的混凝土内外温差过大，造成温度应力大于同期混凝土抗拉强度而产生裂缝，养护工作极其重要。混凝土浇筑完成及二次抹面压实后立即进行覆盖保温，先在混凝土表面覆盖一层塑料薄膜，再加盖一层土工布。新浇筑的混凝土水化速度比较陕，盖上塑料薄膜和土工布后可保温保湿，防止混凝土表面因脱水而产生干缩裂缝。根据外界气温条件和混凝土内部温升测量结果，采取相应的保温覆盖和减少水分蒸发等相应的养护措施，并适当延长拆模时间，控制闸室底板内外温差不可以超过25℃。保温养护时间超过14d。

6. 混凝土测温

闸室底板混凝土浇筑时设专人配合预埋测温管。测温管采用Φ48×3.0钢管，预埋时测温管与钢筋绑扎牢固，以免位移或损坏。钢管内注满水，在钢管高、中、低三部位插入3根普通温度计，人工定期测出混凝土温度。混凝土测温时间，从混凝土浇筑完成后6h开始，安排专人每隔2h测1次，发现中心温度与表面温度超过允许温差时，及时报告技术部门和项目技术负责人，现场立即采取加强保温养护措施，从而减小温差，避免因温差过大产生的温度应力造成混凝土出现裂缝。随混凝土浇筑后时间延长测温间隔也可延长，测温结束时间，以混凝土温度下降，内外温差在表面养护结束不应超过15℃时为宜。

（三）管理措施

1. 精心组织、精心施工，认真做好班前技术交底工作，确保作业人员明确工程的质量要求、工艺程序和施工方法，是保证工程质量的关键。

2. 借鉴同类工程经验，并根据当地材料资源条件，在预先进行混凝土试配的基础上，优化配合比设计，确保混凝土的各项技术指标符合设计和规范规定的要求。

3. 严格检查验收进场商品混凝土的质量，不合格商品混凝土料，坚决退场；同时严禁混凝土搅拌车在施工现场临时加水。

4. 加强过程控制，合理分段和分层，确保浇筑混凝土的各层间不出现冷缝；混凝土振捣密实，无漏振，不过振；采用“二次振捣法”“二次抹光法”，以增加混凝土的密实性和减少混凝土表面裂缝的产生。

5. 混凝土浇筑完成后，加强养护管理，结合现场的测温结果，调整养护方法以确保混凝土的养护质量。

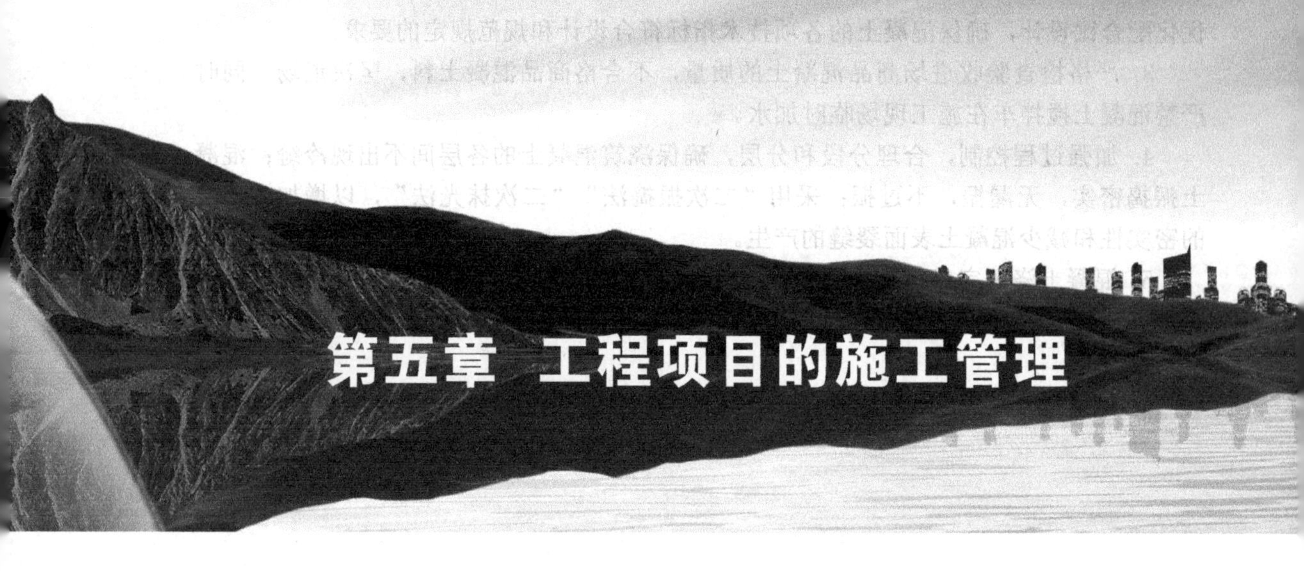

第五章 工程项目的施工管理

第一节 工程项目进度管理与控制

一、项目进度管理方法

进度管理作为项目管理的重要组成，对工程的按质按量完成起着不可忽视的作用。项目的进度管理（又称项目的时间管理）是确保项目按质按量完成的一系列管理活动和过程。具体地将，就是在项目规定时间内统筹安排各项任务工作以及相关任务。

（一）项目进度管理的几个相关概念

1. 制订项目任务

每一个项目都由许多任务组成。用户在进行项目时间管理前，必须首先定义项目任务，合理地安排各项任务对一个项目来说是至关重要的。定义企业项目任务以及设置企业项目中各项任务信息，包括设置任务工作的结构、限制条件范围信息、任务分解、模板、任务清单和详细依据等，创建一个任务列表是合理安排各项任务不可缺少的。

2. 任务历时估计

任务通常按尽可能早的时间进行排定，在项目开始后，只要后面列出的因素允许它将尽可能早地开始，如果是按一个固定的结束早期排定，则任务将尽可能晚地排定即尽可能地靠近固定结束日期，系统默认的排定方法是按尽可能早的时间。任务之间的关系有很多种，例如链接关系表明一项任务在另一项任务完成后立即开始这些链接称任务相关性，Microsoft Project自动决定依赖其他任务日期的任务的开始及完成时间。

相关性或链接任务的优势是在某个任务被改变之后，与之链接的任务也会自动重新安排日程，在工作暂时停小时，可以利用限侧、重叠或延迟任务利拆分任务精细地调整任务的日期安排。

3. 任务里程碑

里程碑是一种用于识别日程安排中重要文件的任务，用户在进行任务管理时，可通过将某些关键性任务设置成里程碑，来标记被管理项目取得的关键性进展。

（二）进度计划的表示方法

1. 横道图进度计划

横道图进度计划法是传统的进度计划方法。横道图计划表中的进度线（横线）与时间坐标相对应，这种表达方式较直观，易看懂计划编制的意图。

它的纵坐标根据项目实施过程中的先后顺序自上而下排列任务的名称以及编号，为了方便计划的核查使用，同时在纵坐标上可同时注明各个任务的工作计划量等。图中的横道线各个任务的工作开展情况，持续时间，以及开始与结束的日期等，一目了然，它是一种图和表的结合形式，在工程中被广泛使用。

当然，横道图进度计划法也存在一些缺点：工作之间的逻辑关系可以设法表达，但不易表达清楚；尽适合于手工编织计划，不方便；没有通过严谨的时间参数计算，不能确定计划的关键工作，关键路线与时差；计划调整只能用手工方式进行，其工作量大，难以适应大的进度计划系统。

2. 网络计划技术

网络图是指由箭线和节点组成的，用来表示工作流程的有向、有序网络图形。这种利用网络图的形式来表达各项工作的相互制约和相互依赖关系，并标注时间参数，用以编制计划，控制进度，优化管理的方法统称为网络计划技术。

（1）我国《工程网络计划技术规程》推荐的常用的工程网络计划类型如下：

①双代号网络计划——以箭线及其两端节点的编号表示工作的网络图。工作之间的逻辑关系包括工艺关系和组织关系。关键线路法是计划中工作与工作之间逻辑关系肯定，每项工作估计一定的持续的时间的网络计划技术，以下重点解释时间参数的计算及表达方式。

②双代号时标网络计划——以时间坐标为尺度编制的双代号网络计划。

③单代号网络图——以节点及其编号表示工作，以箭线表示工作之间逻辑关系的网络图。工作之间的逻辑关系和双代号网络图一样，都应正确反映工艺关系和组织关系。

④单代号搭接网络计划——指前后工作之间有多种逻辑关系的肯定型（工作持续时间确定）单代号网络计划。

（2）总的来说，网络计划技术是目前较为理想的进度计划和控制方法。与横道图比较之下，它有不少优点。

①网络计划技术把计划中各个工作的逻辑关系表达得相当清楚，这实质上表示项

目工程活动的全流程，网络图就相当于一个工作流程图。

②通过网络分析，它能够给本项目组织者提供丰富的信息或者时间参数等。

③能十分清晰地判断关键工作，这一点对于工程计划的调整和实施中的控制来说非常重要。

④能很方便地进行工期、成本和资源的最优化调整。

⑤网络计划方法具有普遍的适用性，特别是对复杂的大型工程项目更能显现出它的优越性。对于复杂点的网络计划，网络图的绘制、分析、优化和使用都可以借助于计算机软件来完成。

在施工中，一般这两种方式都采用。在编制施工组织设计时，多采用网络图编制整个工程的施工进度计划；在施工现场，多采用横道图编制分部分项工程施工进度计划。

二、项目进度控制方法

进度是指活动顺序、活动之间的相互关系、活动持续时间和过程的总时间。工程施工项目可以是多个，也可以是很多个，其所对应的竣工日期也可以是一个或多个。进度控制在项目施工中是非常重要的，项目负责人要保证在合同规定的竣工日期前，使项目达到实质性的竣工目标，否则，可能会引起法律事件。因此，项目负责人应以合同约定的竣工日期指导和控制行动。总之，进度控制为保证施工项目在合同规定的竣工日期前使项目达到实质性的竣工，在整个工程项目的实施过程的连续时间内，通过协调每一分部工程之间的逻辑关系和人员的组织关系连续地、反复地对每一阶段或者每一分部工程进行项目实施持续时间控制的过程。

（一）项目进度控制的基本作用和原理

1. 进度控制的基本作用

（1）能够有效地缩短工程项目建设周期。

（2）落实承建单位的各项施工规划，保障施工项目的成本，进度和质量目标的顺利完成。

（3）为防止或提出项目施工索赔提供依据。

（4）能减少不同部门和单位之间的相互干扰。

工程项目进度控制的主要任务主要包括两个方面：一方面，业主方进度控制的主要任务是，控制整个项目实施阶段的进度，以及项目动用之前准备阶段工作的进度；另一方面，施工方进度控制的任务是，依据施工任务承包合同对施工进度的要求进行控制施工进度。

2. 项目进度控制的基本原理

进工程项目进度控制的一般原理有：

（1）系统控制原理

①项目施工进度计划系统包括施工项目总进度计划，单位工程的施工度计划，分

部分项工程进度计划，月施工作业计划。这些项目施工进度计划由粗到细，编制是应当从总体计划到局部计划，逐层按目标计划进行控制，用来保证计划目标的实现。

②项目施工进度实施系统包括施工项目经理部和有关生产要素管理职能部门，这些部门都要按照施工进度规定的施工要求进行严格地管理，落实完成各自的任务，从而形成严密的施工进度实施系统，用以保证施工进度按计划实现。

（2）动态控制原理

项目施工进度控制是一个不断进行的动态控制，也是一个循环进行的过程，实际进度与计划进度两者经常会出现超前或延后的偏差，因此要分析偏差的原因并采取措施加以调整，施工进度计划控制就是采用动态循环的控制原理进行的。

（3）信息反馈原理

信息反馈是项目施工进度控制的依据，要做好项目施工进度控制的协调工作就必须加强施工进度的信息反馈，当项目施工进度比现偏差时，相应的信息就应当反馈到项目进度控制的主体。然后由该主体进行比较分析并做出纠正偏差的反应，使项目施工进度仍朝着计划的目标进行、并达到预期效果。这样就使项目施工进度计划执行、检查和调控过程成为信息反馈控制的实施过程

（4）弹性控制原理

项目施工进度控制涉及因素较多、变化较大且持续时间长，因此不可能十分精确地预测未来或做出绝对准确的项目施工进度安排，也不能期望项目施工进度会完全按照规划日程而实现；因此在确定项目施工进度目标时必须留有余地，但使进度目标具有弹性，使项目施工进度控制具有较强的应受能力。

（5）循环控制原理

项目施工进度控制包括项目施工进度计划的实施、检查、比较分析和调整四个过程，这实质上构成一个循环控制系统。

（二）进度控制的主要影响因素和方法及措施

1. 影响进度控制的主要因素

（1）项目施工技术的因素

前一节已经简单介绍了工程项目的一些技术方法，在与实际施工过程中运用工程项目的一些技术方法也许会出现一些不是理论能解释，也许在技术的一些小方面可以稍作调整。

（2）施工条件变化的因素

在施工的过程中，会出现一些并非施工人员能够控制的人为或者非人为地因素，如天气等。

（3）有关单位的影响

在施工过程可能会与一些单位的工作出现相矛盾的冲突，这将影响项目施工按计划完成。

（4）不可预见的因素

有句话说得好，计划不如变化，所以在施工的实际过程中会出现一些在计划中未

预见的现象，从而影响项目计划目标的按时完成。

2. 进度控制的主要控制方法

工程项目进度控制的主要工作环节首先是确定（确认）总进度目标和各进度控制子目标，并编制进度计划；其次在工程项目实施的全过程中，分阶段进行实际进度与计划进度的比较，出现偏差则及时采取措施予以调整，并编制新计划；第三是协调工程项目各参加单位、部门和工作队之间的工作节奏与进度关系。简单来说，进度控制就是规划（计划）、检查与调整、协调这样一个循环的过程，直到项目活动全部结束。

3. 工程项目进度的控制措施

工程项目进度控制采取的主要措施有组织措施、管理措施、经济措施、技术措施等。

（1）组织措施

组织是目标能否实现的决定性因素，为实现项目的进度目标，应充分重视项目管理的组织体系。

①落实工程项目中各层次进度目标的管理部门及责任人。

②进度控制主要工作任务和相应的管理职能应在项目管理组织设计分工表和管理职能分工表中标示并落实。

③应编制项目进度控制的工作流程，如确定项目进度计划系统的组成；各类进度计划的编制程序、审批程序、计划调整程序等。

④进度控制工作往往包括大量的组织和协调工作，而会议是组织和协调的重要手段，应进行有关进度控制会议的组织设计，以明确会议的类型；各类会议的主持人及参加单位和人员；各类会议的召开时间（时机）；各类会议文件的整理、分发和确认等。

（2）管理措施

建设工程项目进度控制的管理措施涉及管理的思想、管理的方法、管理的手段、承发包模式，合同管理及风险管理等。在理顺组织的前提下，科学和严谨的管理显得十分重要。

①在管理观念方面下述问题比较突出。一是缺乏进度计划系统的观念，分别编制各种独立而互不联系的计划，形成不了系统；二是缺乏动态控制的观念，只重视计划的编制，而不重视计划执行中的及时调整；第三是缺乏进度计划多方案比较和择优的观念，合理的进度计划应体现资源的合理使用，空间（工作面）的合理安排，有利于提高建设工程质量，有利于文明施工和缩短建设周期。

②工程网络计划的方法有利于实现进度控制的科学化。用工程网络计划的方法编制进度计划应仔细严谨地分析和考虑工作之间的逻辑关系，通过工程网络的计划可以发现关键工作和关键线路，也可以知道非关键工作及时差。

③承发包模式的选择直接关系到工程实施的组织和协调。应选择合理的合同结构，以避免合同界面过多而对工程的进展产生负面影响，工程物资的采购模式对进度也有直接影响，对此应做分析比较。

④应该分析影响工程进度的风险，并在此基础上制订风险措施，以减少进度失控的风险量。

⑤重视信息技术（包括各种应用软件、互联网以及数据处理设备等）在进度控制中的应用。信息技术应用是一种先进的管理手段，有利于提高进度信息处理的速度和准确性，有利于增加进度信息的透明度，有利于促进相互间的信息统一与协调工作。

（3）经济措施

建设工程项目进度控制的经济措施涉及资金需求计划、资金供应的条件以及经济激励措施等。

①应编制与进度计划相适应的各种资源(劳力、材料、机械设备和资金等)需求计划，以反映工程实施的各时段所需的资源。进度计划确定在先，资源需求量计划编制在后，其中，资金需求量计划非常重要，它同时也是工程融资的重要依据。

②资金供应条件包括可能的资金总供应量、资金来源以及资金供应的时间。

③在工程预算中应考虑加快工程进度所需要的资金，其中包括为实现进度目标将要采取的经济激励措施所需要的费用。

（4）技术措施

建设工程项目进度控制的技术措施涉及对实现进度目标有利的设计技术和施工方案。

①不同的设计理念、设计技术路线、设计方案会对工程进度产生不同的影响。在设计工作的前期，特别是在设计方案评审和择优选用时，应对设计技术与工程进度尤其是施工进度的关系作分析比较。在工程进度受阻时，应分析是否存在设计技术的影响因素，以及为实现进度目标有无设计变更的可能性。

②施工方案对工程进度有直接的影响。在选择施工方案时，不仅应分析技术的先进与合理，还应考虑其对进度的影响。在工程进度受阻时，应分析是否存在施工技术的影响因素，以及为实现进度目标有无变更施工技术、施工流向、施工机械及施工顺序的可能性。

（三）项目进度管理的基础工作

为了保障工程项目进度的有序进行，进度管理的基础工作必须全部做好到位。

1. 资源配备，施工进度的实施的成功取决于人力资源的合理配置，动力资源的合理配置，设备和半成品供应，施工机械配备，环境条件要求，施工方法的及时跟踪等应当与施工计划同时进行，同时审核，这样才能使施工进度计划的有序进行，是项目按时完成的保障。

2. 技术信息系统，信息收集和管理工作，利用现在科技的发展，实时关注工程进度，并将其搜集整理，系统地分析与整个工程施工的关系，及时调整实施细节，高效快速地完成工作。

3. 统计工作，工程在实施的过程中，有些工作做的不止一次，需要的材料不止一套，因此需要施工人员及时做好相应的统计工作，已施工多少个，已用多少材料，剩余工作量及材料，以便个别材料有质量问题，补充新质量过关的材料。

4. 应对常见问题的准备措施，根据以往相似工程的施工过程，预测在施工时是否会发生以往的问题。根据这些信息，准备相应的方案，资源设施。

三、工程项目进度的调整

（一）调整的方法

项目实施过程中工期经常发生工期延误，发生工期延误后，通常应采取积极的措施赶工，以弥补或部分地弥补已经产生的延误。主要通过调整后期计划，采取措施赶工，修改（调整）原网络进度计划等方法解决进度延误问题。发现工期延误后，任其发展，或不及时采取措施赶工，拖延的影响会越来越大，最终必然会损害工期目标和经济效益。有时刚开始仅一周多的工期延误，如任其发展或采取的是无效的措施，到最后可能会导致拖期一年的结果，所以进度调整应及时有效，调整后编制的进度计划应及时下达执行。

1. 利用网络计划的关键线路进行调整

（1）关键工作持续时间的缩短，可以减小关键线路的长度，即可以缩短工期，要有目的去压缩那些能缩短工期的工作的持续时间，解决此类问题最接近于实际需要的方法是“选择法”。此方法综合考虑压缩关键工作的持续时间对质量的影响、对资源的需求增加等多种因素，对关键工作进行排序，优先缩短排序靠前，即综合影响小的工作的持续时间，具体方法要见相关教材网络计划“工期优化”。

（2）压缩工期通常都会引起直接费用支出的增加，在保证工期目标的前提下，如何使相应追加费用的数额最小呢？关键线路上的关键工作有若干个，在压缩它们持续时间上，显然有一个次序排列的问题需要解决，其原理和方法见相关教材网络计划“工期——成本优化”。

2. 利用网络计划的时差进行调整

（1）任何进度计划的实施都受到资源的限制，计划工期的任一时段，如果资源需要量超过资源最大供应量，那这样的计划是没有任何意义的，它不具有实践的可能性，不能被执行。受资源供给限制的网络计划调整是利用非关键工作的时差来进行，具体方法见相关教材网络计划“资源最大——工期优化”。

（2）项目均衡实施，是指在进度开展过程中所完成的工作量和所消耗的资源量尽可能保持的比较均衡。反映在支持性计划中，是工作量进度动态曲线、劳动力需要量动态曲线和各种材料需要量动态曲线尽可能不出现短时期的高峰和低谷。工程的均衡实施优点很多，可以节约实施中的临时设施等费用支出，经济效果显著。使资源均衡的网络计划调整方法是利用非关键工作的时差来进行，具体的方法见相关教材网络计划“资源均衡——工期优化”。

（二）调整的内容

进度计划的调整，以进度计划执行中的跟踪检查结果进行，调整的内容包括：工作内容、工作量、工作起止时间、工作持续时间、工作逻辑关系以及资源供应。

可以只调整六项其中之一项，也可以同时调整多项，还可以将几项结合起来调整，以求综合效益最佳。只要能达到预期目标，调整越少越好。

1. 关键路线长度的调整

（1）当关键线路的实际进度比计划进度提前时，首先要确定是否对原计划工期予以缩短。如果不拟缩短，可以利用这个机会降低资源强度或费用，方法是选择后续关键工作中资源占用量大的或直接费用高的予以适当延长，延长的长度不应该超过已完成的关键工作提前的时间量，以保证关键线路总长度不变。

（2）当关键线路的实际进度比计划进度落后（拖延工期）时，计划调整的任务是采取措施赶工，把失去的时间抢回来。

2. 非关键工作时差的调整

时差调整的目的是充分或均衡地利用资源，降低成本，满足项目实施需要，时差调整幅度不得大于计划总时差值。

需要注意非关键工作的自由时差，它只是工作总时差的一部分，是不影响工作最早可能开始时间的机动时间。在项目实施工程中，如果发现正在开展的工作存在自由时差，一定要考虑是否需要立即利用，如把相应的人力、物力调整支援关键工作或调整到别的工程区号上去等，因为自由时差不用“过期作废”，关键是进度管理人员要有这个意识。

3. 增减工作项目

增减工作项目均不应打乱原网络计划总的逻辑关系。由于增减工作项目，只能改变局部的逻辑关系，此局部改变不影响总的逻辑关系。增加工作项目，只是对原遗漏或不具体的逻辑关系进行补充；减少工作项目，只是对提前完成了的工作项目或原不应设置而设置了的工作项目予以删除。只有这样才是真正调整而不是“重编”。增减工作项目之后应重新计算时间参数，来分析此调整是否对原网络计划工期产生影响，如有影响应采取措施消除。

4. 逻辑关系调整

工作之间逻辑关系改变的原因必须是施工方法或组织方法改变。但一般说来，只能调整组织关系，而工艺关系不宜调整，以免打乱原来计划。

5. 持续时间的调整

在这里，工作持续时间调整的原因是指原计划有误或实施条件不充分。调整的方法是重新估算。

6. 资源调整

资源调整应在资源供应发生异常时进行。所谓异常，即因供应满足不了需要，导致工程实施强度（单位时间完成的工程量）降低或者实施中断，影响了计划工期的实现。

第二节 工程项目施工成本管理

一、水利工程项目施工成本概述

水利工程项目施工成本是指在水利工程项目施工过程中产生的直接成本费用和间接成本费用的总和。

直接成本指施工企业在施工过程中直接消耗的活劳动和物化劳动，由基本直接费和其他直接费组成。其中，基本直接费包括人工费、材料费及机械费；其他直接费包括夜间施工增加费、冬雨季施工增加费、特殊地区施工增加费、施工工具用具使用费、检验试验费、安全生产措施费、临时设施费、工程项目及设备仪表移交生产前的维护费、工程验收检测费。

间接成本指施工企业为水利工程施工而进行组织与经营管理所发生的各项费用，由规费和企业管理费组成。其中，规费包括社会保险费和住房公积金；企业管理费包括差旅办公费、交通费、职工福利费、劳动保护费、工会经费、职工教育经费、管理人员工资、固定资产使用费、保险费、财务费、工具用具使用费等。

水利工程项目成本在成本发生和形成过程中，必然会产生人力资源、物资资源和费用开支，针对产生成本的各项费用应采取一系列行之有效的措施，深入成本控制的各个环节，对各个环节进行有效合理地控制，使各项费用控制在成本目标之内。

（一）水利工程项目施工成本的划分

根据水利工程的特点和成本管理的要求，水利工程项目施工成本可以按不同的标准的应用范围进行划分。

1. 水利工程项目施工成本按成本计价的定额标准划分为预算成本、计划成本和实际成本。

2. 水利工程项目施工成本按计算项目成本对象划分为单项工程成本、单位工程成本、分部工程成本和单元工程成本。

3. 水利工程项目施工成本按工程完成程度的不同划分为本期施工成本、已完施工成本、未完工程成本和竣工施工工程成本。

4. 水利工程项目施工成本按生产费用与工程量关系划分为固定成本和变动成本。

5. 水利工程项目施工成本按成本的经济性质划分成直接成本和间接成本。

（二）水利工程项目施工成本的特征

水利工程项目同其他项目如建筑工程项目和市政工程项目等具备了相同的特点，但其成本有着区别于其他项目的显著特征：

1. 特殊性

由于水利工程建设项目的周期长，建设阶段多，投资规模大，包含的建筑群体种类繁多，技术条件复杂，尤其会受到自然环境以及气候条件的影响，使得每个水利工程项目的每个建设阶段成本也有所差别，从而导致了在项目实施过程中针对不同的建设阶段，无法形成具有水利行业标准的、高效的成本管理体系和施工成本管理手段。

2. 施工工期长、分布区域广

水利工程项目建设涉及的专业和部门多，包括房建、交通、市政及电力等，工作环节错综复杂。水利工程项目实体体形大，工程量大，资源消耗大，有些分布在农村、山区、河流，其配套的基础设施不够完善，加上施工周期长等各种因素的影响，使得项目实施起来难免成本会形成动态的变化，因此项目施工成本控制工作变得更加复杂。

3. 施工的流动性

水利工程施工生产过程中人员、工具和设备的流动性比较大。主要表现有以下几个方面：同一工地不同工序之间的流动；同一个工序不同工程部位之间的流动；同一工程部位不同时间段之间流动；施工企业向新建项目迁移的流动。这几方面的情况都可能会造成施工成本的增加，给企业管理层的管理带来很大的挑战。

4. 施工成本项目多变

水利工程中水工建筑物较多，一般规模大，技术复杂，工种多，工期较长，施工常受水的推力、浮力、渗透力、冲刷力等的作用限制。因此施工阶段的组织管理工作十分重要，应对施工中遇到的具体情况要具体分析，运用科学、合理的方法选择切实可行的施工方案，同时对施工方案所涉及到的材料、机械、人工等问题制定严格的管理措施。还要求项目管理层对项目的施工组织设计进行优化、提高员工素质和采用科学的管理等措施，进而将降低成本和科学的管理有机结合起来，形成了一个完整的、系统的工程成本管理控制体系。

二、施工项目成本管理的主要内容与措施

（一）施工项目成本管理的主要内容

施工项目成本管理是指在保证工程质量的前提下，以目标成本为核心所采取的一系列科学有效的管理手段和方法。施工项目成本管理的主要内容有：

1. 施工项目成本预测

施工项目成本预测是通过取得历史资料和环境调查，选择切实可行的工程项目预测方法，对施工项目未来成本进行科学估算。

2. 施工项目成本计划

施工项目成本计划是根据施工项目责任成本确定施工项目中的施工生产耗费计划总水平及主要经济技术措施的计划方案，该计划是项目全面计划管理的核心。

3. 施工项目成本控制

施工项目成本控制是依据施工项目成本计划规定的各项指标，对施工过程中所发生的各种成本费用采取相应的成本控制措施进行有效的控制和监督。

4. 施工项目成本核算

施工项目成本核算是对项目施工过程中所直接发生的各种费用而进行的会计处理工作。是按照成本核算的程序进行成本计算，计算出了全部工程总成本和每项工程成本的过程，是施工项目进行成本分析和成本考核的基本依据。

5. 施工项目成本分析

施工项目成本分析是依据施工项目成本核算得到的成本数据，对成本发生的过程、成本变化的原因进行分析研究。

6. 施工项目成本考核

施工项目成本考核是对施工项目成本目标完成情况和成本管理工作业绩所进行的总结和评价，是实现成本目标责任制的保证和实现决策目标的重要手段。

（二）施工项目成本控制的措施

施工项目成本控制的措施包括组织措施、技术措施、经济措施及合同措施。通过这几方面的措施来进行施工成本控制，使之达到降低成本的目标。

1. 组织措施

组织措施是为落实成本管理责任和成本管理目标而对企业管理层的组织方面采取的措施。项目经理应负责组织项目部的成本管理工作，组织各生产要素，使各生产要素发挥最大效益。严格管理下属各部门，各班组，围绕增收节支对项目成本进行严格的控制；工程技术部在项目施工中应做好施工技术指导工作，尽可能采取先进技术，避免出现施工成本增加的现象；做好施工过程中的质量、安全监督工作，避免质量事故及安全事故的发生，减少经济损失。经营部按照工程预算及工程合同进行施工前的交底，避免盲目施工造成浪费；对分包工程合同应认真核实，落实执行情况，避免因合同漏洞造成经济损失；对现场签证严格把关，做到现场签证现场及时办理；及时落实工程进度款的计量及支付。材料部应根据市场行情合理选择材料供应商，做好进场材料、设备的验收工作，并实行材料定额储备和限额领料制度。财务部应及时地分析项目在实施过程中的财务收支情况并合理调度资金。

2. 技术措施

（1）根据项目的分部工程或专项工程的施工要求和施工外部环境条件进行技术经济分析，选择合适的项目施工方案。

（2）在施工过程中采用先进的施工技术、新材料、新开发机械设备等降低施工成本的措施。

（3）根据合同工期或业主单位的要求合理优化施工组织设计。

（4）制定冬雨季施工技术措施，组织施工人员认真落实该措施的相关规定。

3. 经济措施

（1）人工费成本控制

加强项目管理，选择劳务水平高的队伍，合理界定劳务队伍定额用工，使定额控制在造价信息范围内，同时制定科学、合理的施工组织设计及施工方案，合理安排人员，提高作业效率。

（2）材料费成本控制

对材料的采购应进行严格的控制，要确保价格、质量、数量达到降低成本的要求，还要加强对材料消耗的控制，确保消耗量在定额总需要量内。

（3）机械费成本控制

根据施工情况和市场行情确定最合适的施工机械，建立机械设备的使用方案，完善保养和检修制度。

4. 合同措施

首先要选择适合工程技术要求和施工方案的合同结构模式，其次对于存在风险的工程应仔细考虑影响成本的因素，提出降低风险的改进方案，并反映在合同的具体条款中，还要明确合同款的支付方式和其他特殊条款，最后要密切注视合同执行的情况，寻求合同索赔的机会。

三、水利工程项目施工成本管理流程

水利工程项目施工成本管理工作主要内容包括：成本预测、成本计划、成本控制、成本核算、成本分析及成本考核等。

项目部按照施工项目成本管理流程对工程项目进行施工成本管理。首先，项目投标成本估算与审核应在充分理解招标文件的基础上，进行拟建工程的现场考察后进行。其次，项目部成立后，应立即确定项目经理的责任成本目标，并由公司和项目部签署项目成本目标责任书。在施工进场之前，项目经理主持并组织有关部门对施工图进行充分的估算和预算。组织编制项目施工成本计划和施工组织设计，确定目标成本总控指标。根据施工成本计划的成本目标值对施工全过程进行有效控制。对产生的成本数据进行收集整理、计算、核算，同时要开展成本计划分析活动，促进项目的生产经营管理。同时，项目部建立考核组织，对项目部各岗位进行成本管理考核。最后，项目竣工时，各成本管理的有关部门核算项目的实际成本和开展竣工项目成本总结，并且及时将书面材料上报。

四、水利工程项目施工成本管理存在的问题

目前水利工程项目施工成本管理还存在着许多问题，这不利于施工项目的正常建设，并会直接影响到施工企业的稳定发展和生存。其主要存在以下几个方面的问题。

（一）企业缺乏内部劳动定额

目前，我国的施工企业内部劳动定额主要依据的是国家的有关法律、法规、政府的价格政策等来进行制订，在水利行业，国家颁布实施的预算定额相对于其他行业具有一定的滞后，这就使得企业在生产经营活动中缺乏自己的内部劳动定额。由于企业没有自己的内部劳动定额，在进行投标报价时往往会压低报价以取得工程的中标，这样会导致在工程项目上施工企业无法进行准确的测算和控制，使得项目的成本也得不到很好的控制，企业得不到应有的充足的利润。同时如果缺乏内部劳动定额，施工前则无法准确测算施工的成本，企业在进行成本核算时，核算的每一项工程将得不到准确的测算，也无法达到效益最大化的目的。

（二）成本管理缺乏全员观念

目前不少施工企业工程技术人员只懂管理和技术但是不懂成本，因此对工程所采取的成本降低措施，将对工程成本起多大的作用和影响，一般不会去在意。因此，要提高施工企业工程技术人员对成本管理的认识，培养企业全员成本意识，企业应积极宣传或举办关于成本管理方面的内容，安排企业职工参加成本方面的培训班，加强企业职工的技术培训和多种施工作业技能的培训。

（三）施工成本管理方法落后，不适应当前水利工程建设的需求

目前的水利施工企业在施工项目中没有形成一套有效的、科学的管理方法，管理方法相对落后。其主要表现为以下几方面：

1. 在结合市场行情时对施工材料的控制方面不能进行科学合理的利用和控制。

2. 对某个项目没有明确的成本控制目标，无法确定合适的施工成本控制方案，分部工程成本和单元工程成本的控制难以落实到位。

3. 施工企业在制订成本控制目标时，对质量和工期成本不够重视，导致质量问题而引起的赶工期、返工及返修等现象。

（四）成本管理队伍缺乏人才

目前水利施工企业成本管理的在职人员匮乏、专业素质普遍不高，缺乏现代管理观念，不能充分发挥成本管理在水利工程施工管理中的作用。首先，成本管理人员缺乏相应的财务会计知识，对成本管理的方法掌握不熟。同时，技术人员在施工中采用先进的技术方案和材料没有同成本管理人员形成有效的沟通，从而影响工期成本、质量成本、管理成本，造成工期、质量及管理方面成本的浪费。

五、水利工程项目施工成本控制管理现状

目前在水利企业施工项目管理中，最终是要使项目达到质量高、工期短、消耗低、安全好等目标，而成本是这四项目标经济效果的综合反映。因此，施工项目成本是施工项目管理的核心。施工项目成本管理是水利施工企业项目管理系统中的一个子系统，

这一系统的具体工作内容包括成本控制、成本决策、成本计划、成本核算、成本分析和成本检查等。施工项目经理部在项目施工过程中，对所发生的各种成本信息，通过有组织、有系统地进行预测、计划、控制、核算和分析等一系列工作，促使施工项目系统内各种要素，按照一定的目标运行，使得施工项目的实际成本能够控制在预定的计划成本范围内。

当前水利工程施工项目的成本控制，通常是指在项目成本的形成过程中，对生产经营所消耗的人力资源、物质资源和费用开支，进行指导、监督、调节和限制，及时纠正将要发生和已经发生的偏差，把各项生产费用，控制在计划成本的范围之内，以保证成本目标的实现。

水利工程施工企业中标获取水利施工项目，施工队伍进场前，首先制订施工项目的成本目标，其目标有企业下达或内部承包合同规定的，也有项目经理部自行制订的。但这些成本目标，一般只有一个成本降低率或降低额，即使加以分解，也不过是相对明细的降本指标而已，难以具体落实，以致目标管理往往流于形式，无法发挥控制成本的作用。因此，当前水利施工企业注重根据施工项目的具体情况，就工程本身，制订明细而又具体的成本计划。而这种成本计划，包括每一个分部分项工程的资源消耗水平，以及每一项技术组织措施的具体内容和节约数量金额，用于指导项目管理人员有效地进行成本控制，作为企业对项目成本检查考核的依据。

为实现成本目标多采用偏差控制法、成本分析表法、进度一成本同步控制法和施工图预算控制法等多种形式的成本控制方法。有的不确定性成本，则通过加强预测、制订附加计划法和设立风险性成本管理储备金等方法进行成本控制和管理。但当前施工项目成本控制的目的，仅局限以降低项目成本，来提高经济效益控制方法局限于工程学及其常规理论，要实现成本目标，存在不确定性。

六、水利工程项目施工成本控制管理主要环节

（一）施工项目成本预测

通过成本信息和施工项目的具体情况，并且运用一定的专门方法，对未来的成本水平及其可能发展趋势作出科学的估计，其实质就是工程项目在施工以前对成本进行核算。通过成本预测，可以使项目经理在满足业主和企业要求的前提下，选择成本低、效益好的最佳成本方案，并能够在施工项目成本形成过程中，针对薄弱环节，加强成本控制，克服盲目性，并提高预见性。

（二）施工项目成本计划

施工项目成本计划是项目经理部对项目施工成本进行计划管理的工具。它是以货币形式编制施工项目在计划期内的生产费用、成本水平、成本降低率以及为降低成本所采取的主要措施和规划的书面方案。一般来说，一个施工项目成本计划应包括从开工到竣工所必需的施工成本，它是施工项目降低成本的指导文件，是设立目标成本的

依据。

（三）施工项目成本控制

施工项目成本控制是指在施工过程中，对影响施工项目成本的各种因素加强管理，并采取各种有效措施，将施工中实际发生的各种消耗和支出严格控制在成本计划范围内，随时揭示并及时反馈，严格审查各项费用是否符合标准、计算实际成本和计划成本之间的差异并进行分析，消除施工中的损失浪费现象，发现和总结先进经验，通过成本控制，使之最终实现甚至超过预期的成本目标。

施工项目成本控制应贯穿在施工项目从招投标阶段开始直到项目竣工验收的全过程，它是企业全面成本管理的重要环节。因此，必须明确各级管理组织和各级人员的责任和权限，这是成本控制的基础之一，必须给以足够的重视。

（四）施工项目成本核算

包括两个基本环节：一是按照规定的成本开支范围对施工费用进行归集，计算出施工费用的实际发生额；二是根据成本核算对象，采用适当的方法，计算出该施工项目的总成本和单位成本。施工项目成本核算所提供的各种成本信息，是成本预测、成本计划、成本控制、成本分析和成本考核等各个环节的依据。因此，加强施工项目成本核算工作，对降低施工项目成本并提高企业的经济效益有积极的作用。

（五）施工项目成本分析

施工项目成本分析是在成本形成过程中，对施工项目成本进行的对比评价和剖析总结工作，它贯穿于施工项目成本管理的全过程，主要利用施工项目的实际成本核算资料成本信息，与目标成本计划成本、预算成本以及类似的施工项目的实际成本等进行比较，了解成本的变动情况，同时也要分析主要技术经济指标对成本的影响，系统地研究成本变动的因素，检查成本计划的合理性，并通过成本分析，深入揭示成本变动的规律，寻找降低施工项目成本的途径，以便于有效地进行成本控制，减少施工中的浪费。

（六）施工项目成本考核

施工项目完成后，对施工项目成本形成的各责任者，按施工项目成本目标责任制的有关规定，将成本的实际指标与计划、定额、预算进行对比和考核，评定施工项目成本计划的完成情况和各责任者的业绩，做到有奖有惩，赏罚分明，有效调动企业的每一个职，工在各自的施工岗位上努力完成目标成本的积极性，为了降低施工项目成本和增加企业的积累，做出自己的贡献。

施工项目成本管理系统中每一个环节都是相互联系和相互作用的。成本预测是成本决策的前提，成本计划是成本决策所确定目标的具体化。成本控制则是对成本计划的实施进行监督，保证决策的成本目标实现，而成本核算又是成本计划是否实现的最后检验，它所提供的成本信息又对下一个施工项目成本预测和决策提供基础资料。成本考核是实现成本目标责任制的保证和实现决策的目标的重要手段。

已有的水利工程项目施工成本控制和管理模型贯穿了项目施工成本控制事前、事中和事后全过程，运行多年，就水利工程成本控制方面取得了一定的效果，但也暴露了一些新的问题和不适用之处，应对其管理模型具体方法和内容架构进一步优化和升级，来适应当前情况下水利工程成本管理现状。

七、传统水利工程施工项目成本控制与管理方法存在的主要问题

传统水利工程施工项目成本管理系统看上去似乎是完备的，但随着工程项目管理的不断发展，传统的项目成本管理方法中一些好的做法正在逐渐被市场经济的洪流所冲刷，新的有效的工程项目成本管理方法一时未能形成或有效到位，从而导致工程项目成本管理中存在的不足日益明显。当前的水利工程成本管理的实施中，还存在着一定的问题，具体表现为：

（一）成本管理意识的误区

长期以来，在施工项目成本管理中，存在“三重三轻”问题，即重实际成本的计算和分析，轻全过程的成本管理和对其影响因素的控制重施工成本的计算分析，轻采购成本、工艺成本和质量成本重财务人员的管理，轻群众性的日常管理。因此为确保不断降低施工项目成本，达到成本最低化目的，必须实行全面成本管理。

工程成本管理是全员参与、渗透在项目全过程的管理，其目标成本控制要通过施工组织和实施来实现。其主体是施工组织和直接生产人员，而不是财务会计人员。施工管理和财务管理工作的混杂，其结果是技术人员只负责技术和工程质量，工程组织人员只负责施工生产和工程进度，材料管理人员只负责材料的采购和点验、发放工作。这样表面上看起来分工明确、职责清晰和各司其职，实质无人承担成本管理责任。实际上，财务人员是成本管理的组织者，而不是成本管理的主体，不走出这个认识上的误区，就不可能搞好工程成本管理。

（二）工程成本控制依据的不完备

工程施工成本的合理控制要依据一定的标准来进行。通常由于工程结构、规模和施工环境各不相同，各工程成本之间缺乏可比性。因而，如何针对单体工程项目制订出可操作的工程成本控制依据十分关键。很多施工企业对于工程目标成本的制订过于简单化和表面化，甚至有些施工企业只是简单地按照经验工程成本降低率确定一个目标成本，而忽略了该工程的现场环境以及施工条件和工期的要求。在项目成本管理措施方面，只有简单的规章制度，这样的目标成本由于没有和实际施工程序结合起来，可操作性差，起不到控制作用，更无法分析出成本差异产生的原因，使目标成本永远停留在口号上。

传统成本的控制技术方法，多采用从工程技术角度去寻找降低工程成本的方法和

途径，通过采用新技术或新工艺，提高生产效率，加快施工进度去实现“减支增收”的目标，但建筑市场竞争日益加剧，加之信息传递的便捷和越来越透明，工程技术更新速度加快，一项新的工程技术很快就会被竞争对手获悉并突破，继而甚至被另一项新技术所淘汰，因此仅从工程技术的角度去进行工程成本控制管理，显能有些力不能及，因此，应对传统的成本控制方法进行更新和升级，将工程技术方法同经济、管理技术方法以及数理方法进行结合，优化成本控制技术方法。

（三）成本控制理念的落后

传统成本控制内容的重点是放在内部挖潜方面，忽视或轻视对外增收方面，传统成本控制方法相对较为单一，没有全面或综合性考虑内部的、外部的各种影响因素，致使一些合理索赔没有所得，一些理应由建设单位或他人埋单的，也被强加到施工企业，从而增加项目施工成本。

传统的水利工程项目成本管理方法效力正逐渐减弱或丧失，需要对水利工程项目施工成本控制流程进行重新审核，并提出水利工程项目施工成本管理优化建议，对传统项目成本控制和管理模式、方法及技术进行升级，值得我们认真地研究探讨。

第三节 水利工程安全管理

一、水利项目施工中的危险源

（一）危险源与危险源的识别内涵

由我们国家出台的相关议案及国际劳工大会提出的预防重大事故公约，我们可以得出，危险源是指短期或者长期生产、运输、储存或者加工危险物质，并且其数量大于或者等于临界量的单元。这里的单元一般指整体的生产装备、器材或者生产厂房；另外，有些物质可以引起中毒、产生爆炸及引发火灾等隐患，由一类或者多类的混合体组成，这种物质便是所谓的危险物质；它们是一种或者说一类危险物质的数量级且由我国出台标准所定义即所谓的临界量，水利项目施工中存在危险源一般可以分为三个方面：

1. 危险的潜在性

危险源一般可以放出强大的能量亦或有毒有害的物质，在事故发生后均会带来或多或少的损失以及形成不同的危险程度，这便是危险的潜在性。释放能量的大小或有毒有害物质的多少均可以用来衡量危险的潜在性，放出的能量愈巨大，危险的潜在性也就愈高。由于这一因素的存在，便决定了危险源产生隐患事故的危险程度。

2. 危险源存在的具体条件

危险源是以多种多样的形式存在的，如危险源的物理状态和化学组成，根据温度的不同可以以固态、液态和气态的形式存在，还有燃点的不同，爆炸极限参差不齐等；由数量的多少，储存环境的良优以及堆放形式的不同均可以形成危险源；施工单位管理责任是否落实到人，对危险品的控制、运输、组织、是否协调到位也会形成危险源；另外还有对危险物品的防护措施是否到位，是否安放相应的表示牌以及是否有安全装置等也可构成危险源的存在条件。

3. 危险源的触发

一般主要由以下几个方面出发危险源：自然环境的不可抗拒影响：施工地点的水文地质环境以及自然气候的不同均可以使危险源爆发，如：闪电、雷暴、强降雨导致的滑坡泥石流，随之而来的温度对养护的影响等，均会成为出发危险源的契机，因此我们在施工过程中应及时发现环境的不利因素，采取行之有效的措施进而避免事故的发生。

事在人为：未经过培训而存在操作违规、不当，工作人员是否积极进取以及生理对人心态的影响等。

管理缺陷：如，技术知识的选用是否得当，施工过程中各单位的协调是否存在问题，设计是否存在偏差，决策有误与否等等。

若要行之有效的对危险源进行控制，对危险源进行辨识是必不可少的，因为通过对危险源进行辨识我们才能了解什么因素能对其产生影响，我们才能有放矢。

（1）因为必须多方面的了解以下知识：

①深入了解国家出台的各类规范、标准，采纳前辈们优秀的系统设计经验、维护方法以及运行方案等。

②针对系统广泛收集危险源可能造成危害的知识并加以利用。在水电项目施工中要充分了解危险源存在的种类，它们的数量以及事故引发的临界点进而形成可能产生损失的程度，然后再融合施工的技术工艺，制定行之有效的方案进行实施，对设备进行合理操作从而为防止安全隐患的发生奠定基础。

③进行施工的对象系统：如以水利项目的整体施工环境为系统，了解其构成、系统中能量的传递、物质的运输和信息的流动以及该系统是否处在一个良好的运行状态等。

（2）此外还应尽可能多的了解水电项目危险源辨识知识，如：

①国家出台的法律法规和规范：例如严格的国家设计标准，地方出台的施工规范，水利水电工程项目设计规范及作业流程规范等。

②水电项目施工资料，如施工前技术人员设计的施工初期的图纸、施工地区的水文地质检测汇报表、整体施工图纸、子项目设计图纸、改善的结果报告、危险隐患整改方案等等。

③前车之鉴：收集以往与目标水电项目类似的项目事故资料并进行整理总结。

（二）施工过程中常见危险源的类型及危险源的界定

为了制订有效措施对危险源进行掌控，我们可以由已掌握的技术及知识对危险源进行分类规划。危险源的类型有许多，且储存条件和存在的条件各不相同，由于危险源的这种特性，标准相异导致的分类结果也会千差万别，在此介绍三种方法将其归类。

1. 引发事故的直接因素

当前，我国对危险源领域的一个热点研究就是以引发事故的直接因素为基础对施工中存在的危险源进行分类的，具体可以参考"《生产过程危险和危害因素分类代码》"，在此将其分成六类：

（1）以物理状态存在的危险源

其中有选址在地质活动频繁或者节理裂隙存在较多的地区，未设置警告标志，设备看管不利，养护或者施工中的可以导致人员伤亡的异于常温的物体等。

（2）以化学状态存在的危险源

这里的化学危险源主要为以因地质开采为主的容易燃烧且发生爆炸的气体，例如天然气，煤气等和以施工需要为主储备的易发生中毒或腐蚀的物质如易腐蚀性化学原材料和化工原料等。

（3）生理、心理性危险源

包括由于工作压力繁重而产生的负面情绪以及由于施工人员心理健康状况而产生的不良影响等。

（4）以生物形式存在的危险源

如具蚊子、跳蚤、牲畜所携带的致病微生物（各类致病细菌、病毒等），或者存在极大危险性的动物和植物等等。

（5）行为性危险源

如对施工器材的操作违规或者看管不到位亦或者是主管人员存在的重大决策失误等从主观上出现的偏差。

（6）其他危险源

2. 以水电项目施工安全事故为主划分

从施工人员生命财产遭到损失出发的角度出发，依据危险源的触发原因，可令危险源划分成20种，具体可以参照国家出台的标准《企业职工伤亡事故分类标准》。

3. 以隐患转化为损失时危险源所起到的作用划分

以隐患转化为损失时危险源所起到的作用划分的过程，同时也是不可控能量无意发射到外界理论的深层次演绎。这时危险源又被叫作固有危险源与失效危险源。这是在20世纪末提出的两类危险源原理。

（1）第一类危险源

第一类危险源是工程项目施工中必定存在的不同物体与具有能量的集合体，是万物正常运行的助推力，它的存在是不能被忽视的，就像机械能，热能抑或具有放射性的物质和能释放能量的爆炸物等等。由此我们可以将第一类危险源看作施加于人体的过载能量或者它们能够阻碍人体与其外进行能量的互相转化的物体。在水电项目施工作业中如起重机，塔吊、传送带等机械设备，另外还有作为容器存放危险物品的设施或者厂房。因此第一类危险源又叫作固有危险源，无论器械还是厂房，它们贮藏的能量愈多，就将隐患转化为事故的可能性就愈大，第一类危险源直接影响着隐患变为事故损失的概率以及后果的危险程度，它们作为能量的集合体若看管不当将造成施工企业的财产损失甚至工作人员的生命财产损失，是隐患转换为损失的条件。

（2）第二类危险源

第二类危险源是在第一类危险源的基础之上产生的，在操作过程中，为了确保第一类危险源能够安全渡过危险期并有效运转，一般是采取必要的约束措施制约能量的级数已达到限制能量的目的，但是这种约束措施很可能会因为各种原因而没有产生效力，最后导致安全事故的发生，我们把各种导致不能约束能量而使破坏产生的原因称为不安全因素，而这种因素统称为第二类危险源，又称为失效危险源。第二类危险源（失效危险源）是产生安全事故的必要条件。

施工环境中不良的作业条件、器械的失灵以及人为的操作不当均可称为第二类危险源。物的故障是指本身的不安全设计、机械自身故障和安全防护设施的设置存在问题等等；对施工机械使用不当，形成安全隐患的均属于人为效应；而水电施工现场厂房储存有毒有害物或易挥发刺激性物质，又或者施工地区经常出现刮风下雨等自然灾害而导致施工人员的工作无法正常进行的，这都属于不良环境。

（三）施工时不和谐因子危险程度认知

何为施工时的不和谐因子，即可以将系统中的隐患转化为事故的一切物质包括人，也称作损失诱导因子。它既可以是隐患转化为事故的直接导致者亦可以间接的作为第三方将隐患变为损失，如（负责人对上下级协调不善）。因此，通过追溯源头我们不难看出不和谐因子是由人的掌控，或者操作不当导致机械的运作不正常再加之施工环境中的不利因素共同作用而产生的。这是三者的不协调。

通常，间接的不安定因子使隐患上升为损失的概率要高于可以直接引发事故的不安定因子，而在可以直接引发事故的不安定因子中以易燃易爆、有毒易挥发等有害物质为主体，人为的直接导致事故仅占小部分，但这一小部分也高于因为选址地区的气候地质不稳定而导致事故产生的概率。近几年我国著名学府清华大学对施工系统中的安全事故做过统计与探究，并且以某一地区为例进行了数据统计解析。

二、我国水利工程施工安全管理制度

我国在 1993 年确立了安全管理体制，即“国家监察、行业管理、企业负责、群众监督、劳动者遵章守纪”，十年后的 2003 年构建了“政府统一领导、部门依法监管、企业全面负责、群众参与监督、全社会广泛支持”的安全生产工作格局。

《建筑法》和《安全生产法》总共制订了十六项制度来规范安全施工工作并确立了“安全第一，预防为主”的安全生产方针，国家要求建筑施工单位在这个方针和安全管理体制的指导下，根据自身单位的特点形成具有自己特色的安全管理，这些管理的内容包括：安全生产防护基本措施、安全技术、企业的环境形象、宣传培训、卫生、社会治安等方面，各施工企业单位实施安全管理的主要方法为建立两个目标，即事故控制和创优达标。

国家除了制订方针制度还会采用宏观和微观的手段来直接或间接的干预监管安全生产，宏观方面的措施是制订安全生产许可制度，为施工企业进行资质等级划分，如果施工单位所承接的工程出现安全事故就要承担处罚，如果安全事故中有人员伤亡则要求施工企业除了接受经济惩罚外，还要承担被降低资质等级和暂扣安全生产许可证的处罚，暂扣期限一般为1～3个月，暂扣期间要进行停工整顿并不得在参加招投标活动，停工整顿所产生的费用和工期由施工方承担，不得加入成本核算当中，此次的信誉也会被记录档案，作为以后资质等级评选的资料，这样可以刺激企业自主的参与到安全管理当中去。除此之外，国家的微观干预体现在由国家建设主管部门委派安全监督员到施工现场实地勘察和监督，对安全防护措施不到位的地方要给予警告并督促整改，安全监督员还负责为现场施工的员工进行安全教育的宣传工作，并提高工人的安全意识。

第四节 水利工程项目风险管理

一、风险的基本概念

（一）风险的含义

风险意识由来已久，就我国而言，赈灾制度其实就是政府对灾荒的一种积极的风险预控手段。参照马丁的意见，风险定义就是环绕基于某种预期的不同变化的结果。

“风险”这一名词最早出现在17世纪，起源于西班牙航海方面的术语，原意是指航海时候碰到危机或者触礁，反映的是资本主义早期的时候，在贸易航行活动中的遇到的不确定的一些因素。伴随着社会的迅速发展，“风险”的定义在也在不停地进行丰富。

到目前为止，风险还没有很具体、统一的一个概念，较宽泛的说也就是危险事件的发生具有的不确定性。它有两个较代表性观点：

1. 第一种观点把风险认为是一种不确定性的、并存在着潜在的危险。

2. 第二种观点是说风险会出现和预期不一样的不利的后果，会造成损失。有的其他国外学者认为“风险是不确定的”；我国学者的主要观点：“风险其实是实际的进展和预期想的结果有着不同性，所以发生不确定性损失”。

（二）风险的特点及构成要素

风险的特点主要有以下几方面：

1. 风险具有客观性

风险是企业意志之外的客观的存在，是不易企业的意志转移的。不能完全把风险消灭，只是说采用些风险管理的办法来降低风险发生的概率和损失程度。

2. 风险具有普遍性

风险无处不在，不管是个体还是企业都会面对各种各样的风险，伴随着新兴科技的出现，崭新的风险还会继续出现，并且由于风险事件导致的损失还会越来越大。

3. 风险具有不确定性

风险之所以称为风险，是因为它具有不确定性。它主要从时间、空间和损失程度这三种方面来表现其不确定性的。

4. 风险具有损失性

风险的发生，不只是生产力遭到损失，还会导致人员伤亡。可以这么说只要有风险的出现，就必定有可能导致损失，假如风险发生后不会造成损失，那我们也不需要对风险进行研究了。所以很多人一直在努力的寻找应对风险的方法。

5. 风险具有可变性

这一特点是说风险在一定的条件下是可以转化的。这个大千世界，任何的一个事物都是互相依存、联系和制约的，都处在变化及变动当中，而这些变化又必会导致风险的变化。

风险的构成要素包括风险因素、风险事故及风险损失这三方面，它们之间的关系为：风险是这三方面构成的统一体，风险因素产生或增加了风险事故，而风险事故的产生又可能导致损失的出现。

风险事故是造成损失的事件，由风险因素所产生的结果，也是引发损失的直接原因。

风险损失是由于风险事故发生而出现的后果，根据风险损失产生的概率和后果严重程度来计算风险的大小。

风险因素是通过风险事故的发生从而造成风险损失。

二、水利工程风险的相关概念

（一）水利工程风险的定义及分类

从风险的不确定性，可以把工程项目风险定义为：“在整个工程寿命周期内所发生的、对工程项目的目标（质量、成本和工期）的实现和生产运营过程中可能产生的干扰的不确定性的影响，或者可能导致工程项目受到损害失或损失的事件”。水利工程风险指的是从水利工程准备阶段到其竣工验收阶段的整个全部过程中可能发生的威胁。

根据项目风险管理者不同的角度，不同的项目生命周期的阶段，风险来源不同，按照风险可能发生的风险事件等方面，采取不同管理策略对工程进行管理，对工程风险常见的分类如下：

1. 按工程项目的各参与单位分类：业主风险、勘察单位的风险、设计单位的风险、承办商的风险及监理方的风险等。

2. 按风险的来源分类：社会风险、自然风险、经济风险、法律风险、政治风险等。

3. 按风险可控性分类：核心风险和环境风险。

4. 按工程项目全生命周期不同阶段划分分类：那就可行性研究分析阶段的风险、设计阶段的风险、施工准备阶段的风险、施工阶段的风险、竣工阶段的风险、运营阶段的风险等。

5. 按风险导致的风险事件分类：进度风险、成本风险、质量风险、安全风险及环境污染的风险等。

（二）水利工程风险的特点

水利工程风险除了破坏性、不确定性、危害性这几个特点之外，还有下面的几个特点：

1. 专业性强

水利工程其工作环境、施工技术及其所需设备等的复杂性，决定了其风险的专业性强。所以很多复杂的施工环节都需要专门的人员才能胜任。由于专业性的限制，水利工程施工人员都是要经过职业培训的，只有业务和专业上对口，才能在进行水利工程的工作中很好的发挥。在风险的管理过程中，质量、设计规划、合同及财务管理等都是人为性质的风险，因为专业性较强，这些人为性风险很难管理，外行人难以对它进行有效的监督。

2. 发生频率高

因为水利工程项目的工期一般较长，不确定的因素较多，特别对于是一些大型的工程，人为或者自然的原因导致的工程风险交替发生，这就造成风险的损失频繁发生。而且我们所处的市场是有很大变数的，很多发包人，一般较喜欢签订固定总价的合同，并且一般在合同中都会有“遇到政策及文件不再调整”条款，其实意图很简单，就是他们担心因为政策的变化等一些外力的介入会妨碍其利益的获得，特别是担心国家或省级、行业建设主管部门或其他授权的工程造价管理机构发布工程造价调整文件，所带来的风险浮动的市场价格与固定的合同价格之间势必造成矛盾，利润风险自然会产生。再者，现在的很多工程项目的特点是参与方多、投入的资金巨大、资金链较长、工作监管难以到位、质量水平参差不齐、工期长、变化多端的市场价格、复杂的环境接口，存在着这么多的不可确定性因素，在项目工程实施过程之中可以说是危机重重。

3. 承担者的综合性

水利工程是一个庞大的系统工程，其各参与方很多，其中某一方在工作中都有可能发生风险，只要是一个环节出现，整个系统都受其影响。因为风险事件的尝试经常是因为多方原因导致的，因此一个项目一般都有多个风险共同承担者，这方面与别的行业对比，突出性尤其明显。

4. 监管难度较大，寻租空间较大

因为水利工程其涉猎的范围广泛、专业分布和人员流动都较密集，从横向范围来看，材料供应商、公关费用、日常开销等等项目繁多；那从纵向流程来看，与招标投标、工程监理、项目负责、融资投资、业主、工程师、项目经理、财务等等多个方面有关系，范围加大，监管的战线拉长，因此其监管的难度较大。正是由于监管有一定难度的前提下，对于处于利益最大化法律主体，因为利益趋动，在诱惑面前势必会导致寻租可能性的加大。

5. 复杂性

水利工程有着工期较长、参与单位多、涉及的范围广的特点，这其中碰到人文、政治、气候和物价等等不可预见和不可抗力的事件几乎是不可躲避的，所以其风险的变化是相当复杂的。工程风险与施工分工、设计的质量、方案是否可行、监管的力度、资金到位情况、执行力是否到位、施工单位资质等各种各样问题息息相关，这就是说风险一直存在，并且其发生的流程也很繁复。

三、水利工程项目风险管理概述

水利工程包括了防洪、排涝、灌溉、发电、供水等工程的新扩建、改建、加固及修复，及其一些配套和附属工程，有着投入大；工程量大；周期较长；工作条件复杂；并且受自然方面的条件制约多；施工难度系数大；当然得到的效益也大，于此同时对环境的影响也大；失事后果相当严重；对国民经济有很大影响等特点。所以在现在的工程管理中，怎样对水利工程进行有效的风险管理，已是一个企业想得到赢利的一个非常重要的管理内容。

水利工程的风险管理是项目管理的一部分，确保工程项目总目标的实现是它的目的。风险管理具体指的是利用风险识别去认识风险，风险估计去量化风险，接着对风险因素进行评价，并以评价结果为参照选择各种合理的风险应对措施、技术方案和管理办法对工程的风险实行有效及时的控制，对导致的不利结果进行妥善解决，在确保工程目标得以实现的同时，成本达到最小化的一项管理工作。具体的风险管理的基本流程包含风险识别、风险评估、风险控制等阶段周而复始的过程。

从一般情况来说，大家会把风险识别和风险评估认统一看作为风险分析，把风险控制认定为风险决策。这两者密不可分，风险识别是风险决策的科学依据，其目的就是为了避免失误的、盲目的决策。在具体工程中从事风险管理的主体有多不同，风险管理的侧重点也会跟着有所差异，对于不同的工程来说，风险因素和具体采取的控制方法也会有差异。尽管我们在实际的工作中，因为具体的项目的不同风险管理的程序会有所不同，但是风险管理的基本内容是一致的。

（一）风险识别

水利工程风险的识别是其风险管理的第一步，是基础性工作，它是从定性的角度，来了解和认识风险因素，加上之后的风险评估的量化，这对于我们更好的认识风险因素有很大的帮助。风险识别是指工程项目管理人员根据各种历史资料和相关类似工程的工程档案进行统计分析，或者通过查找和阅读已出版的相关资料书籍和公开的统计数据来获得风险资料的方法，且加上具体管理人员以往的工程项目经验的基础上，对工程项目风险因素及其可能产生的风险事件进行系统、全面、科学的判断、归纳和总结的过程，对工程项目各项风险因素进行定性分析。风险识别如果做得不是很好，经常可以预料到风险评估也做得不是很好，对风险的错误认识将导致进一步的风险。风险识别一般包含确定出风险因素、分析风险产生的条件、描述风险特征和可能发生的结果这几个方面，并且分类识别出的风险。风险识别不是完成一次就结束了，而是在风险管理过程当中的一项一直继续着的工作，应在工程建设过程中从始至终的定期进行。

1. 风险识别分类

（1）感知风险

第一是查阅和整理以往工程资料数据和类似风险案例发生的资料，工程的具体要求、计划方案和总体目标等等，把这些作为工程识别的根据；第二是对收集的依据和数据进行分类整理，最后进行风险识别。

（2）分析风险

由于水利工程有着投资需求大、技术要求高和建设工期长等特点，所以水利工程的风险无处不在又多种多样，有来自内外部环境的、各个时期的、动态及静态的。分析目的就是寻找出工程的重要风险，在这复杂的环境里。

2. 常用的风险识别方法

常用的风险识别方法有：头脑风暴法、德尔菲法、流程图法、核对表法、情景分析法、工作分解结构法等等。风险识别方法的选取主要取决于具体工程的性质、规模和风险分析技术等方面。

（1）头脑风暴法

这种方法是吧众多该领域的专家召集在一起，对某个事件进行互相的探讨，通过专家们创造性思维，相互激发、集思广益。综合各专家的意见形成风险识别的结果。这种方法在具体的工程风险管理实施中很常见。

（2）德尔菲法

德尔菲法，是指通过函件的形势与相关领域的专家取得联系，征求专家在某一问题上的看法。首先将需要解决的问题发到每位专家的手中，各个专家单独分析后，将各个专家的意见进行处理后再把信息反馈给各个专家进行修改，如此重复几次后，直到各个专家的意见趋于相同时，最后的结果作为风险识别的最终结果。

（3）流程图法

流程图法是以每个施工过程为研究对象，列出每个施工工艺、每个施工过程具体有什么工程，风险源是什么，威胁力有多大。这是一种非常细致的风险识别方法对于一些小工程为目标进行识别，可操作较强，但因为一些相对复杂的工程，特别是水利工程来说，工作量较大。

（4）核对表法

风险核对表法是以以往类似项目的历史资料作为依据，将当前项目可能存在的风险列在一个表格上供项目管理人员核查，对照表对项目现实存在的风险进行选择。该方法能够利用项目管理人员在项目管理领域的知识、经验和对已有资料的归纳总结的基础上完成对风险的识别工作。

（5）情景分析法

情景分析法也称为幕景风险法，它是结合一定的数理统计原理利用图表或者曲线表来描述在各种因素发生变化时，整个项目风险因素的变化及可能产生的后果。它是通过图表或者曲线表，能直观的表达对风险的认识，但这个方法主要是从个人的角度和观点来看待问题，对问题的分析有着片面性。

（6）工作分解结构法

英文简称WBS，是以项目系统为研究对象，以一定的方法和逻辑将大的项目系统进行层层分解变成若干个子系统。通过整个子系统的风险因素进行识别形成整个系统的风险因素。利用工作分解法用于风险识别，得到的风险因素更加清晰和明了，使得风险管理人员整体的组织结构更加的清晰，对于关键因素的识别也更明确。

（二）风险评估

风险评估一般分风险估计及风险评价两个步骤。由于工程风险的不确定性和模糊性导致难以对其进行准确的定义和量化，所以工程评估显得尤其重要。

1. 风险估计

风险估计一般是对单个的意见辨识的风险因素进行风险估计，通常可分为主观估计与客观估计两种，主观估计是在对研究信息不够充足的情况下，应用专家的一些经验及决策者的一些决策技巧来对风险事件风险度做出主观的判断与预测；客观风险的估计是指经过对一些历史数据资料进行分析，这样找到风险事件的规律性，进一步对风险事件发生的概率及严重程度也就是风险度做出估计判断和预测。风险估计大概包含以下几方面内容：

（1）最开始要对风险的存在做出分析，查找出工程具体在什么时候、地点及方面有可能出现风险，接着应尽力而为的对风险进行量化的过程，对风险事件发生概率的估算。

（2）对风险发生后产生的后果的大小进行估计，并且对各个因素大小确定和轻重缓急程度进行排序。

（3）最后一个方面那就是对风险有可能出现的大概时间及其影响的范围进行认真确认。换句话说，风险估计其实就是以对单个的风险因素和影响程度进行量化为基础来构建风险的清单，最终为风险的控制给了参考，提供了各样的行动的路线及其方案的一个过程。我们来依据事先选择好的计量的方法和尺度，可以确定风险的后果的大小。这期间我们还要对有可能增加的或者是比较小的一些潜在风险的考虑。

2. 风险评价

风险评价是综合权衡风险对工程实现既定目标的影响程度，换句话说，就是指工程的管理人员利用一些方法来对可能有引起损失的风险因素进行系统分析及权衡，对工程发生危险的一些可能性及其严重的程度进行评价，并且对风险整体水平进行综合整体评价。

3. 风险估计和评价的常用方法

风险估计及风险评价是指利用各式各样的科学的管理技术，并且采取定性和定量相结合的方式，对风险的大小进行估计，进一步对工程主要的风险源的寻求，并对风险的最终影响进行评价。当前估计与评价的方法具有代表性的包括：模糊综合评判法、层次分析法、蒙特卡洛模拟法、事故树分析法、专家打分法、概率分析法、粗糙集、决策树分析法、BP，神经网络法等。

（1）事故树分析法

事故树分析法是在 1962 年，在美国贝尔电报公司的电话实验室开发出来的，其运用了逻辑的方式，能够形象的对风险的工作进行分析。将工程风险层层分解，形成树状结构，逐步寻找引起上一层事件的发生原因和逻辑关系。由于该方法适合评价复杂项目的风险，且系统性、层次性较强，所以在风险识别过程中得以广泛地使用。

（2）专家打分法

专家打分法采用业内专家的知识和经验，对水利工程建设过程中可能的风险进行直接的判断，并度量出任何一个单独的风险的水平。它是风险的评价方法中的较简单和较常用的一种。专家的经验和知识是在通过长期的实践过程中形成的，因此采用专家打分法在实际应用中有十分理想的效果。简单明了、容易实现是这种方法的最大优点，能够比较真实的反应各种风险的因素。一句话就是可以让各个专家的精华的思想得以全部利用，便于找出更好的建设性的建议，它是个很好的评价方法。

（3）概率分析法

概率分析法是经过研究工程建设过程中各式各样不确定的因素幅度的概率分布，和对工程的不良影响，对工程风险性作出评判的一种不确定性分析方法。这种方法的优点是减弱了人为主观因素的影响，并用数字来表示更为直观明了。

（4）蒙特卡洛模拟法

蒙特卡洛法又称为统计试验法或随机模拟法。是在使用的过程中加入一些不确定的因素的功能，并且从输入的样本中来随机的抽取出试验的样本，把样本数据输入数据模型，得出风险率，再进行若干次独立抽样，得到一组风险率数值，便能得到风险概率分布，判断风险水平。

（5）决策树分析法

决策树分析法，它指的是在对每一个事件或者决策进行分析的时候，一般都会不止出现一个事件，有两个或者更多个的事件，分别引起不同结果，并且用长得像是一棵树的树干的图形把这种事件或者决策的分支画出来。决策树把致灾原因作为决策点，给出相应的方案，并且给出各个方案的概率值，最后采用数学方法计算得出致灾原因的风险值。

（6）粗糙集

粗糙集是用来描述不确定性的数学理论。这种方法可以分析不确定的、不完整的各种信息，还能够对数据进行分析和推理，并且得出相应的结果。粗糙集的基本思想是：它只是依靠大量的实验时的观测数据，不利用其他的任何形式的算法和之前经验得来的信息，仅是从大量的数据中找出它们潜在的关系和联系。

（7）模糊评价法

模糊评价法是一种多层次评价法。其中评价因素、层次要是越多，评价过程就会越复杂，评价结果越准确。这个方法首先的一步就是确定出评价的层次体系，接着以从下到上的步骤，一步步的从下往上进行分析，最终可得出评价的结果。

（8）层次分析法

层次分析法适用于解决多目标决策问题的定性和定量相结合的、系统化的和层次化的决策分析的方法，属于运筹学的范畴。

（9）神经网络法

神经网络模拟人脑神经元，用神经元来表示输入信息、中间层信息和输出信息。各节点相互连接，形成网络系统。通过相互刺激和彼此连接使得神经元之间进行学习及记忆；神经网络进行训练时是利用激励函数来实现的。将一些互不关联的网络节点通过训练，使得其迭代逼近某一函数，即逼近函数，最后通过这个函数得到网络的输出。这种方法具有很强的自主学习的能力、自适应能力及自组织能力，可以避免因权重和相关系数的选取而产生的人为评价误差，其中又以 BP 神经网络应用最为广泛。

每一种方法都有其各自的优缺点，没有一种评价方法适合所有的工程。在工程风险的评估方法研究上，国内外的很多相关学者做出了很大的贡献，提出了很多方法，并且每一种方法在各自的环境下都尤其自己的适用性。水利工程风险的评估方法的选择，将会直接影响风险评估的结果的客观性和有效性。为了选取最合适的评估方法，应该遵循适应性、合理性、充分性、针对性及系统性这五个原则。

一般来说，定量和定性相结合的风险评估方法是比较有效的，在复杂的风险评估过程中，把定性分析与定量分析简单的分割是不可取的，应使它们融合在一起。采用综合系统的评估方法，经常是吸取不同方法的优点，采用几种方法相结合风险评估。通过对上述方法的优缺点分析，根据相关管理人员的以往经验的基础之上，并且从理论上讲，神经网络控制系统，它具有一定的学习能力，极其适合复杂系统的建模及控制，能够更好的适应环境及系统特性的一些变化，之前利用专家打分法对风险因素进行打分量化，将量化的风险因素作为神经网络的输入，神经网络的输出则是我们需要的风险结果，应用神经网络来构建一个待解决的问题等价的一个模型，这对于风险管理来说，是个有效的办法。在水利工程工程风险管理中，为了能够保证得到客观准确的安全风险评价等级，需要对水利工程中的环境、设备及人力方面等进行定性转为定量的分析，但是我们在实际中概率不能完全的获取等情况，因此为了最大程度的弱化了人为因素对评估的影响，本章节选择专家打分法和神经网络中的 BP 神经网络评估方法，利用建立的水利工程风险评价指标体系，对风险作出评价，并提出相关措施，达成良好的风险管理。

（三）风险控制

风险控制就是在风险发生之前，依据风险的识别、估计及评价的结果，选择一些应对的措施来避免或降低风险的发生概率及发生后导致的损失，增加积极应对风险过程。把工程带入正确的方向前进。制订风险管理相关计划是风险控制的前提条件，一般情况下，对风险的应对有两方面的内容，第一个是选择相关措施把风险事件扼杀在萌芽时期，尽可能的消灭或减轻风险，控制在一定的范围内；第二是采取合理的风险转移来减轻风险事故发生后对工程目标的影响。因此，我们首先就要对风险源及其风险的特点、类型等进行正确的分析，并利用合理的风险评估方法进行评估，这是风险控制的前提条件。

风险控制的主要方法有风险预防、损失控制、风险规避、风险转移、风险储备、风险利用及风险自留等。

1. 风险转移

这种方法是一种比较经常使用的一个风险控制方法。它主要是针对一些风险发生的概率不是很高而且就算发生导致的损失也不是很大的工程，通过发包、保险以及担保的一些方式把工程遇到与一些潜在的风险转移给第三方。例如，总承包商可以把一些勘测设计、设备采购等一些分包给第三方；保险说的是和保险公司就工程相关方面签订保险合同；一般在工程项目中，担保主要是银行为被担保人的债务、违约及失误承担间接责任的一种承诺。

2. 风险规避

这是一种面对一些风险发生的概率较高，而且导致的后果比较严重，采取的主动放弃该工程的方法。但是这种方法有着一些局限性，因为我们知道，很多风险因素是可以相互转化的，消除了这个风险带来的损害的同时又会引起另一个风险的出现，假如我们因为某些高风险问题放弃了一个工程的建设，是直接消除了可能带来的损失，但是我们也不可能得到这个工程带来的盈利方面的收入，所以有时我们应该衡量好风险和利益之间的比率来选择风险控制的方法。

3. 风险预防

这种方法主要是采取一些措施来对工程的风险进行动态的控制，就是要尽可能地消灭可以避免的风险的发生。第一种是运用工程先进合理的技术手段对工程决策和实施阶段提前进行预防控制，降低损失；第二就是管理人员和施工人员要把实际的进度、资金、质量方面的情况与之前计划好了的相关目标机械能对比，要做到事前控制、过程控制和事后控制。发现计划有所偏离，应该立即采取有效的措施，防患于未然。第三就是要加强对管理人员及从事工程的各方人员进行风险教育，提高安全意识。

4. 损失控制

这种方法一般包括两个方面，第一是在风险事件还没发生之前就采取相应损失的预防措施，降低风险发生的概率；例如：对于高空作业的工作人员应该要做好高空防护措施，系好安全带等；第二是在风险事件发生之后采取相应措施来降低风险导致的损失，如一些自然灾害导致的风险事件。

5. 风险储备

这种方法就是在对一些经过分析判断后，一些风险事件发生后对工程的影响范围和危害都不是很确定的情况下，事前制订出多种的预防和控制措施，也就是主控制措施和备用的控制措施。例如很多施工和资金等方面的风险问题都可以采取备用方案。

6. 风险自留

风险自留这是选择自愿承担风险带来损失的一种方法。一般包括主动自留和被动自留两张，是企业自行准备风险基金。主动自留相对于目标的实现更有力，而被动自留主要是一些以往工程中未出现过的或者出现的几率非常低的风险事件，还有就是因为对项目的风险管理的前几个环节中出现遗漏和判断失误的情形下发生的风险事件，事件发生后其他的风险措施难以解决的，选择风险自留的方式。

7. 风险利用

这种方法一般只针对投机风险的情况。在衡量利弊之后，认为其风险的损失小于风险带来的价值，那就可以尝试着对该风险加以利用，转危为机。这种方法比较难掌握，采取这种方法应该具备以下几个条件：首先，此风险有无转化我价值的可能性，可能性的大小；其次，实际转化的价值和预计转化的价值之间的比例占多少；再次，项目风险管理者是否具备辨识、认知和应变等方面的能力；最后，要考虑到企业自身有这样的一个能力，这种能力就是具不具备在转危为机的过程中所要面临的一些困难和应该付出的代价。

上面描述的风险应对措施都会有存在着一定的局限性，是处理实际的问题时，一般采取组合的方式，也就是采用两种或者两种以上的应对方法来处理问题，因为对于简单的事件，单一的方法可以解决问题，但是复杂的就很棘手，采用组合方式可以弥补各自之间的不足，使得目标效益最大化。

第五节 水利工程质量管理

一、建设项目质量管理概念

（一）建设项目质量的定义

“质量”这个词的内涵极广，它的定义属性也极为丰富。平常工作生活中不可缺少“质量”二字。因此，不同的学者和文献对质量的定义不尽相同。ISO 在《质量管理与质量保障术语》一书中认为质量就是指物质能够满足和隐藏需求的性质。这其中主要包含服务、产品以及活动。对于不同的实体，质量的特性也是不同的。在既定的质量管理计划、目标及职能设置的基础上，经过质量管理系统的策划、控制、保证及改进来实现其所有相关质量管理职责的行为。通俗而言，把完成服务和产品适用性作为一个组织或者企业质量管理的根本职责。

所以，质量管理并不是一个简单的基础定义，而是一个全方位的具有相当的复杂性的系统工程。

建设项目的质量内涵是指工程项目的使用属性及性质，它是一个综合性的复杂指标。它应该反映出合同中规定的条款，还包括隐藏的功能属性，其中包含下面三个主要内容：

1. 程项目建设完工投产运行之后，它所提供的服务或产品的质量属性，生产运行的稳定性和安全性。

2. 工程项目所采用的设备材料、工艺结构等的质量属性，尤其是耐久性及工程项目的使用寿命。

3. 其他方面，如造型、可检查性及可维护性等。

（二）建设项目质量管理的内涵

普遍意义中，质量管理的内涵主要指为了实现工程项目质量管理目标而实施的相关具有管理属性的行为及控制活动。这其中主要包含制定方针及目标、进行控制及实施改进措施等。质量管理行为绝对不是孤立的，它也不是与进度、成本、安全等活动相互对立的，而是项目质量管理全过程的一个重要组成因素，是与进度、成本、安全等活动相互促进并相互制约的，质量管理活动应该是贯穿整个工程项目管理全过程的重要活动。

建设项目质量管理的内涵为保障项目方针目标内容的实现，同时能够对劳动成果进行管控的活动。主要包括为保障项目质量管理成果符合协议合同或者业内标准而采用的一系列行为。它是工程项目质量管理中非常重要的、有计划性和系统性的行为。

建设项目质量管理活动的定义是为了达到工程项目质量管理需求而采用的各种行为及活动的总和。其目标为监视控制质量的形成过程，并消灭质量管理各环节中偏离行为准则的现象，以确保质量管理目标的完成。建设项目质量管理活动通过检验建设项目质量成果，判定其是否完全符合相应的准则和规范，并消除引起劣质结果的因素。

二、质量管理相关理论及其发展

（一）质量管理相关理论

质量管理发展到现在阶段，主要有以下几种重要理论：

1. “零缺陷”理论

“零缺陷”理论最早是在20世纪60年代由美国人提出的。顾名思义，该项理论基本原则和内容是把活动中可能发生的任何错误及缺陷降为零。这种管理方法出发点及目标较为全面。核心思想是企业的生产者第一次就把工作做到非常好，没有任何缺陷，不用依靠事后的验证来发现及解决错误，它强调对缺陷进行提前预防以及对生产过程进行极为有效的控制。

“零缺陷”要求企业管理层应该采取各种激励手段来充分调动生产者的主观能动性和积极性，并且制订高质量的目标。使得生产的产品及从事的业务没有任何缺点。零缺陷的成功实现还需要企业生产者具有强烈的产品及业务质量的责任感。零缺陷理论强调在整个项目质量管理中，只有全员参与，才能切实提高产品和服务的质量。

“零缺陷”管理理论由外国传入我国。从20世纪80年代开始，部分管理思想较为先进的组织或企业开始学习采用“零缺陷”管理，并且努力将真正的“零缺陷”作为最重要的活动目标。这就需要所有工作层面对所有产品或者服务的质量进行保证，以使整个组织或者企业的质量管控水平逐步提高。

2. “三部曲”理论

“三部曲”是在美国发生质量管理危机的宏观背景下，首先由著名专家朱兰博士提出的。就其内涵而言，将质量策划、控制以及改进作为服务或者产品全周期质量管控的三个最重要的环节。每一个环节都有其相对固定的模式和实施标准，其认为质量管理的目的是保证服务或者产品的质量能确保消费者或者使用者的需求。

三个环节中，质量计划的制订是质量管理“三部曲”的起始点，它是一个能保证满足管理者特定管理目标，并且能够在现有生产环境下施行的过程。在质量计划完成之后，这个过程被移交给操作者。操作人员的职责就是按照既定质量计划施行全部控制管理行为。若既定的质量计划出现某些漏洞，生产过程中的经常性损耗就会始终保持较高的标准。于是组织或者企业的管理层就会引入一个新的管理环节——质量改进环节。质量改进环节是通过采用各种行之有效有效的办法来提升服务或者产品、过程和体系以满足管理者或者消费者质量管理需求的行为，使质量管理工作达到一个崭新的高度和水平。通过实施质量改进活动，生产过程中的经常性损耗会较大程度的下降。最终，在实施质量改进活动中吸取的经验教训会反馈并影响下一轮的质量计划，于是，质量管理全过程就会形成了一个生命力强劲的循环链条。

3. 全面质量管理理论

该理论主要涵义是指组织或者企业实施质量管理的权限和范围应该不仅局限在服务或者产品的质量本身，而且还应该要包含从生产扩展至研究设计、设备材料采购、制造生产、营销销售和后勤服务等质量管理的各个环节。该理论在工程项目质量管理的实际应用中必须关注下面五点原则：以质量为效益、以人为本、预防为先及注重全过程原则。

全面质量管理理论于20世纪60年代被提出。它要求将组织内部的所有部门都联合起来，把提高及维持质量等行为组成一个非常高效的系统，同时还强调以下三个方面：

（1）组织或者企业为了使消费者或者使用者对其提供产品或者服务产生较高地满

意度，那么就要求组织或者企业必须从更加全方位的角度去寻找解决质量问题的管控办法。需要其把各类先进的管控方法或者思想融合加工，将组织或者企业中的每一道环节的质量管控作到极致，来代替仅在生产环节中依靠统计学来管控质量，以使质量问题得到更为根本的解决。

（2）产品质量的高低是相对的。而控制质量高低程度的管理过程也不是一蹴而就的。它是由制订标准及研制开发等多个步骤构建而成。这些步骤影响着一项服务或者产品质量高低的程度。因此组织或者企业进行质量管控，就必须关注设计开发生存全过程，这是全面质量管理的基本原则。

（3）由于组织或者企业经营持续下去的基础是盈利，那么它就必须要服务或者产品的功能性和经济性结合起来，既保证服务或者产品能够满足消费者或者使用者的功能需求品质需求，又要充分考虑其成本，否则长久持续确保服务或者产品的质量水平就是一句空谈。

全面质量管理理论，从问世起就在世界各地关注并研究相关理论的专业领域和群体中得到了相当广泛的传播。同时，由于各国的国庆不同，因此，在各国的研究中，也都充分与各国不同实际进行着有机的结合。20 世纪 80 年代中后期，由于生产水平的提高，该理论有了较快发展，逐步演变为一种全面且综合的管理思想。在 ISO 制定的新一期的准则中，对其赋予了如下定义：一个组织或者企业将服务或者产品的质量管控作为中心点，便实施的全过程周期的管控行为或者活动。

（二）质量管理的发展

至今，质量管理理论的发展阶段主要有以下四个：

1. 质量检验阶段

这个阶段是以泰勒等专家提出的质量管理理论为标志的。这阶段的质量管理是由专职的质检人员或者质检部门利用各种仪表及检测设备，按照规定的质量标准对生产过程进行严格把关，以确保产品的质量。它的主要特点是强调事后把关及信息反馈行为，但无法在生产过程当中起到预防及控制作用。

2. 统计质量控制阶段

这阶段是利用数理统计技术在生产流程工序之间进行质量控制行为，从而预防不合格产品的产生。使用该种方法能够对影响服务或者产品质量的相关因素进行部分约束。与此同时，世界范围内主流的质量管理由事后检查进化到事前事中预防性控制的管控模式。但是，由于该种方式是以数理统计学科技术为基础的，容易导致组织或者企业把质量管控的关注点集中到数理统计工作者本身，却容易忽视生产人员以及管理人员的重要影响。因此质量管理理论必然开创了一个全新的阶段一面管理阶段。

3. 全面管理阶段

全面质量管理理论是根据组织或者企业的不同实际情况，通过全周期、全过程的质量控制，运用当代最为先进的科学质量管理模式，保证服务业或者产品的质量，改善质量管理模式的一种思想。

全面质量管理主要特征是面对不同的组织或者企业在条件、环境以及状态等方面的不同，综合性地把数理统计学科、组织管理技术和心理行为科学等各个学科知识以及工具融合统一，建立健全完善高效的质量管理工作系统，并对全过程各个环节加以控制管理，做到生产运行全面受控。全面质量管理是现代的质量管理，它从更高层面上囊括了质量检验及统计质量管理的内容。不再受限于质量管理的职能范畴，而是逐步变成一种把质量管理作为核心内容，行之有效的且综合全面的质量管理模式。

4. 质量保证与质量管理标准的形成阶段

20 世纪 80 年代，人们把一些现代科学技术融入到质量管控当中，一些当代互联网的辅助质量管理信息系统如雨后春笋，被逐步开发应用。随着先进技术的应用，促使 ISO 应用和规范了一些在国际国内范围都得到了广泛接受的规则及标准。近代涌现出了非常多的关于质量管理理论和办法，就是得益于全面质量管理研究的快速发展，其中，得到了广泛应用的主要包括“零缺陷”理论等。

三、水利工程质量管理及其优化

（一）水利工程施工管理内容

1. 施工前管理

水利工程施工前主要完成的工作包括投标文件的编制及施工承包合同的签订以及工程成本的预算，同时要根据工程需要制定科学合理的合同及施工方案。施工前的管理是属于准备工作阶段，这段时间是为工程的顺利施工提供基础，准备的充分与否是决定工程能否顺利进行以及能否达到高标准高质量的决定条件。

2. 施工中管理

（1）对图纸进行会审，根据工程的设计确定质量标准和成本目标，根据工程的具体情况，对于一些相对复杂、施工难度较高的项目，要科学安排施工程序，本着方便、快速、保质、低耗的原则进行安排施工，并根据实际情况提出修改意见。

（2）对施工方案的优化。施工方案的优化是建立在现场施工情况的基础之上的，根据施工中遇到的情况，科学合理的进行施工组织，来有效控制成本进行针对性管理，做好优化细化的工作。

（3）加强材料成本管理。对于材料成本控制，首先是要保证质量，然后才是价格，不能为了节约成本而使用质量难以保证的材料，要质优价廉，再有要根据工序和进度，细化材料的安排，确保流动资金的合理使用，既保证施工作业的连续性，同时也能降低材料的存储成本。另外对于施工现场材料的管理要科学合理的放置，减少不合理的搬运和损耗，达到降低成本的目的。另外要控制材料的消耗，对大宗材料及周转料进行限额领料，对各种材料要实行余料回收、废物利用、降低浪费。

3. 水利工程施工后管理

水利工程完工后要完成竣工验收资料的准备和加强竣工结算管理。要做好工程验收资料的收集、整理、汇总，以确保完工交付竣工资料的完整性、可靠性。在竣工结算阶段，项目部有关施工、材料部门必须积极配合预算部门，将有关资料汇总、递交至预算部门，预算部门将中标预算、目标成本、材料实耗量、人工费发生额进行分析、比较，查寻结算的漏项，以确保结算的正确性及完整性。加强资料管理和加强应收账款的管理。

（二）水利工程质量管理的重要性

随着科学技术的发展和市场竞争的需要，质量管理越来越被人们重视。在水利工程建设中，工程质量始终是水利工程建设的关键，任何一个环节，任何一个部位出现问题，都会给整体工程带来严重的后果，直接影响到水利工程的使用效益，甚至造成巨大的经济损失。因此，可以肯定的说，质量管理是确保水利工程质量的生命。

工程质量的优劣，直接影响工程建设的速度。劣质工程不仅增加了维修和改造的费用、缩短工程的使用寿命，还会给社会带来极坏的影响。反之，优良的工程质量能给各方带来丰厚的经济效益和社会效益，建设项目也能早日投入运营，早日见效。由此可见，质量是水利工程建设中的重中之重，不能因为追求进度，而轻视质量，更不能因为追求效益而放弃质量管理。只有深刻地认识质量管理的重要性，我们的工作才可以做好。

（三）水利工程质量管理存在的问题

1. 质量意识薄弱

虽然国家反复强调“质量第一”“质量是工程的生命线”，但迫于工程进度的压力，少数施工单位为了避免由于工期延误引起业主提出索赔，不得不向“重进度轻质量”倾向，即在工期与质量发生冲突时，往往会是工期优先。一些工程没能认真推行工程项目招标制、项目法人制、工程监理制、工程质量终身制。一些地方与单位行政干预严重，违反建设程序，任意压缩合理工期，影响工程质量；资金不到位，资金运作有问题、压价、要求承包方垫资、拖欠工程款，造成盲目压缩质量成本和质量投入；招投标工作不够规范，违规操作，虚假招标或直接发包工程导致低资质、无资质设计、施工、监理队伍参与工程建设。

2. 工程前期勘测设计不规范

个别水利工程建设项目的项目规划书、可行性研究报告和初步设计文件，由于前期工作经费不足，规划只停留在已有资料的分析上，缺乏对环境、经济、社会水资源配置等方面的综合分析，特别是缺乏较系统全面地满足设计要求的地质勘测资料，致使方案比选不力，新材料、新技术、新工艺的应用严重滞后，整个前期工作做得不够扎实，直接影响到工程建设项目的评估、立项、进度及质量等。

3. 监理市场不规范，监理工作不到位

监理队伍少，人员素质良莠不齐，部分人员无证上岗，工作责任心不强；监理市场不规范，监理单位存在“一条龙”“同体监理”“自行监理”现象，监理成“兼理”；

监理工作不到位，工作深度和广度不够，质量能力不强，缺乏有效的方法和手段。

4. 技术力量薄弱

一些中小型水利工程设计、施工单位的设计、施工人员的业务水平较低，对于某些复杂的技术问题无法很好地解决。加之有些人员有着“等、靠、要”的传统思想，进取心不强，因此相对于日益发展的技术水平来讲，他们的水平呈下降趋势。如在施工工程中遇到地质较为复杂的情况，这些人员往往拿不出合理的方案，有时甚至做出错误的决策，难以承担有一定深度的工作。量下降，市场上无法形成有力竞争优势。

（四）水利工程质量管理的要点

从以上分析可知，进行水利工程建设时质量管理的重要性，针对以上水利工程质量管理所存在的问题，总结了应从以下几方面，加强质量管理，以确保工程建设的质量。

1. 加强水利工程的测量工作，保证测量的准确性

水利工程建设中，工程设计所需的坐标和高程等基本数据以及工程量计算等都必须经过测量来确定，而测量的准确性又直接影响到工程设计及工程投入。

2. 加强水利工程设计工作

在水利工程建设项目可行性论证通过并立项后，工程设计就成为影响工程质量的关键因素。工程设计的合理与否对工程建设的工期、进度、质量、成本，工程建成运行后的环境效益、经济效益和社会效益起着决定作用。先进的设计应采用合理、先进的技术、工艺和设备，考虑环境、经济和社会的综合效益，合理地布置场地和预测工期，组织好生产流程，降低成本，提高工程质。

3. 加强施工质量管理

施工是决定水利工程质量的关键环节之一，因此在施工过程中应加强施工质量管理，保证施工质量，如：

（1）加强法制建设，增强法制意识，认真遵守相关的法律法规。

（2）完善水利工程施工质量管理体系，严格执行事先、事中、事后“三检制”的质量控制，并确保水利工程施工过程中该体系正常和有效地运转，质量管理工作到位。

（3）水利工程建设中，影响工程质量的因素主要有人、材料、机械、工艺和方法、环境5个方面。因此，在建设过程中应从以上5个方面做好施工质量的管理。

（4）整个施工过程中应实行严格的动态控制，做到“施工前主动控制，施工时认真检查，施工后严格把关”的质量动态控制措施。

（5）施工时不偷工减料，应严格按照设计图纸和施工规程、规范、技术标准精心施工。

（6）加强相关人员的管理，对有特殊要求的人员应要持证上岗。

（7）加强工程施工过程中的信息交流以及沟通管理。

（8）加强技术复核。

水利工程施工过程中，重要的或关系整个工程的核心技术工作，必须加强对其的

复核避免出现重大差错，确保主体结构的强度和尺寸得到有效控制，保证工程建设的质量。

4. 重视质量管理，落实责任制

相关的管理部门应高度重视水利工程质量管理工作，本着以对国家和人民负责的态度真正把工程质量管理工作落到实处，明确相关人员的责任，层层落实责任制，全面落实责任制，并加强监督和检查，严格按照水利规范和技术要求，如出现质量问题就要追究当事人的责任，即工程质量终身制，彻底地解决工程质量如没人负责问题，能够提高相关人员的责任感。

5. 改进监控方法，提高检测水平

加强原材料、设备的质量控制，对批量购置的材料、设备等，要按国家相关部颁或行业技术标准先检测（全面检测或抽样检测）后使用，对不合格材料和设备不使用。加强施工质量监测，对关键工序和重点部位，应严格监控施工质量。

6. 加强技术培训，提高相关人员的业务素质

设计人员、管理人员、施工人员和操作人员业务素质的高低直接影响水利工程建设的质量，加强相关人员的技术培训，提高技术人员的业务素质，能够大大地提高水利工程建设的质量。因此各个单位应重视员工的专业素质，定期进行相关的培训，提高员工的专业技能和业务素质，能够掌握并运用新技术、新材料和新工艺等，还应建立完善的考核机制。

综上所述，质量是企业的生存之本，因此只有高度重视工程质量，才能使企业更好更快地发展。

四、施工过程的质量控制

施工是形成工程项目实体的过程，也是决定最终产品质量的关键阶段，要提高工程项目的质量，就必须狠抓施工阶段的质量控制。水利水电工程项目施工涉及面广，是一个极其复杂的过程，影响质量的因素很多，使用材料的微小差异、操作的微小变化、环境的微小波动，机械设备的正常磨损，都会产生质量问题，造成质量事故。因此工程项目施工过程中的质量控制，是工程项目控制的重点，是工程的生命线。施工过程的质量控制，主要表现为现场的质量监控，牢牢掌握住 PDCA 循环中的每一个环节。

（一）加强工地试验对质量控制的力度

工地试验室在工程质量管理中是非常重要的一个环节，是企业自检的一个重要部门，应该予以高度的重视。试验人员的素质一定要高，要有强烈的工作责任心和实事求是的认真精神。必需实事求是。否则，既花了冤枉钱，也耽误了工期，更可能造成严重的后果。

试验室配备的仪器和使用的试验方法除满足技术条款和规范要求外，还要尽量做到先进。比如在测量工作中，尽量使用全站仪校验放样：①精度较高；②可以提高工作效率。

（二）加强现场质量管理和控制

要加强现场质量控制，就必须加强现场跟踪检查工作。工程质量的许多问题，都是通过现场跟踪检查而发现的。要做好现场检查，质量管理人员就一定要腿勤、眼勤、手勤。腿勤就是要勤跑工地，眼勤就是要勤观察，手勤就是要勤记录，要在施工现场发现问题、解决问题，让质量事故消灭在萌芽状态中，减少经济损失。质量管理人员要在施工现场督促施工人员按规范施工，并随时抽查一些项目，如混凝土的砂石料、水的称量是否准确，钢筋的焊接和绑扎长度是否达到规范要求，模板的搭设是否牢固紧密等。质量管理人员还应在现场给工人做正确操作的示范，遇到质量难题，质量管理人员要同施工人员一起研究解决，出现质量问题，不能把责任一齐推向施工人员。质量管理者只有做深入细致的调查研究工作，才能做到工程质量管理奖罚分明，措施得当。

目前工地上有一种现象值得重视，那就是好像拆掉多少块混凝土、砸掉多少个结构物、挡墙施工返工多少次，就证明质量工作抓得严，质量工作就做到家了，往往还在质量总结中屡屡提及，把它当作质量管理中的功劳。这种看法有它的片面性，是要不得的。应该看到问题的另一面，敲、砸和返工证明你质量管理没有做好。试问：为什么在事前不采取措施预防此类问题的发生？因此质量管理一定要把保证质量、提高质量、对质量精益求精作为施工的大提前，未雨绸缪，将质量隐患消除在萌芽状态。

另外，在现场质量管理上，有一个弊病，就是管理质量的人没有真正的否决权，技术和行政相对来讲还是分家的。现在的很多工地，特别是中小型工地，往往是行政一把手对质量管理工作说了算，搞技术的人在技术管理上也得听他的指挥，这样极大地挫伤技术人员的积极性，该管的地方不管，该说的问题不说，一切听领导是从。这样如何搞得好质量控制？建议给真正进行质量管理的技术人员一定的否决权。

在现场质量控制的过程中，还应该采取合理的手段和方法。比如在工程施工过程中，往往一些分项分部工程已完成，但其他一些工程尚在施工中；有些专业已施工结束，而有的专业尚在继续进行。在这种情况下，应该对已完成的部分采取有效措施，予以成品保护，防止已完成的工程或部位遭到破坏，避免成品因缺乏必要保护，而造成损坏和污染，影响整体工程质量。此时施工单位就应该自觉地加强成品保护的意识，舍得投入必要的财力人力，避免因小失大。科学合理地安排施工顺序，制订多工种交叉施工作业计划时，既要在时间上保证工程进度顺利进行，又要保证交叉施工不产生相互干扰；工序之间、工种之间交接时手续规范，责任明确；提倡文明施工，制订成品保护的具体措施和奖惩制度。

在工程施工过程中，运用全面质量管理的知识，可以采用因果分析图、鱼刺图等方法，对工程质量影响因素进行认真细致的分析，确定质量控制的措施和目标，使工程质量控制有的放矢，达到事前预防、事中严格控制，扭转事后检测不达标的被动局面，提高工程质量控制的水平和效率。

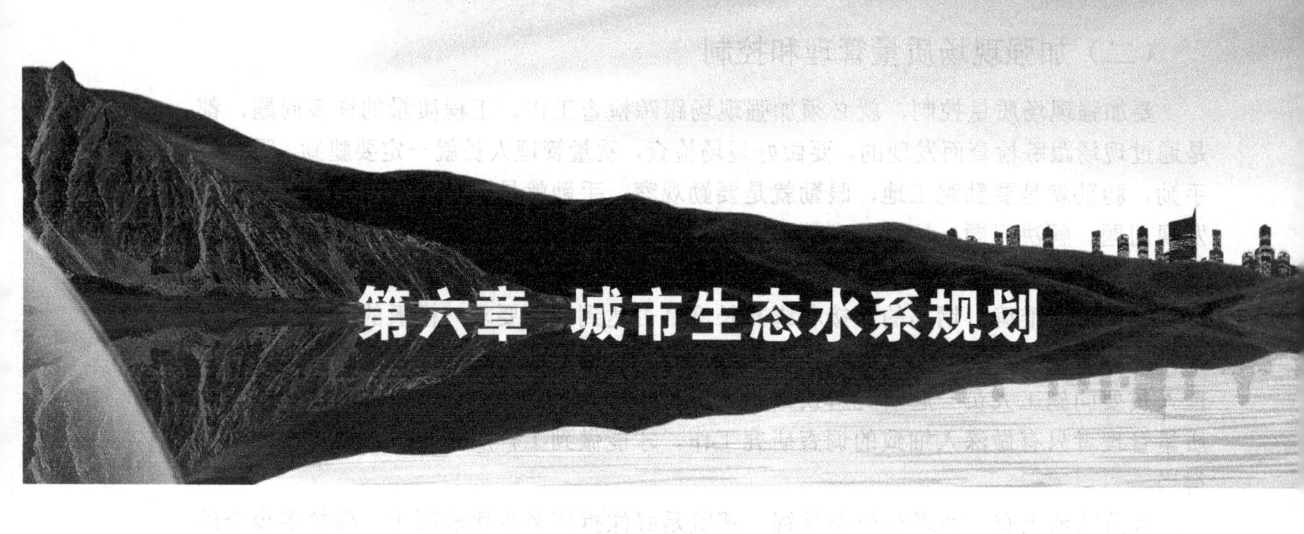

第六章 城市生态水系规划

第一节 城市生态水系规划的内容

水是生命之源，人类对水有与生俱来的亲近之感；水也是人类与自然的联系纽带。河流水系是城市存在和发展的基本条件，是城市形成和发展过程中最关键的资源与环境载体，水系关系到城市的生存，制约着城市的发展，是一个城市历史文化的载体，是影响城市风格和美化城市环境的重要因素。在过去，城市水系发挥着防洪排涝、防御、运输等作用；而在现代社会里，城市水系对城市更为重要，更多地承担着保持自然环境生态平衡、调节微气候、提供旅游休闲娱乐场所、展示弘扬独特的历史文化及城市名片等各项功能。

城市规划是确定城市性质、规模和发展方向，合理利用城市土地，协调城市空间布局以及建设和管理城市的基本依据。城市的建设和发展要在城市规划的框架与引导下进行，实现有序开发、合理建设，实现城市发展目标和可持续运行。同样，城市内水系建设，也应在城市水系规划的指导下，进行合理的布局和开发，实现城市整体的发展目标和水系自身的良性运行。同时城市水体及水系空间环境也是城市重要的空间资源，城市水系的总体布局甚至影响着城市的总体布局，因此城市水系规划也是城市规划的基础和重要的组成部分。

随着经济社会的快速发展和城市化进程的快速推进，一方面，城市对水安全、水资源及水环境的依赖性和要求越来越高；另一方面，城市的建设不断侵占着城市的水面、向城市水体排放污染物，导致城市水系的生态环境问题日益突出。因此，迫切需要编制城市水系规划，来完善城市水系布局，强化滨水区控制，充分地发挥水系功能，维持河湖健康生命，保障水资源的可持续利用和水环境承载能力。

那么，什么是城市水系和城市水系规划呢？城市水系是指城市规划区内河流、湖库、湿地及其他水体构成脉络相通的水域系统。这里的河流指的是江、河、沟、渠等，湿地主要指有明确区域命名的自然和人工湿地，城市其他水体主要指河流、湖库、湿地以外的城市洼陷地域，城市内大的水坑及与外部水系相通的居住小区和大型绿地中的人工水域。

城市水系规划是指以城市水系为规划对象，综合考虑城市人口密度、经济发展水平、下垫面条件、土地资源和水资源等因素，对水系空间布局、水面面积、功能定位、水安全保障、水质目标、水景观建设、水文化保护、水系与城市建设关系以及水系规划用地等进行协调和安排，提出城市水系保护和整理方案。城市水系规划对城市规划的影响以及城市规划对水系的要求是城市规划建设不可回避的问题。水系规划在满足水系功能要求的安全，即城市防洪排涝安全、生态用水安全、水环境质量安全等前提下，尽可能地整合、协调城市总体规划发展布局、目标及建设用地的要求，以期提出城市水系规划切实可行的方案。

一、城市水系规划的内容

城市水系规划的内容包括保护规划、利用规划和涉水工程协调规划，具体内容应包括：确定水系规划目标、明确城市适宜的水面面积和水面组合形式、构建合理的水系总体布局，确定水系内的河湖生态水量和控制保障措施、制定城市水质保护目标和水质改善措施，制订水系整治工程建设方案、水系景观建设方案，划定水系管理范围和管理措施，估算水系建设投资等。

（一）保护规划

建立城市水系保护的目标体系，提出水域、水质、水生生态和滨水景观保护的规划措施和要求，核心是建立水体环境质量保护和水系空间保护的综合体系，明确水面面积保护目标、水体水质保护目标，建立污染控制体系，划定水域控制线、滨水绿化带控制线和滨水区保护控制线（蓝线、绿线、灰线简称三线），提出了相应的控制管理规定。

（二）利用规划

完善城市水系布局，科学确定水体功能，合理分配水系岸线，提出滨水区规划布局要求，核心是要建立起完善的水系功能体系，通过科学安排水体功能、合理分配岸线和布局滨水功能区，形成与城市总体发展规划有机结合并且相辅相成的空间功能体系。

（三）涉水工程协调规划

协调各项涉水工程之间以及涉水工程与水系的关系，优化各类设施布局，核心是协调涉水工程设施与水系的关系、涉水工程设施之间的关系，各项工程设施的布局要充分考虑水系的平面与竖向关系，特别是竖向关系，避免相互之间的矛盾甚至规划无法落地的问题。

二、城市水系规划的原则

在城市水系规划阶段，要树立尊重自然、顺应自然和保护自然的生态文明理念，要从城市水系整体的角度将水系规划与用地规划结合起来进行考虑，综合考虑水安全、水生生态、水景观、水文化等不同的需求，避免各自为政，或者走“先破坏、后治理”的老路。在编制水系规划时，应坚持以下原则：

（一）安全性原则

河流对于人类而言，没有了安全，其他的一切都无从谈起。在水系规划中，安全性是规划应坚持的第一原则，要充分发挥水系在城市给水、排水和防洪排涝中的作用，确保城市饮用水安全和防洪排涝安全。安全性的原则主要强调水系在保障城市公共安全方面的作用。如城市河道的防洪排涝要满足一定的标准，滨水区设计要考虑亲水安全，水源地要充分考虑水质保护措施等。

（二）生态性原则

维护水系生态资源，保护生物多样性，改善生态环境。水系的生态性原则主要强调水系在改善城市生态环境方面的作用，要求在水系规划中考虑水系在城市生态系统中的重要作用，避免对水生生态系统的破坏，对已经破坏的，在水系改造中应采取生态措施加以修复，要尊重水系的自然属性，考虑其他物种的生存空间，按照水域的自然形态进行保护或整治，这一原则体现了人水和谐的水生生态文明理念。

（三）公共性原则

人水和谐是一种既强调保护和恢复河流生态系统，也承认了人类对水资源的适度开发利用的“友好共生”理念，那些认为“生态河流”就是要将河流恢复到一种不被人类活动干扰的原生态状态，反对河流的任何开发活动的观念已经被大家认识到是片面和不科学的。特别是城市水系，由于其位于城市这一人类聚集区的特性，更成为城市不可多得的宝贵的公共资源。城市水系规划应确保水系空间的公共属性，提高水系空间的可达性和共享性。公共性原则主要强调水系资源的公共属性，一方面体现在权属的公共性上，滨水区应成为每一个城市居民都有权享受的公共资源，为保证水系及滨水空间为广大市民所共享，不少国家的城市对此制定了严格的法规，在我国，三线的划定，特别是蓝线、绿线的控制，是水系保护的需要，也为水系的公共性提供了保证；公共性的另一方面表现在功能的公共性上，在滨水地区布局的公共设施有利于促进水系空间向公众开放，并有利于形成核心凝聚力来带动城市的发展。例如绍兴环城水系、济南护城河沿岸的景观河公共设施建设都带动了当地旅游业的发展，并已成为城市名片。

（四）系统性原则

城市水系规划系统性强调将水体、水体岸线、滨水区三个层次作为一个整体进行空间、功能的协调，合理布局各类工程设施，形成完善的水系空间系统。第一层次是水体，是水生生态保护和生态修复的重点。第二层次是水体岸线，是水陆的交界面，是体现水系资源特征的特殊载体，第三层次是滨临水体的陆域地区即滨水区，是进行城市各类功能布局、开发建设以及生态保护的重点地区。水系规划必须兼顾这三个层次的生态保护、功能布局和建设控制。水体岸线和滨水区的功能布局需形成良性互动的格局，避免相互矛盾，确保水系与城市空间结构关系的完整性。同时，系统性原则还体现在城市水系与流域、区域关系的协调，与城市总体规划发展目标、布局的协调，与城市防洪排涝、给水排水、水环境保护、航运、交通、旅游景观以及与其他专业规划的协调上。

水系规划是一项系统工程，正如钱学森院士所说，“无论哪一门学科，都离不开对系统的研究”。在传统的水系和河道建设中，各主管部门缺乏协调，单独行事，水利部门硬化河道、裁弯取直，考虑排洪通畅；市政部门利用河道作为排污渠道；园林部门在河道某一防洪高程以上进行绿化。人们的活动被局限在堤顶或河岸顶的笔直路上；一些政府看到了河道的商业价值，开始侵占河道造地，进行房地产开发。河流慢慢丧失了原有的自然景观，洪涝频发、水污染加剧、生物多样性丧失、河道景观“千河一面”。科学发展观强调经济建设必须保持环境的生态性和可持续发展。城市水系规划应从系统的角度综合考虑城市水安全、水生生态、水景观、水经济、水管理、水文化及水环境治理的多学科内容，在整合不同学科团队规划的建议和意见的基础上进行统一与整体的规划。

（五）特色化原则

城市水系规划应体现地方特色，强化水系在塑造城市景观、传承历史文化方面的作用，形成有地方特色的滨水空间景观，展现独特的城市魅力，避免生搬硬套、人云亦云。特色化原则强调的是因地制宜，可识别性。

第二节 水系保护规划

一、城市水面的功能和水面规划原则

城市水面规划应根据城市的自然环境、地理位置、水资源条件、社会经济发展水平、历史水面比例、城市等级、人们生活习惯和城市发展目标等方面的实际情况，并考虑国际先进经验和国内研究成果，确定符合城市现状发展水平和发展需求的适宜水面面积和水面组合形式，提出城市范围内河流、湖泊、水库、湿地及其他水面的保持、恢复、扩展或新建的要求。

（一）城市水面的功能

城市水面对社会经济及生态系统有着重要的作用，具体有以下功能：

1. 防洪排涝

在城市中，暴雨径流首先由地面向排水系统汇集，再排放到城市河湖中，如果城市水面面积较大，相应的调节能力就越大，可起到调蓄部分洪水的作用，并调节洪水流量过程，降低洪峰峰值流量，为洪水下泄提供一定的安全时间，缓解河道排洪压力。

2. 提高环境容量

水体具有一定的纳污能力和净污能力，在城市水生生态系统中，水域的大小决定水环境容量，水面面积越大，水体越多，水环境容量就越大，在同样排放污染物的条件下，水环境质量就越好，开阔的湖、塘可以沉淀水体中部分颗粒物质以及吸附于其上的难降解污染物质。

3. 健康保健

空气中的负离子可以促进人体合成和储存维生素，被誉为“空气维生素”。负离子还具有降尘、灭菌、防病、治病等功能，一般来说，空气中的负离子浓度在1000个 / m3 以上就有保健作用，在8000个 / m3 以上就可以治病。水的高速运动会产生负离子，城市水面中的喷泉、溪流、跌水等，提高空气中负离子的产生量，对促进市民健康起到了积极的作用。

4. 景观功能

水体变化的水面，多样的形态，水中、水边的动植物，随着时间而变换的景物，在喧嚣的城市里给人们提供了或清新、或灵秀、或广阔或者安静的愉悦感受，形成了有吸引力的景观。

5. 文化功能

在人类活动的作用下，城市水面不仅是单纯的物质景观，更是城市中的文化景观，人们除维持生命需水外，还有观水、近水、亲水、傍水而居的天性，对水的亲近与关注使水与社会文化结下了不解之缘。以水咏志的诗句更是赋予了水生命的特征，有关水与漂泊、水与归家、水与失意、水与心境的诗句则带给人们无穷的联想和启示，这使水获得一种文化属性。比如有些城市在历史中留下的护城河，人们只要看到它就会想起远古的战争、攻城与防守等，这些水面承载了特定的历史和文化。

6. 生态功能

水面是城市中最活跃、最有生命力的部分，它在水生生态系统和陆地生态系统的交界处，具有两栖性的特点，并受到两种生态系统的共同影响，呈现出生态的多样性。它不仅承载着水体循环、水土保持、蓄水调洪、水源涵养、维持大气成分稳定的功能，而且能调节湿度、温度，净化空气，改善小气候，有效地调节了城市生态环境，增加了自然环境容量，促进了城市健康发展。

7. 经济功能

在现代城市规划中，水面有着重要的作用，有时候甚至影响城市规划布局和社会经济发展的趋势。一个地区水面的建设或治理往往会带动周边的地产升值，促进片区的经济发展。城市水体的总量和水面的组合形式影响着城市的产业结构和布局，水与经济越来越密不可分。

（二）城市水面规划的原则

水面是城市重要的资源。适宜的水面面积有利于改善城市的生存环境，提高城市品位，创造良好的投资环境，加快城市的可持续发展。在城市水面规划时，应遵循以下原则：

（1）严格保护和适当恢复的原则。应严格保护规划区内现有的河湖水面，规划水面不得低于城市现状水面面积，禁止填河围湖工程侵占水面，对于历史上侵占的水面，在条件允许的情况下，可采取措施恢复原有状况。

（2）统筹考虑和合理布置的原则。应统筹考虑确定城市适宜的水面面积率和城市水面形式，根据城市自然特点和水系功能要求，合理布置河道、湖库、湿地、洼陷结构等。

（3）因地制宜和量力而行的原则。应根据城市地理位置、历史水面状况、水资源条件、城市发展水平等方面的因素，因地制宜，量力而行，不应生搬硬套、盲目扩建。

（4）与经济社会发展相协调的原则。

（5）有利于景观生态建设的原则。

二、水域保护规划

（一）蓝线保护

蓝线是水域的控制线，明确水域的控制范围，在水系规划中划定蓝线时，应符合以下规定：有堤防的水体，宜以堤顶临水一侧的边线为基准划定，无堤防的水体，宜按防洪排涝设计标准所对应的洪（高）水位划定，对水位变化较大，而形成较宽涨落带的水体，可按多年平均洪（高）水位划定，对规划新建水体，其水域控制线应按规划的水域范围线划定。

《城市蓝线管理办法》中明确规定：国务院建设主管部门负责全国城市蓝线管理工作。县级以上地方人民政府建设主管部门（城乡规划主管部门）负责本行政区域内的城市蓝线管理工作。编制各类城市规划，应当划定城市蓝线。城市蓝线由直辖市、市、县人民政府在组织编制各类城市规划时划定。城市蓝线应当与城市规划一并报批。划定城市蓝线，应当遵循以下原则：

（1）统筹考虑城市水系的整体性、协调性、安全性及功能性，改善城市生态和人居环境，保障城市水系安全；

（2）与同阶段城市规划的深度保持一致；

（3）控制范围界定清晰；

（4）符合法律、法规的规定和国家有关技术标准、规范的要求。

在城市蓝线内禁止进行下列活动：

（1）违反城市蓝线保护和控制要求的建设活动；

（2）擅自填埋、占用城市蓝线内水域；

（3）影响水系安全的爆破、采石及取土；

（4）擅自建设各类排污设施；

（5）其他对城市水系保护构成破坏的活动。

（二）水生生态保护

河流形态具有变动性，但又具有持续性和规则性，冲蚀的地方会产生洼地，淤积的地方会产生沙洲，物理性质的河流形态结合生物性质的生命，就是河流生态系统，也就是生物、水、土壤随时间与空间而变化的关系。水域的地理、气候、地质、地形、生物适应力因时因地而异，从而造就出丰富的水域生态特色。

水域生态单元由水力、地形、地质、河流形态、生物栖息地、河廊、生物所组成。健康的水生生态系统通过物理与生物之间，以及生物与生物之间的相互作用，具有自我组织和自净作用，并为水生生物、昆虫、两栖类提供生长、繁殖及栖息的健康环境。

水生生态保护规划应划定水生生态保护范围，提出维护水生生态系统稳定及生物多样性的措施。水生生态保护区域的设立主要是保护珍稀及濒危野生水生动植物和维护城市湿地系统生态平衡、保护湿地功能和湿地生物多样性，这些区域一部分已经被批准为自然保护区或已被规划为城市湿地公园，对那些尚未批准为相应的保护区但确有必要保护的水生生态系统，应该在规划中明确水生生态保护范围。

自然特征明显的水体涨落带是水生生态系统与城市生态系统的交错地带，对水生生态系统的稳定和降解城市污染物，以及促进水生生物多样性都具有重要的作用，但在城市建设过程中，为体现亲水性和便于确定水域范围，该区域自然特征又很容易被破坏，因此未列入水生生态保护范围的水体涨落带，宜保持其自然生态特征。

水生生态保护应维护水生生态保护区域的自然特征，不得在水生生态保护的核心范围内布置人工设施，不得在非核心范围内布置与水生生态保护和合理利用无关的设施。

（三）水质保护

水系功能的健康可持续运行，水量与水质是两个重要条件。由于水体污染、水质下降导致的水质性缺水越来越受到广泛关注，因此水系规划必须把水质保护作为一项重点内容。传统的污水治理规划更多的是对规划区域的污水的收集与集中处理，并未建立起针对不同水体功能、水质目标、水污染治理之间的关系，水系规划中的水质保护内容应根据水体功能，制定不同水体的水质保护目标及保护措施。

1. 水体功能区划分

《地表水环境质量标准》依据地表水水域环境功能和保护目标，按功能高低依次划分为五类：

Ⅰ类，主要适用于源头水、国家自然保护区；

Ⅱ类，主要适用于集中式生活饮用水地表水源地一级保护区、珍稀水生生物栖息地、鱼虾类产卵场、仔稚幼鱼的索饵场等；

Ⅲ类，主要适用于集中式生活饮用水地表水源地二级保护区、鱼虾类越冬场、洄游通道、水产养殖区等渔业水域及游泳区；

Ⅳ类，主要适用于一般工业用水区及人体非直接接触的娱乐用水区；

Ⅴ类，主要适用于农业用水区及一般景观要求水域。

对应地表水上述五类水域功能，将地表水环境质量标准基本项目标准值分为五类，不同功能类别分别执行相应类别的标准值。水域功能类别高的标准值严于水域功能类别低的标准值，同一水域兼有多类使用功能的，执行最高功能类别对应的标准值。

2. 水质目标

水质保护应明确城市水系水质保护目标，制定水质保护措施。水质保护目标应根据水体规划功能制定，满足对水质要求最高规划的功能需求，并不应低于水体的现状水质类别。指定的水质保护目标应符合水环境功能区划，与水环境功能区划确定的水体水质目标不一致的应进行专门说明。同一水体的不同水域，可以按照其功能需求确定不同的水质保护目标。

3. 水质保护措施

水质保护措施应包括城市污水的收集与处理、面源污染的控制和处理、内源污染的控制措施，必要时还应包括水生生态修复等内容。

（1）城市污水的收集与处理

水质保护首先应保证城市污水的收集与处理，要做到达标排放。目前，城市污水收集处理率已成为国家发展规划和城市发展规划的一项约束性目标，城市的污水收集与处理率必须满足目标要求。

污水处理厂的选址应优先选择在城镇河流水体的下游，必须选择在湖泊周边的，应位于湖泊出口区域。

污水处理等级不宜低于二级，以湖泊为尾水受纳水体的污水处理厂应按三级控制。

污水一级处理：又称污水物理处理，是指通过简单的沉淀、过滤或适当的曝气，去除污水中的悬浮物，调整pH及减轻污水的腐化程度的工艺过程。处理可由筛滤、重力沉淀和浮选等方法串联组成，除去污水中大部分粒径在100μm之上的颗粒物质。筛滤可除去较大物质；重力沉淀可除去无机颗粒和相对密度大于1的有凝聚性的有机颗粒；浮选可除去相对密度小于1的颗粒物（油类等），废水经过一级处理后一般仍达不到排放标准。

污水二级处理：是指污水经一级处理后，再经过具有活性污泥的曝气池及沉淀池的处理，使污水进一步净化的工艺过程。常用的有生物法和絮凝法。生物法是利用微生物处理污水，主要除去一级处理后污水中的有机物；絮凝法是通过加絮凝剂破坏胶体的稳定性，使胶体粒子发生凝絮，产生絮凝物而发生吸附作用，主要是去除一级处理后污水中无机的悬浮物和胶体颗粒物或低浓度的有机物。经过二级处理后的污水一般可以达到农灌水的要求和废水排放标准，但在一定条件下仍可能造成天然水体的污染。

污水三级处理：又称深度处理，是指污水经二级处理后，进一步去除污水中的其他污染成分（如氮、磷、微细悬浮物、微量有机物和无机盐等）的工艺过程。主要方法有生物脱氮法、凝集沉淀法、砂滤法、硅藻土过滤法、活性炭过滤法、蒸发法、冷冻法、反渗透法、离子交换法及电渗析法等。

（2）面源污染的控制和处理

近年来，随着点源污染逐步得到治理，面源污染对水环境的危害性受到人们的普遍关注，面源污染研究已成为国际上环境问题研究的活跃领域。

面源污染受降雨、土壤类型、土地利用类型和地形条件等的影响，具有间歇性、地域性和不确定性。农业的大面积、分散性、收集处理措施不够等特征，使农业成为面源污染的重要来源。农业面源污染问题研究成为环境科学、水文学、生态学、土壤学以及土地科学等学科的研究热点。

目前，国内外一些国家和地区已把农业面源污染防控作为水质管理的必要组成部分，并提出了各种行之有效的控制措施。综观已有研究成果，当前国内外面源污染控制总体思路比较一致，也就是仅靠单一的控制措施无法彻底防控农业面源污染，因此对农业面源污染防控措施的研究开始从单一措施演变到多方法、多角度、多层次的综合措施，即通过建立污染控制措施体系进行控制。通过利益相关者等控制主体，采用工程措施、技术措施、科学规划、政策法规、管理和监测等多种控制手段，从源头、过程和终端等不同环节来控制不同类型的农业面源污染。

城市河流的面源污染，主要是以降雨引起的雨水径流的形式产生的，径流中的污染物主要来自雨水对河流周边道路表面的沉积物、无植被覆盖裸露的地面、垃圾等的冲刷，污染物的含量取决于城市河流的地形、地貌、植被的覆盖程度和污染物的分布情况。因此就河流的水质保护来说，对面源污染的控制也可以理解为对该河流周边降雨径流污染的控制。

城市河流面源污染的突出特征是污染源时空分布的分散性和不均匀性、污染途径的随机性和多样性、污染成分的复杂性和多变性。面源污染控制按污染物所处位置的不同，分为源头的分散控制和末端的集中控制。

①源头的分散控制

污染物源头的分散控制，就是在各污染源发生地采取措施将污染物截留下来，避免污染物在降雨径流的输送过程中溶解和扩散，使污染物的活性得到激活。通过污染物源头的分散控制措施可降低水流的流动速度，延长水流时间。对降雨径流进行拦截、消纳、渗透，可减轻后续处理系统的污染处理负荷和负荷波动，对入河的面源污染负荷能起到一定的削减作用。

城市河流周边地区绿地、道路、岸坡等不同源头的降雨径流的控制技术措施主要包括下凹式绿地、透水铺装、缓冲带、生态护岸等，在选用技术措施时，可依据当地的实际情况，单独使用或几种技术配合使用。

下凹式绿地：对于河流周边入渗系数较低的绿地，为了更多地消纳地表径流，可采用下凹式绿地。现状绿地与周围地面的标高一般相同，甚至略高，通过改造，使绿地高程平均低于周围地面10cm左右，保证周围硬质地面的雨水径流能自流入绿地。绿地表面种植草皮和绿化树种，保证一定的景观效果；绿地下层的天然土壤改造成渗透系数大的透水材料，由表层到底层依次为表层土、砂层、碎石、可渗透的底土层，以增大土壤的储存空间。根据实际情况，在绿地中因地制宜地设置起伏地形，在竖向上营造低洼面。在绿地的低洼处适当建设渗透管沟、入渗槽、入渗井等入渗设施，以增加土壤入渗能力，消纳标准内降水。这种既能保持一定的绿化景观效果，又能净化降雨径流的控制措施，具有工艺简单、工程投资少及不额外占地等优点。

透水铺装：河流两侧人行步道和滨河路路面，可以采取在路基土上面铺设透水垫层、透水表层砖的方法进行渗透铺装，以减少径流量，对于局部不能采用透水铺装的地面，可按不小于0.5%的坡度坡向周围的绿地或透水路面。

缓冲带：水体周边缓冲带一般沿河道、湖泊水库周边设置，利用植物或植物与土木工程相结合，对河道坡面进行防护，为水体与陆地交错区域的生态系统形成一个过渡缓冲，强调对水质的保护功能，以控制水土流失，有效过滤、吸收泥沙及化学污染、降低水温、保证水生生物生存、稳定岸坡。合理的植被配置是实现缓冲带有效控制径流和控制污染的关键。根据所在地的实际情况，进行乔、灌、草的合理搭配，既要考虑灌、草植物的阻沙、滤污作用，又要安排根系发达的乔和灌木以有效保护岸坡稳定、滞水消能。选择植物时要重视本地品种的使用，兼顾经济品种，尽可能地照顾缓冲带经营者的利益。

生态护岸：通过构建不同类型的生态护岸，如植草护坡、三维植被网护岸、防护林护岸技术、生态混凝土护坡、自然石护坡、石笼护坡等生态护岸型式，固土护岸、增大土壤的渗透系数、重建和恢复水陆生态系统，尽可能地减少水土流失，提高岸坡抗冲刷、抗侵蚀能力，对降雨径流进行拦阻和消纳。

②末端的集中控制

少量经源头分散控制措施作用后仍存在的污染源会汇流成一股，集中进入水体，因此需要在汇流口面源污染的末端实施集中控制，进一步减少进入河流的污染物。

末端技术以人工湿地为主。在降雨径流的入河汇流口，多数以雨簸箕的形式出现，可以根据周边的环境，利用雨水入河口的小部分土地构建小型的人工湿地，在入河口底部通过堆积碎石、播种植物的方式拦截入河雨水中的污染物质，即在汇流口附近铺上碎石，使污水在流入河道前先经过碎石床，利用碎石上的生物膜对水体进行净化，对进入河中的径流作最后的过滤净化处理。湿地构建时考虑其景观美化功能，以各种观叶、观花的湿地植物为主，使得建造的小型人工湿地与周边的环境相协调。

（3）内源污染的控制措施

内源污染是指在底泥中污染物向水体释放造成的污染以及底泥污染导致的底栖生态系统破坏等。内源污染主要是由于外源性污染物持续输入或高浓度的污染物瞬间输入所造成的。在超出水体自净能力后，水体中污染物沉积到底泥中，并在沉积物表面发生物理吸附或与沉积物中的铁铝氧化物及氢氧化物、碳酸盐、硅酸盐等矿物表面发生化学吸附，成为水体污染物的储存场所。

内源污染的危害表现与底泥中的主要污染物种类有关。氮磷营养盐含量较高的底泥往往加重了水体富营养化程度和治理难度，对于重金属和有机物污染较为严重的底泥而言，除向水体释放的溶解性重金属和有机物污染物外，其危害的方式更加直接。由于风浪、水力学扰动、生物扰动等因素悬浮泛起的悬浮污染沉积物（RCS）成为产生危害的主要载体。而在实际水体环境中，也观测到RCS对生物体的危害。在底泥疏挖施工过程中成年鱼类的基因毒性生物标记物明显增加，其原因是成年鱼类从RCS中积累的有机污染物可能传递给了鱼卵，而不仅仅是由于底泥疏挖等工程引起的扰动。有研究表明即使在水力学条件较为稳定的情况下，污染严重的底泥也会向水体中释放大量污染物，并会产生严重的生态危害。

目前，内源污染治理技术主要有底泥疏挖、引水冲刷、原位控制技术等。

①底泥疏挖

底泥疏挖是治理内源污染的重要措施，其通过挖除表层污染底泥并对底泥进行合理处置来去除湖泊水体中污染物，控制底泥中污染物的释放以及营养物质的生物可利用性，增强底泥对水体的净化能力。底泥疏挖定义为：用人工或机械的方法把富含营养盐、有毒化学品及毒素细菌的表层沉积物进行适当去除，来减少底泥内源负荷和污染风险的技术方法。

河、湖底泥疏挖属于环保疏挖，其工程要求比一般的疏挖工程高，是在充分考虑环境效益的基础上进行的高精度疏挖。河、湖底泥疏挖具有疏挖量小、污染物含量高、疏挖深度和边界要求特殊、疏挖过程中产生了二次污染等特点。

如果在施工中采取的疏挖方案不当或技术措施不力，将会带来严重的后果。可能带来的问题主要如下：

第一，底泥间隙水中的营养盐再次释放重新进入水体，释放的污染物质可能在水流作用下扩散进入表层水体，破坏水体中氮、磷营养元素的平衡，导致湖泊富营养化程度进一步恶化。

第二，疏挖过程将会影响湖泊水环境原有的水生生态系统，破坏底栖生物的生存环境，影响湖泊水生生态系统的恢复。

第三，底泥疏挖后，若底泥没有得到妥善的处理，底泥中的营养物质、重金属、有毒有害物质有可能被雨水冲刷，随径流进入其他水体，对周边地表水体和地下水体造成二次污染。

②引水冲刷

引水冲刷是受污染水体修复的一种物理方法，稀释作用、冲刷作用和动水作用是引水工程净化湖泊水体的主要作用。其中稀释作用是引水工程改善水环境最主要的作用，引水工程通过引入污染物和营养盐浓度较低的清洁水来稀释水体，降低水体中污染物和营养盐的浓度，抑制藻类的生长，有效控制水体富营养化程度；冲刷作用能洗去水体中的藻类，降低藻类生物量，增加水体的透明度；动水作用增强了水体的动力，使水体由静变动，激活水体，增加了水体的复氧能力，从而加强水体的自净能力。

③原位控制技术

污染底泥原位控制技术主要是在水体内部利用物理、化学或者生物方法减少污染底泥的体积，减少污染物量或降低污染物的溶解度、毒性或迁移性，并抑制污染物释放的底泥污染控制技术，主要包括底泥覆盖、化学钝化、曝气复氧以及生物修复等技术。

底泥覆盖技术主要通过在污染底泥上放置一层或多层覆盖物，实现水体和污染底泥的隔离，阻止底泥污染物向水体释放。覆盖物主要选用未污染的底泥或砂砾、人造材料等。

化学钝化技术主要采用化学试剂将污染物固定在沉积物中，例如投放铝盐、铁盐、石灰石和飞灰等；在富营养化湖泊治理中，最常用的钝化剂主要有硫酸铝和偏硝酸钠，因为硝盐与磷发生络合反应生成的络合物十分稳定，但成本偏高。另外投加钝化剂的生态风险则一直饱受争议。

曝气复氧技术是通过人工曝气向处于缺氧／厌氧环境的水体进行复氧，通过增加水体溶解氧含量来提高有机物的好氧分解速率和硝化速率，并氧化底泥中的还原性耗氧物质、促进水生生物生长，从而降低底泥污染物含量，进而改善水质。

生物修复技术是利用微生物来降解沉积物中的污染物。这一技术主要有添加电子受体和投加工程菌两种手段。添加电子受体实际上是一种化学增氧技术，通过投加硝酸盐类等含氧量高的化合物，改变沉积环境的氧化还原电位，同时补充有机物分解所需氧量，抑制氨、硫化氢等厌氧代谢产物的生成。但添加化学药剂这一处理方式一直以来都难以被公众接受。投加工程菌即在沉积物表面投加具有高效降解作用的微生物和营养物，它以微生物的代谢活动为基础，通过对有毒有害物质进行降解和转化，修复受破坏的生态平衡，以达到治理环境的目的。微生物修复的关键是能针对处理体系中的污染物找到相应的高效降解菌株。有报道显示黏细菌、中性柠檬酸菌、硝化细菌和玉垒菌组合等能通过释放毒藻素或激发食藻生物的繁殖，达到一定的杀藻或抑藻效果。但也有观点认为，投加外来菌种进行修复时，水体中土著微生物与外来菌种进行生存竞争，导致外来菌种的生物量和生物活性下降，水体净化效果下降。因此，目前越来越多的研究者采用无毒且不含菌的生物制剂对景观水体进行修复，生物制剂可以激活原本已经存在于水体中的微生物，使它们大量繁殖进而治理水体富营养化。

4. 水生生态修复措施

水生生态系统以水生植物为坚实基础构成相互依存的有机整体，包括水体中的微生物、水生植物、水生动物及其赖以生存的水环境。水生植物包括沉水植物、浮叶植物、漂浮植物、挺水植物、湿地植物等，能吸收水体或底泥中的氮、磷等营养物质，吸附、截留（藻类等）悬浮物，同时植物的茎秆、根系附着种类、数量繁多的微生物，具有活性生物膜功能和很强的净化水质能力。另外，沉水植物是整个水体主要的氧气来源，给其他生物提供了生存所需的氧气。水生动物包括鱼、虾、蚌、螺蛳等，它们直接或间接地以水生植物为食，或以水生微生物为食，延长了生物链，增强了生态系统的稳定性。水生微生物包括细菌、真菌和微型动物，它们摄食动、植物的尸体及动物的排泄物，将有机物分解为植物能吸收的无机物，提供植物生长的养料，净化水质。在整个水生生态系统中，水生植物为不同层次的生物提供了生活的空间，也为不同生物直接或间接地提供了食物，离开了它们，生物链就会变得相当脆弱。稳定的水生生态系统能对水中污染物进行转移、转化及降解，使地表水体具有一定的生物自净能力。

水生生态修复是指通过一系列保护措施，最大限度地减缓水生生态系统的退化，将已经退化的水生生态系统恢复或修复到可以接受的、能长期自我维持的、稳定的状态水平。随着水生生态修复理论的不断完善和深入，水生生态修复技术发展较快且不断成熟。为了加速已被破坏的水生生态系统的修复，除依靠水生生态系统本身的自适应、自组织、自调节能力来修复水生生态系统外，还能通过一些辅助人工措施为水生生态系统的健康运转服务。辅助人工措施通常包括重建干扰前的物理环境条件、调节水和土壤环境的化学条件、减轻生态系统的环境压力、原位处理采取生物修复或生物调控的措施、尽可能保护水生生态系统中尚未退化的组成部分等过程。其中生物生态修复是关键的一环。

水体的生物生态修复技术，是利用培养、接种微生物或培育水生植物和水生动物，对水中污染物进行吸收、降解、转化及转移，从而使水体得到净化的技术。该技术是对自然界自我恢复能力、自净能力的一种强化，具有以下优点：

（1）处理范围广、污染物去除率高、时间短、效果好；

（2）生物生态水体修复的工程造价相对较低，不需耗能或低耗能，运行成本低廉；

（3）属原位修复，可使污染物在原地被清除，操作简便；

（4）不产生二次污染，对周围的环境影响小。

生物生态修复技术分为微生物净化、植物净化、动物净化、生物净化等，就治理水体污染技术发展趋势而言，趋向于多种技术集成。而具体由哪几种技术集成，则要根据治理水域的污染性质、程度、气候、生态环境条件和阶段性或最终的目标而定。在生物生态修复技术中，水生植物的修复尤为重要。

生物生态修复必须和污染源控制相结合，采取的技术线路可归纳为“高强度治污，自然生态恢复”。就是先投入大量的物力、财力、人力对河湖流域的污水进行截留并统一进行处理，达标后排放，再利用河湖水体的自我调节机能进行生态修复。在黑臭水体中，除厌氧菌外，其他微生物无法生存。水体生态功能丧失殆尽的河道，则必须先采取生态调水、底泥生态疏浚、人工增氧、生物酶制剂和外源微生物投放等工程措施，改善水体质量，为后续生物生态净水技术的介入创造条件。

三、滨水空间控制

滨水空间是水系空间向城市建设陆地空间过渡的区域，其主要作用表现在：一是作为开展滨水公众活动的场所来体现其公共性和共享性，二是作为城市面源污染拦截场所和滨水生物通道来体现其生态性，三是通过绿化景观、建筑景观与水景观的交相辉映来展现和提升城市水环境景观质量。因此完整的城市滨水空间既包括滨水绿化区，也包括必要的滨水建筑区，为有利于明确这两个范围，分别用滨水绿化控制线及滨水建筑控制线进行界定，也就是我们常说的绿线和灰线。

（一）滨水绿化区

对滨水绿化区的宽度进行明确规定比较困难，需要结合具体的地形地势条件、水体及滨水区功能、现状用地条件等多个因素综合确定。具体划定时，可以参照以下的一些研究成果和有关规定。

参照《公园设计规范》关于容量计算的有关规定，人均公园占有面积建议不少于30～60m2，人均陆域占有面积不宜少于30m2，并不得少于15m2。因此，当陆域和水域面积之比为1：2时，水域能够被最多的游人合理利用，该规范还要求作为带状公园的宽度不应小于8m。

沟渠两侧绿化带控制宽度应满足沟渠日常维护管理和人员安全通行的要求，单边宽度不宜小于4m。

实际中，确定一个河流廊道宽度应遵循以下3个步骤：

（1）弄清所研究河流廊道的关键生态过程及功能；

（2）基于廊道的空间结构，将河流从源头到出口划分为不同的类型；

（3）将最敏感的生态过程与空间结构相联系，确定每种河流类型所需的廊道宽度。

（二）灰线控制

在绿线以外的城市建设区控制一定范围的区域，对该区域的建设提出规划建设控制条件，以符合滨水城市的景观特色要求；该区域的外围控制线即为灰线。灰线的制定主要是从滨水区开发利用的角度来对城市建设进行控制和指导，通过灰线区域的土地利用规划和城市设计，塑造独具特色的滨水城市景观。

灰线一般不宜突破城市主干道；滨河滨湖道路作为城市主干道的，其灰线范围为该主干道离河一侧一个街区；灰线距滨水绿线的距离不小于一个街区，但不应该超过500m。港渠两侧是否控制灰线可根据实际需要确定，滨渠绿线之间的距离小于50m的可不控制灰线。

第三节 河流形态及生境规划

一、河流形态规划

城市生态河流规划设计中，可根据天然河流的空间形态分类，综合考虑当地自然环境条件与城市总体规划目标的平衡契合，寻求最优设计。天然的河流有凹岸、凸岸，有浅滩和沙洲，它们既为各种生物创造了适宜的生境，又能够降低河水流速、蓄滞洪水，削弱洪水的破坏力。

河流平面形态设计要满足城市防洪的基本要求，体现河流的自然形态、保护河流的自然要素。设计中，尊重天然河道的形态，师法自然，可根据区域地形特点设计为自然型蜿蜒曲折的形态，创造多样化水流环境，营造城市中的绿色生态环境。多样化的水深条件有利于形成多样化的水流条件，是维持河流生物群落多样性的基础，蜿蜒曲折的河道形式可加强岸边土壤、植被及水的密切接触，保证其中物质和能量的循环及转化。

河流横断面设计以自然型河道断面为主，以过洪基本断面为基础，改造为自然断面形态，避免生硬的梯形、矩形断面。河岸两侧布置人行步道和种植带。河边可种植树木，为水面提供树荫，重建常水位生态环境。在合适位置交替布置深潭、浅滩，既可满足过洪要求，又可满足景观效果。

河流纵向上有陡有缓，尽量少设高大的拦河建筑，必须设置时，要考虑为鱼类洄游设置通道，在跌水的地方尽量改造为陡坡。河道纵向断面塑造有陡有缓的河流底坡，尽量放缓边坡，为两栖类生物上岸创造条件。采用生态护岸，为生物创造生长、繁殖空间。河岸上尽量保持 20m 以上的绿化廊道，为生物迁徙提供了走廊。

二、生境规划

生境是指生物生存的空间和其中全部生态因子的总和，河流生境又被称为河流栖息地，广义上包含河流生物所必需的多种尺度下的物理、化学和生物特征的总和，狭义上包括河床、河岸、滨水带在内的河流的物理结构，包括的基本物质有阳光、空气、水体、土壤、动物、植物、微生物等。

城市河流是城市生态环境的重要组成部分，有水才有生命，有水才有生机。传统水利上讲，河流的主要功能是防洪排涝，随着经济的发展和生活水平的提高，人们意识到河流还有其生态、景观、文化和经济价值，河道的功能是多样化的。健康的河流应该有多种水生生物和动植物，能承载一定的环境容量，有自净功能，其形态上蜿蜒曲折，水面有宽有窄，水流有急有缓，而且保持流动。河流良好的水体环境还需要依靠优良的水质作为保障。

传统水利上，多偏重防洪功能，将河流与周边环境割裂开来，为减小糙率，衬砌了河道。生态水利设计则重新沟通河流、植物、微生物与土壤的关联，河坡上种植树木和植物可以充分地涵养水分，它也增强了河流的自净功能。河坡的生态化改造，对水土保持和洪涝灾害的预防有利。一旦有洪水发生，河坡上的植物和土壤能够最大量地蓄积洪水，避免水资源的流失，同时也减少了下游洪水的威胁。生态河坡的改造，沟通了水、陆，为动植物的生存和繁衍提供了更恰当的栖息地，并为野生动物穿越城市提供了生物走廊。在不影响防洪的前提下，在河边建一些微地形，可改变河水的流态，使得水流有急有缓，更加接近天然河流的特性；也为水生生物提供了庇护场所，是鱼儿产卵的绝佳之地。这些微地形对于增加水中日溶解氧的含量很有帮助，溶解氧的增加对避免水体富营养化有着极大贡献。

设计中可采用的多样化生境要素如下：

蜿蜒的岸线——蜿蜒的河岸形成急、缓不同流速区。缓流区适合贝、螺类的生长，急流区为某些鱼类提供上溯条件。

浅滩、深潭——浅滩和深潭是构成河流的基本要素。在浅滩和深潭中，分别生活着不同的水生生物，所以浅滩和深潭是形成多样水域环境不可缺少的重要条件。浅滩中由于水流湍急，河床中的细沙被水流冲走，砾石间空隙很大，成为水生昆虫及附着藻类等多种生物的栖息地，而这又吸引了以此为食物的鱼类。同时，浅滩还是一些虾、鱼的产卵地。深潭水流缓慢，泥沙容易淤积，不利藻类生长，是鱼类休息、幼鱼成长及隐匿的避难所。在冬季，深潭还是最好的越冬地点。大量研究表明，河流浅滩和深潭的位置是相对的，随河流主河槽的摆动而发生相应的变化。

瀑布、跌水——为水体中补充氧气，并可提高河流局部区域空气湿度。但是高差较大的跌水会阻断鱼类泗游的路径，需要考虑为其提供洄游设施，布置鱼道等。

河心洲——自然的河流在激流的出口处会由于泥沙淤积，形成河心洲。河心洲是多种生物栖息生存的安全场所（人类不易到达）。

汇水区、洼地——涸水区和洼地处泥沙淤积、植物繁茂，同样形成与干流不同的水环境，成为喜欢静水和缓慢水流生物的栖息地。

丁坝、巨石——丁坝和巨石改变水流的方向，引导落淤，可以形成河滩洼地和静水区等多样的河道环境。

滩地——滩地是水、岸的过渡带，具备水、土、空气三大要素，是多种生物栖息的场所，更是两栖类动物的通道。

河畔林—河畔林在水面上形成树荫，使河水温度发生微妙的变化，为鱼类等水生生物提供重要的栖息场所。同时，河畔林树叶上还生活着各种昆虫，昆虫偶尔落入水中，是鱼类的重要食物。秋天，枯叶飘落河上，沉积在河底，又成为水生昆虫的筑巢材料和食粮，伸展在水面上的树枝还是食鱼鸟类的落脚点。

水生植物——水生植物为多种动物提供栖息场地和食物，有些还可起到净化水质的作用。常见的净水植物种类有芦苇、香蒲、水葱、灯芯草、菖蒲、莎草及荆三棱等。

生态堤防护岸——萤火虫通常栖息在植被繁茂、水流清澈的小溪浅滩中，如果河水被污染或者河岸被混凝土固定，萤火虫就无法生存。当然萤火虫生息的地方，也适合青蛙、蜻蜓等小动物的生息。生态堤防护岸有足够的缝隙空间，覆土之后可以生长茂密的植被，萤火虫、鱼类会把卵产在这里。

河流生态治理在形态上的设计应本着实事求是、切实可行的原则。在城市周边河流未治理河段，尽量塑造自然型河流，保证形态和生境的多样性。城市内部往往受到区域限制，河流形态布置受限，尽量以生态修复为主。

第四节　水系利用规划

城市水系利用规划应体现保护和利用协调统一的思想，统筹水体、岸线和滨水区之间的功能，并通过对城市水系的优化，促进城市水系在功能上的复合利用，城市水系利用规划应贯彻在保护的前提下有限利用的原则，满足水资源承载能力及水环境容量的限制要求，并能维持水生生态系统的完整性和多样性。

一、水体利用

城市水体对城市运行所提供的功能是多重的，城市水源、航运、滨水生产、排水调蓄、水生生物栖息、生态调节和保育、行洪蓄洪、景观游憩等都是水系可以承担的功能。这些功能应在水系规划中得到妥当的安排和布局，不可偏重某一方面，而疏漏了另一方面的发展和布局。应结合水资源条件和城市总体规划布局，按照可持续发展的要求，在分析各种功能需求基础上，合理确定水体利用功能。

（一）确定水体功能的原则

在水体的诸多功能当中，首先应确定的是城市水源地和行洪通道，城市水源地和行洪通道是保证城市安全的基本前提，对城市水源水体，应当尽量减少其他水体功能的布局，避免对水源水质造成不必要的干扰。

水生生态保护区，尤其是有珍稀水生生物栖息的水域，是整个城市生态环境中最敏感和最脆弱的部分，其原生态环境应受到严格的保护，应严格控制该部分水体承担其他功能，确需安排游憩等其他功能的，应做专门的环境影响评价，确保这类水的生态环境不被破坏。

位于城市中心区范围的水体往往是城市中难得的开敞空间，具有较高景观价值，赋予其景观功能和游憩功能有利于形成丰富的城市景观。

确定水体的利用功能应符合下列原则：

（1）符合水功能区划要求；

（2）兼有多种利用功能的水体应确定其主要功能，其他功能的确定应满足主要功能的需求；

（3）应具有延续性，改变或取消水体的现状功能应经过充分的论证；

（4）水体利用必须优先保证城市生活饮用水水源的需要，并不影响城市防洪安全；

（5）水生生态保护范围内的水体，不得对其安排对水生生态保护有不利影响的其他功能；

（6）位于城市中心区范围内的水体，应该保证其必要的景观功能，并尽可能安排游憩功能。

同一水体可能需要安排多种功能，当这些功能之间发生冲突时，需要对这些功能进行调整或取舍，应通过技术、经济和环境的综合分析进行协调，一般情况下可以先进行分区协调，尽量满足各种功能布局需要；当分区协调不能实现时，需要对各种功能需求进行进一步分析，按照水质、水深到水量的判别顺序逐步进行筛选，并符合下列规定：

（1）可以划分不同功能水域的水体，应通过划分不同功能水域实现多种功能需求；

（2）可通过其他途径提供需求的功能应退让无其他途径提供需求的功能；

（3）水质要求低的功能应退让水质要求高的功能；

（4）水深要求低的功能应退让水深要求高的功能。

（二）水体水位控制

一般情况下水位处于不断的变化之中，水位涨落对城市周边的建设，特别是对周边城市建设用地基本标高的确定有重要的影响，因此水位的控制是有效和合理利用水体的重要环节。江、河等流域性水体，以及连江湖泊、海湾，应将水文站常年监测的水位变化情况，统计的水体历史最高水位、历史最低水位和多年平均水位，以及防洪排涝规划要求的警戒水位、保证水位或其他控制水位，作为编制水系规划和确定周边建设用地高程的重要依据。同时应符合下列规定：

（1）已编制防洪、排水、航运等工程规划的城市，应按照工程规划的成果明确相应水体控制水位。

（2）工程规划尚未明确控制水位的水体或规划功能需要调整的水体，应根据其规划功能的需要确定控制水位。必要时，可通过技术经济比较对不同功能的水位和水深需求进行协调。

常水位控制：有些城市水系规划喜欢把常水位确定得比较高，以减小水面和堤顶或地面的高差，以利于亲水或呈现更好的景观效果。水系规划中确定常水位时需要注意，常水位并非越高越好，需要结合现状地形条件、周边规划高程、防洪要求等综合确定，特别是需要修建堤防的河流，常水位一般不宜高于洪水位，以免人为造成安全隐患；一般水系规划中应要求雨污分流，但对于一些老城区，无法实现雨污分流，对某些水体有纳污要求时，常水位的确定还要考虑污水排放的要求。为保证常水位的稳定，一般需要规划壅水建筑物，建筑物的形式一般以溢流式为主，在有防洪要求的河道，应选择启闭快速、灵活的闸门形式，来保证防洪安全。

调蓄水位：在水位确定中，当水体有调蓄要求时，调蓄水体的水位控制至关重要，通常应在其常水位的基础上进行合理确定，但也必须同时充分考虑周边已建设用地的基本标高情况。一般情况下，调蓄水体与城市排水管网相通，如要起到调蓄的作用，必须使城市雨水和污水能够顺利排入水体，由于城市的排水管网覆土一般不小于1～1.5mm，因此调蓄水体的最高水位应低于城市建设标高1.5m以上，才可以满足一般的调蓄需要。

行洪（排涝）水位：当城市河道有防洪排涝要求时，河道满足某一规划标准的防洪排涝水位应尽可能满足其承担防洪排涝片区的雨水汇入。当个别雨水管网不能汇入，可能形成局部倒灌时，应与雨水规划协调设置强排措施。

江、河等流动性较强的水体，以及规模较大的湖泊、水库等水体，其水位就比较难以控制。对于这种水体，根据水文站常年监测的水位变化情况，明确水体的历史最高水位、历史最低水位和多年平均水位三种水位情况，来利于周边建设用地的建设标高等指标的确定。

（三）城市水功能区划和水质管理标准

1. 水功能区划

水功能区是指为满足水资源合理开发、利用、节约和保护的需要，根据水资源的自然条件和开发利用现状，按照流域综合规划、水资源保护和社会发展要求，依其主导功能划定范围并执行相应的水环境质量标准的水域。

我国水功能区划分为两级，一级水功能区包括保护区、保留区、开发利用区、缓冲区。二级水功能区是对一级水功能区中的开发利用区进一步划分，划分为饮用水水源区、工业用水区、农业用水区、渔业用水区、景观娱乐用水区、过渡区和排污控制区。

2. 各级水功能划区条件及应执行的水质标准

（1）一级水功能区

保护区的划区应具备以下条件：

①国家级和省级自然保护区范围内的水域或具有典型生态保护意义的自然环境内的水域；

②已建和拟建（规划水平年内建设）跨流域、跨区域调水工程的水源（包括线路）和国家重要水源地的水域；

③重要河流的源头河段应划定一定范围水域以涵养和保护水源。保护区水质标准应符合现行国家标准《地表水环境质量标准》GB 3838中的Ⅰ类或Ⅱ类水质标准，当由于自然、地质原因不满足Ⅰ类或Ⅱ类水质标准时，应维持现状水质。

保留区的划区应具备以下条件：

①受人类活动影响较少，水资源开发利用程度较低的水域；

②目前不具备开发条件水域；

③考虑可持续发展需要，为今后的发展保留的水域。保留区水质标准应符合现行国家标准《地表水环境质量标准》GB 3838中的Ⅲ类水质标准或应按现状水质类别控制。

开发利用区的划区条件应为取水口集中、取水量达到区划指标值的水域，由二级水功能区划相应类别的水质标准确定。

缓冲区的划区应具备以下条件：

①跨省（自治区、直辖市）行政区域边界的水域；

②用水矛盾突出的地区之间的水域。

缓冲区水质标准应根据实际需要执行相关水质标准或按现状水质控制。

（2）二级水功能区

饮用水水源区的划区应具备以下条件：

①现有城镇综合生活用水取水口分布较集中的水域，或在规划水平年内为城镇发展设置的综合生活供水水域。

②每个用户取水量不小于取水许可管理规定的取水限额。饮用水水源区的一级保护范围按Ⅱ类水质标准，二级保护范围按Ⅲ类水质标准进行管理。Ⅱ类水质标准的功能区应设置在已有和规划的生活饮用水一级保护区内，这区范围为：集中取水口的第一个取水口上游1000m至最末取水口的下游100m；潮汐水域上、下游均为1000m；湖泊、水库的范围为取水口周围1000m范围以内。HI类水质标准的功能区应设置在现有和规划生活饮用水二级保护区范围内，生活饮用水二级保护区的下游功能区界应设置在生活饮用水一级保护区、珍贵鱼类保护区、鱼虾产卵场水域下游功能区界上，其功能区范围为根据水域下游功能区界处的水质标准，采用水质模型反推至上游水质达到Ⅲ

类功能区水质标准中Ⅲ类标准最高浓度限值时的范围。也可根据水质常年监测资料，综合分析评价后确定Ⅲ类水质标准的功能区范围。湖泊和水库的饮用水二级保护区设置在一级保护区外1000m范围。

工业用水区的划区应具备以下条件：

①现有工业用水取水口分布较集中的水域，或者在规划水平年内需设置的工业用水供水水域。

②每个用户取水量不小于取水许可管理规定的取水限额。

工业用水区按Ⅳ类水质标准进行管理，Ⅳ类水质标准的功能区应设置在工业用水区已有或规划的工业取水口上游，以保证取水口水质能达到Ⅳ类水质标准。

农业用水区的划区应具备以下条件：

①现有农业灌溉用水取水口分布较集中的水域，或在规划水平年内需设置的农业灌溉用水供水水域。

②每个用水户取水量不小于取水许可实施细则规定的取水限额。

农业用水区水质标准应符合现行国家标准《农业灌溉水质标准》GB 5084的规定，也可按现行国家标准《地表水环境质量标准》GB 3838中的Ⅴ类水质标准确定。Ⅴ类水质标准的功能区设置在已经有的农业用水区，其范围为农业用水第一个取水口上游500m至最末一个取水口下游100m处。

二、岸线利用

岸线是指水体与陆地交接地带的总称。有季节性涨落变化或者潮汐现象的水体，其岸线一般指最高水位线与常水位线之间的范围，水系岸线按功能可分为生态性岸线、生产性岸线和生活性岸线。生态性岸线是指为保护城市生态环境而保留的自然岸线，生产性岸线是指工程设施和工业生产使用的岸线，生活性岸线指提供城市游憩、居住、商业、文化等日常活动的岸线。

岸线利用应确保城市取水工程需要。取水工程是城市基础设施和生命线工程的重要组成部分，对取水工程不应只包括近期需求，还应结合远期需要和备用水源一同划定，及早预留并满足远期取水工程对岸线的需求。

生态性岸线往往支撑着大量原生水生生物甚至是稀有物种的生存，维系着水生生态系统的稳定，对以生态功能为主的水域尤为重要，因此在确定岸线使用性质时，应体现“优先保护，能保尽保”的原则，对具有原生态特征和功能的水域随对应的岸线优先划定为生态性岸线，其他的水体岸线在满足城市合理的生产生活需要的前提下，尽可能划定为生态性岸线。

生态性岸线本身和其维护的水生生态区域容易受各种干扰而出现退化，除需要有一定的规模以维护自身动态平衡外，还需要尽可能避免被城市建设干扰，这就需要控制一个相对独立的区域，限制或禁止在这个区域内进行城市建设活动。划定为生态性岸线的区域应符合《城市水系规划规范》的强制性条文规定，即划定为生态性岸线的区域必须有相应的保护措施，除保障安全或取水需要的设施外，严禁在生态性岸线区域设置与水体保护无关的建设项目。

生产性岸线易对生态环境产生不良的影响，因此在生产性岸线布局时，应尽可能提高使用效率，缩减所占用的岸线长度，并且在满足生产需要的前提下尽量美化、绿化，形成适宜人观赏尺度的景观形象。生产性岸线的划定，应坚持“深水深用，浅水浅用”的原则，确保深水岸线资源得到有效利用，生产性岸线应提高使用效率，缩短长度，在满足生产需要的前提下，充分考虑相关工程设施的生态性和观赏性。

生活性岸线多布置在城市中心区内，为城市居民生活最为接近的岸线，因此生活性岸线应充分体现服务市民生活的特点，确保市民尽可能亲近水体，共同享受滨水空间的良好环境。生活性岸线的布局，应注重市民可以达到和接近水体的便利程度，一般平行岸线的滨水道路是人群接近水体最便利的途径，人们可以沿路展开亲水、休憩、观水等多项活动，水系规划应尽量创造滨水道路空间。生活性岸线的划定，应结合城市规划、用地布局，与城市居住和公共设施等用地相结合。水体水位变化较大的生活性岸线，宜进行岸线的竖向设计，在充分研究水文地质资料的基础上，结合防洪排涝工程要求，确定沿岸的阶地控制标高，满足亲水活动需要，并且有利于突出滨水空间特色和塑造城市形象。

三、水系改造

水是城市活的灵魂，进行合理的城市水系改造，能使城市特色更加鲜明、功能更加健全，有利于实现城市可持续发展目标。错误的城市水系改造是城市特色、功能退化的主因之一，城市水系改造要走科学之路。城市水系是社会—经济—自然复合的生态系统，对一个城市的水系的设计要上溯及历史文化和经济社会的渊源，下放眼未来，来构建城市的独特性和可持续发展能力，水系改造应遵循一些基本原则，避免盲目的改造。

《城市水系规划规范》中提出了水系改造应遵循的原则：

（1）水系改造应尊重自然、尊重历史、保住现有水系结构的完整性，水系改造不得减少现状水域面积总量。

（2）水系改造应有利于提高城市水系的综合利用价值，符合区域水系各水体之间的联系，不宜减小水体涨落带的宽度。

（3）水系改造应有利于提高城市防洪排涝能力，江河、沟渠的断面和湖泊的形态应保证过水流量和调蓄库容的需要。

（4）水系改造应有利于形成连续的滨水公共活动空间。

（5）规划建设新的水体或扩大现有水体的水域面积，应该与城市的水资源条件和排涝需求相协调，增加的水域宜优先用于调蓄雨水径流。

一些城市的水系改造中增加了水系的连通，以促进水体循环和水资源利用，取得了较好的效果。但是也存在一些盲目的连通，特别是在行洪河道中增加的十字交叉的四通型连通，给水流的控制和河道管理带来了不便，应尽量避免。

四、滨水区利用规划

城市滨水区有赖于其便捷的交通条件和资源优势，易于人口和产业集聚，因此历来都是城市发展的起源地。滨水区作为城市中一个特定的空间地段，其发展状况往往与城市所处区位、城市化阶段以及当地城市发展战略紧密相关。水的功能从起初仅满足人类的农业生产、生活需要，到工业化时代依托水岸线进行工业布局，再到后工业化时代承载城市景观、生态系统服务、水文化、游憩功能等，体现滨水区功能的多样化。

20 世纪 70 ～ 80 年代，世界许多城市在建设潮流中，滨水区的建设与城市地位、竞争力和形象联系在一起，滨水地区受到前所未有的重视。北美率先有了城市滨水区的更新，随后这一潮流蔓延至全球各地。现代的滨水城市在世界城市滨水区更新的大潮下，需要对滨水区域传统的发展模式进行反思，立足于给这些区域带来新的活力的基点上，对滨水区进行更新。

在国内，近代以来，工业生产一直在国内的城市中成长壮大。尤其是新中国成立后的几十年间，工业的进程大大加快，许多城市的滨水区域成为传统工业的聚集地。改革开放后，中国的城市发展方式也开始向西方的现代城市转型，滨水区开发建设成为各级中心城市挖掘潜在价值、建立形象和提高竞争力的共同手段。

在滨水区开发中，最尖锐的一对矛盾就是开发与保护的矛盾，这一矛盾以环境保护和开发效益表现最为激烈。同时又贯穿着人与自然、政府和市场的相互作用，总体上把这一各方关注的焦点变为各方利益旋涡的中心。

我国的滨水区建设在实践中既取得了很好的效果，也存在着许多问题，甚至失误。主要有以下几个方面：

（1）近年来，随着城市建设和房地产的升温，滨水区以其优越的地理环境和潜在的升值空间，成为众多开发商争夺的热门地块，掠夺性的瓜分使滨水区的土地资源十分紧张，可以留给城市公共空间的土地日渐稀少，用地的稀缺又带来开发强度过高的后果，高楼大厦造成视线不通畅、空间轮廓线平淡，抢景败景现象严重。

（2）许多城市滨水区规划滞后，不能发挥规划的引导作用，各地块独立开发，缺乏有机联系，配套设施自成一套，且多处于低水平状态。这种状况降低了滨水区的整体价值，并且改造成本过高。尤其体现在外部交通联系不便以及内部缺乏整体性设计方面。

（3）大部分的滨水区驳岸注重防洪安全而缺乏生态保护。很多城市河道采用了混凝土、砌石等硬质驳岸，对防洪安全起到重要作用，却缺乏生态保护。硬质的驳岸阻断了河流与两岸的水、气的循环和沟通，使植被和水生生物丧失了生长、栖息和繁殖的环境，造成了驳岸生物资源的丧失和生态失衡。

（4）城市水体是一个相互连通的系统，在整体水系没有得到系统治理、外围水体水质较差的情况下，城市中心区内的水质基本难以保证。水体的污染和富营养化成为城市水体的新难题，而水质状况直接影响着滨水区的形象及品质。

（5）景观水体往往与自然界中的大水体相连，水位受水体涨落的影响非常大，亲水平台的设计受到制约，常常达不到预想的效果，甚至留下安全隐患。

（6）城市滨水区的改造总是不可避免地要面对老旧的历史建筑和传统空间，大部分改造往往忽视了城市的历史文化传承，大量的拆除、破坏，通过改造焕然一新，但是城市历史的痕迹、记忆也被匆匆抹去，不可能恢复。

（7）城市水体是市民共有的财富，然而在实施过程中，滨水地块的开发商经常将水岸纳入到自己私有的领域内，造成滨水公共开放空间的割断。

这些滨水区在建设中出现的问题，究其原因，既有市场无序的因素，也有城市综合管理不力的原因。从滨水区建设的角度看，首先滨水区应有一个统一的规划，避免混乱无序的开发；其次，滨水区规划应是一个系统的规划，要在规划中解决防洪、生态、建设的矛盾和各方控制的要求。应严格按照规划设计管理的相关法律法规，对涉及跨领域、跨行政管辖区的部分问题，要由政府统一协调。

从功能角度看，滨水区可以划分为生态型、居住型、商办型、休闲娱乐型和码头广场型。滨水区可由这些功能区单一构成，也可由多种功能复合形成。多种功能的混合带来十分复杂的相关因素，如滨水区的开放性、环境的生态性、绿地系统的构成、景观视线通廊、水岸型式、城市天际线、交通、防汛及亲水平台等。

众多的相关因素使滨水区规划设计显得千头万绪，这些因素之间有的相互包容、有的相互矛盾，梳理好这些要素，是规划设计重要的前期工作。在滨水区的利用规划中应综合系统地考虑上述众多要素，避免顾此失彼和考虑缺项的问题。

第五节　涉水工程协调规划

涉水工程主要包括对水系直接利用或保护的工程项目，如给水、排水、防洪排涝、水污染治理、再生水利用，综合交通、景观、游憩和历史文化保护等工程，这些工程往往都已经有了相对完备的规划或设计规范，但不同类别的工程往往关注的仅是水系多个要素中的一个或几个方面，需要在城市水系保护与利用的综合平台上进行协调，在城市水系不同资源特性的发挥中取得平衡，也就要有利于城市水系的可持续发展和高效利用。从水系规划的角度，在协调各工程规划内容时，一是从提高城市水系资源利用效率角度对涉水工程系统进行优化，避免由于一个工程的建设使水系丧失其应具备的其他功能；二是从减少不同设施用地布局矛盾的角度对各类涉水工程设施的布局进行调整。涉水工程各类设施布局有矛盾时，应进行技术、经济和环境的综合分析，按照“安全可靠、资源节约、环境友好、经济可行”的原则调整工程设施布局的方案。

一、饮用水源工程与城市水系的协调

饮用水源包括地表水源和地下水源，是城市的水缸，必须保证其不被污染。在保护区一定范围内上下游水系不得排放工业废水、生活污水，不得堆放生活垃圾、工业废料及其他对水体有污染的废弃物，水源地周围农田不能使用化肥及农药等，有机肥料也应控制使用。

取水口应选在能取得足够水量和较好的水质，不易被泥沙淤积的地段。在顺直河段上，应选在主流靠近河岸、河势稳定、水位较深处，在弯曲河段，应选在水深岸陡、泥沙量少的凹岸。

水源地规划还应考虑取水口附近现有的构筑物，如桥梁、码头、拦河闸坝、丁坝、污水口及航运等对水源水质、水量和取水方便程度的影响。

二、防洪排涝工程与城市水系的协调

防洪排涝功能是城市水系最重要的功能，在规划中，要在满足防洪排涝安全的基础上，兼顾城市水系的其他功能。

在规划防洪工程设施时，应本着统筹规划、可持续发展的原则，把整个城市水系作为一个系统来考虑，来合理规划行洪、排洪、分洪、滞蓄等工程布局。在防洪工程规划中，应尽量少破坏或不破坏原有水系的格局，做到既能满足城市防洪要求，又不致破坏城市生态环境，应大力倡导一些非工程的防洪措施。

排涝工程是利用小型的明渠、暗沟或埋设管道，把低洼地区的暴雨径流输送到附近的主要河流、湖泊。暴雨径流出口可能和外河高水位遭遇，使水无法排出而产生局部淹没。这就需要在规划中协调二者之间的关系，在规划中，尽可能通过疏挖等方式使排洪河道满足一定的排涝标准。当不能满足时，应提出防洪闸或排涝泵站的规划。布置排水管网时，应充分利用地形，就近排放，尽量缩短管线长度，以降低造价，城市排水应采取雨污分流制，禁止将生活污水或工业废水直接排入自然水体。

三、水运路桥工程与城市水系的协调

（一）滨水道路与城市水系的协调

滨水道路往往沿着城市河流、湖泊的岸线布置，道路可布置在地方内侧、外侧及堤顶。滨水道路往往利用河流、湖泊的自然条件，辅助以绿化和景观，设计为景观道路。滨水道路分为车行道和人行道，考虑到汽车尾气及噪声对水体环境的污染，以及道路的安全，车行道往往距离岸线较远。若河流承担生态廊道的功能，车行道的位置则应满足生态廊道的宽度要求，尽量布置在生态廊道宽度之外，避免对生态廊道造成干扰。人行道则可以设置在离水近的地方，甚至堤内侧，以增强亲水性，人行道可以结合景观与滨水活动广场水面游乐设施等统一规划布置。

（二）跨水桥梁与城市水系的协调

在规划跨水桥梁时，应尽量布置在水面较窄处，避开险滩、急流、弯道、水系交汇口、港口作业区和锚地。桥梁尽量与河流正交，城市支路不得跨越宽度大于道路红线 2 倍的水体，次干道不宜跨越宽度大于道路红线 4 倍的湖泊，桥下通航时，应保证有足够的净空高度和宽度。

（三）码头港口与城市水系的协调

港口选址与城市规划布局、水系分布、水面宽、水体深度、水的流速和流态、岸线的地质构造等均有关系，海港位于沿海城市，应布置于有掩护的海湾内或位于开敞的海岸线上，最好是水深岸陡、风平浪静。河港位于内地沿河城市，应布置于河流沿岸，内港码头最好采用顺岸式布置，尽量避免突堤式或挖入式带来的影响河流流态、泥沙淤积等问题，海港码头则可根据需要布置成各种形式。

（四）航道、锚地规划与城市水系的协调

我国内河航运发展的战略目标是“三横一纵两网十八线”。航道的发展应与规划发展目标一致。我国各地的航道标准和船型还没有完全统一，随着水运的发展，各大水系会相互衔接，江河湖海会相互连通，形成四通八达的水运体系。因此，需要及早统一航道标准和优化船型。目前，我国很多航道标准较低，要运用各种措施，通过对水系的治理，提高城市通航能力。

四、涉水工程设施之间的协调

取水设施的位置应考虑地质条件、洪水冲刷和其他设施正常运行产生的水流变化等对取水构筑物安全的影响，并保证水质稳定，尽可能减少其他工程设施运行中对水质的污染。取水设施不得布置在防洪的险工险段区域及城市雨水排水口、污水排水口、航运作业区及锚地影响区域。

污水排水口不得设置在水源地一级保护区内，设置在水源地二级保护区内的排水口应满足水源地一级保护区水质目标的要求。当饮用水源位于城市上游或饮用水源水位可能高于城市地面时，在规划保护饮用水源的同时应考虑防洪规划。

桥梁建设应符合相应防洪标准和通航航道等级的要求，不应降低通航等级，桥位应与港口作业区及锚地保持安全距离。

航道及港口工程设施布局必须满足防洪安全要求。航道的清障与改线、港口的设置和运行等工程或设施可能对堤防安全造成不利影响，需要进行专门的分析，在确保堤防安全及行洪要求的前提下确定改造方案。

码头、作业区和锚地不应位于水源一级保护区和桥梁保护范围内，并且应与城市集中排水口保持安全距离。

在历史文物保护区范围内布置工程设施时，应满足历史文物保护的要求。

第七章 生态护岸设计

第一节 生态护岸的概述

一、生态护岸的概念

生态护岸是指通过一些方法以及措施将河岸恢复到自然状态或具有自然河岸“可渗透性”的人工型护岸，将护岸型式由传统的硬质结构改造成为可使水体和土体、水体与生物之间相互融合，适合生命栖息和繁殖的仿自然形态的护岸。它拥有渗透性的自然河床与河岸基底，丰富的河流地貌，可以充分保证河岸和河流水体之间的水分交换和调节功能，同时具有一定的抗洪强度。生态护岸是城市生态水利的重要组成部分，兼具安全与生态的综合任务。

二、生态护岸的发展趋势

生态护岸作为重要的河岸防护工程，已经在国外得到了广泛的应用，在我国，这些年生态护岸也被广泛应用到城市河道治理当中，是一种有别于传统护岸型式的新型护岸。随着社会经济及城市的发展以及城市生态文明建设的要求，河道的建设对护岸工程的要求也越来越高。因此，生态护岸在我国发展速度较快，植被护岸和其他类型的护岸结合使用，形成各种不同的生态护岸，如土工植草固土网垫、土工网复合技术、土工格栅、空心砌块生态护面的加筋土轻质护岸技术等。

生态护岸不仅起到保护岸坡的作用，与传统硬质护岸相比较，还拥有更好的生态性。同时，生态护岸还具有结构简单、适应不均匀沉降、施工简便等优点，可以较好地满足护岸工程的结构和环境要求。在堤防护坡方面，仍应坚持草皮护坡，堤外滩地植树形成防浪林带。滨海地区的海塘工程，只要堤外有足够宽的滩地，都要考虑以生物防浪为主的措施。因此，在工程效果得到保证、条件允许的地方，应该注重生态护岸型式的推广与应用。

三、生态护岸的功能及特点

（一）防洪效应

河流本身就是水的通道，但随着社会和经济的快速发展，河流、湖泊大量萎缩，水面积不断缩小，防洪问题显得更加突出。生态护岸作为一种护岸型式，同样具备抵御洪水的能力。生态护岸的植被可以调节地表和地下水文状况，使水循环途径发生一定的变化。

当洪水来临时，洪水通过坡面植被大量地向堤中渗透、储存，削弱洪峰，起到了径流延滞作用。而当枯水季节到来时，储存在大堤中的水反渗入河，对调节水量起到了积极的作用。同时，生态护岸中大量采用根系发达的固土植物，其在水土保持方面又有很好的效果，护岸的抗冲性能（各类植物护岸可抵御的最大近岸流速、波浪高度和相应的冲刷历时）大大地加强。

（二）生态效应

大自然本身就是一个和谐的生态系统，大到整个社会，小至一条河流，无不是这个生物链中不可或缺的重要一环。当采用传统的方法进行堤岸防护时，河道大量地被衬砌化、硬质化，这固然对防洪起到了一定的积极作用，但同时对整个生态系统的破坏也是显而易见的，混凝土护坡将水、土体及其他生物隔离开来，阻止了河道与河畔植被的水气循环。相反，生态护岸却可以把水、河道与堤防、河畔植被连成一体，构成一个完整的河流生态系统。生态护岸的坡面植被可以带来流速的变化，为鱼类等水生动物和两栖类动物提供觅食、栖息和避难的场所，对保持生物多样性也具有一定的积极意义。另外，生态护岸主要采用天然的材料，从而避免了混凝土中掺杂的大量添加剂（如早强剂、抗冻剂、膨胀剂等）在水中发生反应对水质和水环境带来的影响。

（三）自净效应

生态护岸不仅可以增强水体的自净功能，还可改善河流水质。当污染物排入河流后，首先被细菌和真菌作为营养物而摄取，并将有机污染物分解为无机物。水体的自净作用，即按食物链的方式降低污染物浓度。生态护岸上种植在水中的柳树、菖蒲、芦苇等水生植物，能够从水中吸收无机盐类营养物，其庞大的根系还是大量微生物吸附的好介质，有利于水质净化，生态护岸营造出的浅滩、放置的石头、修建的丁坝、鱼道形成水的紊流，有利于氧从空气传入水中，增加水体的含氧量，有利于好氧微生物、鱼类等水生生物的生长，促进水体净化，使河水变得清澈、水质得到改善。

（四）景观效应

近年来，生态护岸技术在国内外被大量地采用，从而改变了过去的那种“整齐划一的河道断面、笔直的河道走向”的单调观感，现在的生态大堤上建起绿色长廊，昔日的碧水漪漪、青草涟涟的动态美得以重现。生态护岸顺应了现代人回归自然心理，并且为人们休憩、娱乐提供了良好的场所，提升了整个城市的品位。

第二节 护岸安全性设计

安全是护岸工程的基本要求，包括可靠的岸坡防护高度和满足岸坡自身的安全稳定要求。

一、岸坡防护高度

按照岸与堤的相对关系，河岸防护可大致分为三类：第一类是在堤外无滩或滩极窄，要依附堤身和堤基修建护坡与护脚的防护工程；第二类是堤外虽然有滩，但滩地不宽，滩地受水流淘刷危及堤的安全，因而需要依附滩岸修建的护岸工程；第三类是堤外滩地较宽，但为了保护滩地，或是控制河势而需要修建的护岸工程。第一类和第二类都是直接为了保护堤的安全而修建的，因此统称作堤岸防护工程。

堤岸防护工程是堤防工程的重要组成部分，是保障堤防安全前沿工程。针对第一类、二类堤岸防护，常按照《堤防工程设计规范》来确定堤顶高程。护岸超高计算公式为

$$Y=R+e+A \tag{7-1}$$

式中 Y——护岸超高；

R——波浪爬高；

e——风壅水面高；

A——安全加高，按表 7-1 选取。

表 7-1 堤防安全加高值 A

堤防级别		1	2	3	4	5
安全加高值（m）	不允许越浪的堤防工程	1.0	0.8	0.7	0.6	0.5
	允许越浪的堤防工程	0.5	0.4	0.4	0.3	0.3

二、岸坡防护安全性指标

（一）天然土质岸坡的护岸安全

天然岸坡自身稳定安全与水流流速有关，流速越大，土壤中抗击水流的土粒越容易被水流带走，土层岩性不同，抗击水流的能力也不同，和河道土壤的类别、级配情况、密实程度以及水深有关。

当设计水流流速大于土质允许不冲流速时，土粒随水流流失而形成冲刷，岸坡将被淘蚀，造成塌岸，应当对河段采取岸坡防护措施。

通常岸坡防护应根据河道上下游工程布局、河势以及功能需求，决定采取相应的工程防护措施、生物防护措施或二者相结合的方法进行，以达到经济合理并有利于环境保护的效果。

（二）生物防护岸坡的护岸安全

生物防护是一种有效的防护措施，具有投资省、易实施及效果好的优点，对水深较浅、流速较小的河段，通常多采用生物防护措施。

草皮抵抗水流冲击能力的大小与其根部状态、草面完整状况、土壤结构、植被种类、植被生长的密度、不均匀程度等有很大关系。根据日本相关机构曾经做过的试验结果，只有根的植物防护岸坡的侵蚀深度大于同时有根和叶的岸坡侵蚀深度，侵蚀速度与过水时间长短无关，而与侵蚀深度有关，侵蚀深度与草皮根层厚度有关。

通常，当流速小于 1 ～ 5m / s 时，常遇水位以上岸坡或者淹没持续时间短的河段，可以考虑采用草皮护坡。在特别重要的部位以及流速大于 1.5m / s 时，常水位以上的草皮护岸，应采取加强措施，如土工织物加筋、三维网垫植草等措施。

（三）工程防护岸坡的护岸安全

工程防护岸坡按型式主要分为坡式、墙式，也有坡式与墙式相结合的混合型式、桩坝式等。工程型式分类不是绝对的，各类相互有一定的交叉。

1. 坡式护岸整体稳定

坡式护岸的整体稳定，应该考虑护坡连同地基土的整体滑动稳定、沿护坡地面的滑动及护坡体内部的稳定。

对于沿护坡底面通过地基整体滑动的护坡稳定计算，基础部分沿地基滑动可简化为折线状，用极限平衡法进行计算。

瑞典圆弧法不计算条块间的作用力，计算简单，简化毕肖普法考虑了条块间的作用力，理论上比较完备，精度较高，但计算工作量较大。目前我国的计算机应用已基本普及，简化毕肖普法比瑞典圆弧法坝坡稳定最小安全系数可提高 5% ～ 10%。当土质比较均匀时，护岸的整体稳定宜采用瑞典圆弧法和简化毕肖普法，当地基中存在比较明显的软弱夹层时，容易在这些软弱层中形成滑动，宜采用改良圆弧法。

2. 墙式护岸整体稳定

重力式护岸稳定计算应包括整体滑动稳定计算和挡土墙的抗滑、抗倾、地基应力计算；整体滑动稳定计算可采用瑞典圆弧法，计算时应该考虑工程可能发生的最大冲深对稳定的影响。

（1）挡墙的抗滑稳定计算公式

$$K_c = \frac{f\sum G}{\sum H} \tag{7-2}$$

式中 K_c——沿挡墙基底面的抗滑稳定安全系数；

f——挡墙基底面与地基之间的摩擦系数，可由试验或根据类似地基的工程经验确定；

$\sum G$——作用在挡墙上的全部竖向荷载，kN；

$\sum H$——作用在挡墙上的全部水平荷载，kN。

（2）挡墙的抗倾覆稳定计算公式

$$K_0 = \frac{f\sum M_V}{\sum M_H} \tag{7-3}$$

式中 K_0——挡墙的抗倾覆稳定安全系数；

$\sum M_v$——对挡墙前趾的抗倾覆力矩，kN·m；

$\sum M_H$——对挡墙前趾的倾覆力矩，kN·m。

3. 护岸基础安全

护岸工程以设计枯水位分界，上部和下部工程情况不同，上部护坡工程除受水流冲刷作用外，还受波浪的冲击及地下水外渗侵蚀，同时处在水位变动区。下部护脚工程一般经常受到水流冲刷和淘刷，是护岸工程的根基，关系着防护工程的稳定，因此上部及下部工程在型式、结构材料等方面一般不相同。通常情况下，下部护脚工程应该适应近岸河床的冲刷，以保证护岸工程的整体稳定。

通常情况下，直接临水的护滩工程的上部护坡工程顶部与滩面相平或略高于滩面，以保证滩沿的稳定；下部护脚工程延伸适应近岸河床的冲刷，以保证护岸工程的整体稳定。不直接临水的堤防护坡及护岸，要考虑洪水上滩后对护坡和坡脚的冲刷，也要慎重考虑护脚工程。

当河道底无防护时，河道护岸的基础应保证足够的埋深，来保证护岸的安全。基础埋置深度宜低于河道最大冲深 0.5 ～ 1m。

（1）护岸冲刷计算

①水流平行于岸坡时产生的冲刷：

$$h_B = h_P\left[\left(\frac{v_{cp}}{v_{允}}\right)^n - 1\right] \tag{7-4}$$

式中 h_B——局部冲刷深度（从水面算起），m；

h_P——冲刷处的深度，以近似设计水位最大深度代替；

v_{cp}——平均流速；

$v_{允}$——河床面上允许不冲流速；

n——系数，和防护岸坡在平面上的形状有关，一般取 n =1 / 4。

②水流斜冲岸坡时产生的冲刷：

$$\Delta h=\frac{23V_j^2\tan\frac{\alpha}{2}}{g\sqrt{1+m^2}}-30d \tag{7-5}$$

式中 Δh——自河底算起的局部冲刷深度，m；

α——水流轴线与坡岸的夹角；

d——坡脚处土壤计算粒径，m，对非黏性土，取大于15%（按质量计）的筛孔直径，对黏性土，取当量粒径值；

m——防护建筑物迎水面边坡系数；

V_j——水流的局部冲刷流速，m / s。

（2）弯道最大冲深计算

当知道河床颗粒情况时，应采用理论公式计算。当不知河床颗粒情况时，可采用两种经验公式计算、比较或者取均值。

①弯道最大冲深理论计算公式：

$$H_{\max}=\left[\frac{\lambda Q}{Bd^{\frac{1}{3}}\sqrt{g\frac{(\gamma_s-\gamma)}{\gamma}}}\right]^{\frac{6}{7}} \tag{7-6}$$

式中 $H_{\max}$——最大冲深，m，从水面算起；

Q——流量，m, / s；

B——水面宽，m；

d——河床砂平均粒径，m；

r、r——床砂、水的重度；

λ——系数。

λ 受河湾水流及土质影响，可由下式计算：

$$\lambda=0.64e^{3.61}\left(\frac{d}{H_0}\right) \tag{7-7}$$

式中 H_0——直线段平均水深。

②弯道最大冲深经验计算公式：

$$\frac{1}{R}=0.03H_{\max}^{3}-0.23H_{\max}^{2}+0.78H_{\max}-0.76 \tag{7-8}$$

式中 R——河道中心曲率半径，km；

$H_{\max}$——最大冲深值，m。

$$\frac{H_{\max}}{H_m}=1+2\frac{B}{R_1} \tag{7-9}$$

式中 H_m——计算断面平均水深，$H_m=\frac{\omega}{B}$；

ω——断面面积；

B——河面宽；

R_1——凹岸曲率半径。

第三节 生态护岸材料

随着经济社会的发展，生态护岸的材料从过去硬质护坡材料到如今的生态护坡材料，也经历了长足的发展。

一、植草、植树等护岸

（一）人工种草护坡

人工种草护坡，是通过人工在边坡坡面简单播撒草种的一种传统边坡植物防护措施。它多用于边坡高度不高、坡度较缓且适宜草类生长的土质路堑和路堤边坡防护工程。

优点：施工简单、造价低廉、自然生态。

缺点：由于草籽播撒不均匀、草籽易被雨水冲走、种草成活率低等，往往达不到满意的边坡防护效果，而造成坡面冲沟、表土流失等边坡病害，抗冲能力较低。

（二）液压喷播植草护坡

液压喷播植草护坡，是国外近十多年新开发的一种边坡植物防护措施，是将草籽、肥料、黏合剂、纸浆、土壤改良剂、色素等按照一定比例在混合箱内配水搅匀，通过机械加压喷射到边坡坡面而完成植草施工的。

优点：

（1）施工简单、速度快；

（2）施工质量高，草籽喷播均匀、发芽快、整齐一致；

（3）防护效果好，正常情况下，喷播一个月后坡面植物覆盖率可达 70% 以上，两个月后形成防护、绿化功能；

（4）适用性广。目前，国内液压喷播植草护坡在公路、铁路及城市建设等部门边坡防护与绿化工程中使用较多。

缺点：固土保水能力低，容易形成径流沟和侵蚀；因品种选择不当和混合材料不够，后期容易造成水土流失或冲沟。

（三）客土植生植物护坡

客土植生植物护坡，是将保水剂、黏合剂、抗蒸腾剂、团粒剂、植物纤维、泥炭土、腐殖土、缓释复合肥等一类材料制成客土，经过专用机械搅拌后吹附到坡面上，形成一定厚度的客土层，然后将选好的种子同木纤维、黏合剂、保水剂、缓释复合肥及营养液经过喷播机搅拌后喷附到坡面客土层中。

优点：可以根据地质和气候条件进行基质和种子配方，从而具有广泛的适用性，客土与坡面的结合可提高土层的透气性和肥力，且抗旱性较好，机械化程度高，速度快，施工简单，工期短，植被防护效果好，基本不需要养护就可维持植物的正常生长，该法适用于坡度较小的岩基坡面、风化岩及硬质土砂地、道路边坡、矿山、库区以及贫瘠土地。

缺点：要求在边坡稳定、坡面冲刷轻微、边坡坡度大的地方，长期浸水地区不合适。

（四）平铺草皮护坡

平铺草皮护坡，是通过人工在边坡面铺设天然草皮的一种传统边坡植物防护措施。

优点：施工简单，工程造价低、成坪时间短、护坡功能见效快，施工季节限制少。平铺草皮护坡适用于附近草皮来源较易、边坡高度不高且坡度较缓的各种土质及严重风化的岩层和成岩作用差的软岩层，是设计应用最多的传统坡面植物防护措施之一。

缺点：由于前期养护管理困难，新铺草皮易受各种自然灾害，往往达不到满意的边坡防护效果，而造成坡面冲沟、表土流失、坍滑等边坡灾害，导致要修建大量的边坡病害整治、修复工程。近年来，由于草皮来源紧张，平铺草皮护坡的作用逐渐受到了限制。

施工要点：

（1）种草坡面防护：草籽撒布均匀。在土质边坡上种草上，土表面事先耙松。在不利于植物生长的土壤上，首先在坡上铺一层厚度为 5 ～ 10cm 的种植土，当坡面较陡时，将边坡挖成台阶，再铺新土，种植植物。

（2）铺草皮坡面防护：草皮尺寸不小于 20cm×20cm。铺草皮时，从坡脚向上逐排错缝铺设，用木桩或竹桩钉固定于边坡上。

（3）铺草皮要求满铺，每块草皮要钉上竹钉，草皮下铺一层 8 ～ 10cm 厚的肥土，并要经常洒水养护。

平铺草坪，由于其特点，在边坡比较稳定、土质较好、环境适合的情况下有比较大的优势。

（五）香根草技术

香根草技术是（VGT）是指由香根草与其他根系相对发达的辅助草混合配置后，按正确的规划和设计种植，再通过约60天专业化的养护管理后，很快形成高密度的地上绿篱和地下高强度生物墙体的一种综合应用技术。香根草技术适用于土质或破碎岩层不稳定边坡，坡度较大（介于20°～70°），表层土易形成冲沟和侵蚀、容易发生浅层滑坡和塌方的地方。如山区、丘陵地带开挖或填方所形成的上、下高陡边坡。香根草技术主要材料为香根草、百喜草、百慕大草、土壤改良剂及香根草专用肥等。

优点：根系发达、高强，抗拉抗剪强度分别为75mPa和25mPa，能防止浅层滑坡与塌方；生长速度快，能拦截98%的泥沙；极耐水淹（完全淹没120天不会死亡）、固土保水能力强、抗冲刷能力强；叶面具有巨大的蒸腾作用，能尽快排除土壤中的饱和水；无性繁殖，不会形成杂草；施工不受季节影响；工程造价适中，比传统浆砌石低。试验表明，香根草根系的抗拉强度较大，而且随根数（集群度）呈线性增大，随根系长度的增大而略有减小。均匀拌入香根草根系的砂质黏土的物理和力学特性有显著的变化，即土的容重变小而土的抗剪强度则有明显的增大。其根系深长绵密，最长可达5m，拉张强度大，一行行香根草能像排排钢筋般稳定斜坡、控制洪水侵蚀，效果等同混凝土护坡，造价却只有混凝土护坡的1/10。

缺点：地上绿篱较高，缺少草坪的景观效果；不耐阴，不能与乔木套种；只适合黄河以南的地区应用。

香根草生态工程护坡效果很明显，工程实施半年就能产生明显的护坡效果，4年后生物多样性大幅增加，土壤水分和养分含量都有不同程度的提高，并且能明显改善边坡的生态环境，且可以节省大笔的工程经费。根据施工现场情况，可以跟其他技术结合施工，效果会更好，也能起到扬长避短的效果。

植物护坡材料小结：植物护坡材料有着明显的优点，即自然生态、景观效果好。但也有着明显的缺点，即质量不稳定，固土效果受土质、密实度、植物种类、根系情况、栽种时间长短等影响，抵抗冲刷的能力较差。应用中可以考虑与其他材料进行组合，如椰网（或椰毯）、三维土工网格等，以增强固土效果，并提高抗冲能力。

二、石材护岸

（一）格宾石笼（护垫）护坡

格宾石笼（护垫）是将低碳钢丝经机器编制而成的双绞合六边形金属网格组合的工程构件，在构件中填石构成主要起防护冲刷的作用。当水流的冲刷流速大于河道的允许不冲流速时，格宾石笼（护垫）不会在水流的冲刷下发生位移，从而起到了抑制冲刷发生、保护基层稳定的作用，达到维持堤岸（坝体）稳定的工程目的。

格宾石笼（护垫）的抗冲能力主要来源于两个方面：一方面为格宾石笼（护垫）内部填充石料的抗冲能力，另一方面为钢丝网箱提供的限制填充石料位移的能力。

优点：具有很好的柔韧性、透水性、耐久性以及防浪能力等优点，而且具有较好的生态性。它的结构能进行自身适应性的微调，不会因不均匀沉陷而产生沉陷缝等，整体结构不会遭到破坏。由于石笼的空隙较大，因此能在石笼上覆土或填塞缝隙进行人工种植或自然生长植物，形成绿色护岸。格宾石笼（护垫）护坡既能防止河岸遭水流、风浪侵袭破坏，又保持了水体与坡下土体间的自然对流交换功能，实现生态平衡；既保护了堤坡，又增添了绿化景观。

缺点：可能存在金属的腐蚀、覆塑材料老化、镀层质量及编织质量等问题。因此，在应用中应对材料强度、延展度、镀层厚度、编织等提出控制要求。

（二）干砌石护坡

干砌石护坡是一种历史悠久的治河护坡方法，一般利用当地河卵石、块石，采用人工干砌形成直立或具有一定坡度的岸坡防护结构。

这种护坡的最大特点是：结构形式简单、施工操作方便、工程造价低廉。另外干砌石护坡具有一定的抗冲刷能力，适用于流量较大但流速不大的河道；对流速较大的河道，可在干砌施工时在石料缝隙中浆砌黏土或水泥土等，并种植草木等植物，可进一步美化堤岸）实际工程中多在常水位以下干砌直立挡土墙，用以挡土和防水冲刷。在常水位以上做成较缓的土坡，并种植喜水的本地草皮和树木，该护坡型式适用于城镇周边流量较大、有一定防冲要求的中小型河道。

（三）浆砌石护坡

浆砌石护坡是采用胶结材料将石材砌筑在一起，形成整体结构的护坡型式。在进行砌石的胶结材料选择时，可根据河道最大流速选择水泥砂浆或白灰砂浆。可用于大江大河（如长江、黄河使用较多）或流速大的堤防护岸。该护坡型式适用于城镇周边流量较大、有较强防冲要求的河道。

优点：结构稳定性较好、整体性好、强度较高、抗冲能力强。

缺点：外观生硬，透水性差，不能生长植物，生态性差。

（四）自然石护坡

自然石是存在于天然河道的天然材料，由于长期受水流冲刷，具有不规则的光滑圆润的表面，没有尖锐的棱角，因此具有较好的景观效果，可以在景观要求较高的浅水区无规则地堆放，也可以有规则地堆砌，形成一种天然亲水的效果。缺点是由于其散粒体的特性，抗冲能力差，不适宜在流速大的河道护坡中应用。

（五）卵石护岸

卵石是河流中自然形成的圆形或椭圆形的颗粒，由于其颗粒较小，一般用于流速较小、坡度较缓的水边或水下。其景观效果较好，多用于景观要求较高的水域。结合植物种植可凸显自然生态。缺点是抗冲性能差。

三、人工材料护岸

（一）自嵌式挡土墙

自嵌式挡土墙是在干垒挡土墙的基础上开发的另一种结构。这种结构是一种新型的拟重力式结构，它主要依靠挡土块块体、填土通过加筋带连接构成的复合体自重来抵抗动静荷载，起到稳定的作用。

特点：与传统的挡土墙结构相比，自嵌式挡土墙在施工方面具有非常大的优势，可以成倍地提高施工进度以及工程质量。同时，自嵌式挡土墙拥有多种颜色可供选择，可以充分发挥设计师的想象空间，给人提供自然典雅的景观效果。挡土墙为柔性结构，安全可靠，可采用加筋挡土墙结构，耐久性强，且原材料及养护处处讲究环保，产品对人体无任何有害辐射。

（二）水工连锁砖

水工连锁砖的连锁性设计使每一个连锁砖块被相邻的四个连锁砖块锁住，这样保证每一块的位置准确并避免发生侧向移动。连锁砖铺面块能提供一个稳定、柔性和透水性的坡面保护层。混凝土块的形状与大小都适合人工铺设，施工简单方便。

特点：类型统一，不需要采用多种混凝土块，由于每块都是镶嵌在一起的，所以强度高，耐久性好。由于连锁砖属于柔性结构，适合在各种地形上使用，透水性好，能减少基土内的静水压力，防止出现管涌现象，可以为人行道、车道或者船舶下水坡道提供安全的防滑面层，并且面层可以植草，形成自然坡面。连锁砖施工方便快捷，可以进行人工铺设，不需要大型设备，维护方便且经济。

（三）植生带（袋）护坡

植生带（袋）护坡：植生带是将含有种子、肥料的无纺布全面附贴在专用 PVC 网袋内，然后在袋中装入种植土，根据边坡形状垒起来以实现绿化。

优点：这种方法的基质不易流失，可堆垒成任何贴合坡体的形状，施工简单。适合使用在岩面或硬质地块、滑坡山崩等应急工程中，还可作山体水平线与排水沟（能代替石砌排水沟）。

缺点：大面积使用造价很高，植物生长缓慢，需要配套草种喷播技术，才能尽快实现绿化效果。

（四）加筋纤维毯

加筋纤维毯是主要用椰纤维与其他纤维材料复合而成的植生保水层，加上保水剂、植物物种、草炭、缓释肥料，上、下再结合 PP 或 PE 网形成多层结构，厚度在 4 ～ 8cm。其主要应用于山体岩土边坡以及公路、铁路边坡及流速不大的河道边坡等边坡的水土防护。

特点：将加筋纤维毯铺设在坡面上，然后固定，由于土壤表层被纤维毯覆盖，雨水对土壤的冲刷会大大降低，且该产品能给植物根系提供理想的生长环境（保温、更有利于吸水、防止表面冲刷、均衡种子的出芽率等），促使植物在不良的条件下生长良好，从而达到绿化且防止水土流失的效果。加筋纤维毯在应用时，不需要撤除，植物可以从纤维毯中生长出来。另外它可以降解，降解后变成植物生长所需要的有机肥料，非常环保。

（五）浆砌片石骨架植草护坡

浆砌片石骨架植草护坡是指用浆砌片石在坡面形成框架，在框架里铺填种植土，然后铺草皮、喷播草种的一种边坡防护措施。通常做成截水型浆砌片石骨架，以减轻坡面冲刷，保护草皮生长，从而避免了人工种植草坪护坡和平铺草坪护坡的缺点。

浆砌片石骨架植草护坡适用于边坡高度不高且坡度较缓的各种土质、强风化岩石边坡。

优点：由于砌石骨架的作用，边坡抗冲刷效果较好，与整体砌石的边坡相比具有较好的生态性。

缺点：人工痕迹较重，不够自然。

（六）土工网垫植草护坡

土工网垫是一种新型土木工程材料，属于国家高新技术产品目录中新型材料。材料中的增强体材料是用于植草固土的一种三维结构的似丝瓜网络样的网垫，质地疏松、柔韧，留有90%的空间可充填土壤、沙砾和细石，植物根系可以穿过其间，舒适、整齐、均衡地生长，长成后的草皮使网垫、草皮、泥土表面牢固地结合在一起。因为植物根系可深入地表以下30～40cm，可形成一层坚固的绿色复合保护层。它比一般草皮护坡具有更高的抗冲能力，适用任何复杂地形，多用于堤坝护坡及排水沟、公路边坡的防护。

优点：成本低、施工方便、恢复植被、美化环境等。

缺点：现在的土工网垫大多数以热塑树脂为原料，塑料老化后，在土壤里容易形成二次污染。

（七）生态混凝土护坡

生态混凝土是一种能够适应植物生长、可进行植被作业的混凝土。生态混凝土护坡在起到原有防护作用的同时还拥有修复与保护自然环境、改善人类生态条件的功能，工程性能好，符合“人与自然和谐相处”的现代治水思想，应用前景广泛。

特点：根据植物生长要求选择一定粒径的碎石和砖石，制成多孔的混凝土构件，多孔隙材质透水、透气性好，并可提供必要的植物生长空间，无须设置排水管，简化了施工工序；可改造并利用混凝土孔隙内的盐碱性水环境，还可提供能长期发挥效用的植物生长营养元素并使之得到充分利用，可配合多种绿化植生方式；适合各种作业面、施工简便，不需机械碾压设备，工艺控制简单，适合现浇施工；强度发展快，不受气候和温度等环境因素影响，可以自然养护。

优点：能够实现永续性、多样性绿化；同时适应干旱地区气候条件，实现坡面的植被绿化；抗冲刷能力强，具有很强的生态功能和景观功能。

缺点：柔性不够，适应地基不均匀沉降能力较差，在寒冷地区应用时应考虑基层冻土及植物生长抗冻性等不利条件。

（八）混凝土预制块护坡

混凝土预制块是一种可人工安装，适用于中小水流情况下土壤水侵蚀控制的混凝土砌块铺面系统。它的优点是可根据需要制作成不同形状、不同重量的块体，以适应不同的要求，外观整齐，缺点是透水性、生态性差。

（九）生态土工袋护坡

生态土工袋是将抗紫外线的聚丙烯材料制成袋子，内部根据需要装上各种土料、弃渣，加以改良后作为砌护材料，可以随坡就势进行砌护绿化。其结构柔韧稳定，能适应地基变化带来的结构调整要求，能保持水体通透性，可生长植物，净化水质。生态土工袋护岸已经成为一种环保、高效、原生态的护岸材料，可适用于流速不大的岸线防护。

第四节 生态护岸的结构型式

人们生活在社会和自然相互作用的环境中，周围阳光、蓝天白云、绿树和清新湿润的空气与我们息息相关。河流作为构成周围环境的重要因素，对一个城市甚至一个国家的地域空间布局、生活方式有很深的影响。国际上著名的城市总有一条著名的河流与之相随相伴。

目前，国内河道综合整治中，“创建自然型河流”构建人水和谐生态环境逐步深入人心，遵循河流本身的自然规律，释放被强行禁锢在僵直河槽中的河水，使其恢复往日的活力，已成为现代水利工作者的共识。岸坡防护型式与平面形态等设计要素共同构成河流最直观的外在形象。恢复生物多样性环境、蓄洪涵水、连通水岸、保持水陆生态系统的完整性而不被生硬的工法所割裂，是近些年以来岸坡防护设计中新的关注点。

一、现阶段护岸设计中存在的问题

现阶段护岸设计中往往存在以下问题和缺陷：

（1）岸坡采用观赏性非本土植物较多，不能适应当地气候和土壤条件，植被覆盖率不高，抵抗冲刷能力有限，也增加工程管理的难度。

（2）采用连续硬质防护，虽然抗冲刷效果较好，但是由于土壤无法透过缝隙外漏，不利于水生植物的生长，水体自净能力无从谈起。

（3）防护断面形式单一，过度重视岸坡的稳定安全，岸坡防护高度过高，且竖向设计与水位出现频率的适应性差，水位消落带环境单调，不利于水生生态环境的恢复。

（4）水陆交际线人工化痕迹很重，在规划设计中即使是弯曲的弧线也是整齐划一的，使水岸边界失去其自然不规则状态，过度重视人类的活动空间而忽略了其他生物生存空间需求。

二、生态护岸设计原则

岸坡防护结构型式、防护材料多种多样，各具不同特点，需根据具体情况分析研究采用，并兼顾工程的环境和生态效应、实现工程与生态景观的有机统一。防护设计应遵循下列原则：

（一）安全性原则

保证岸坡安全是防护工程的首要任务，须优先考虑耐久性、抗冲刷性、稳定性、防冻胀性等整体性能。

（二）生态性原则

充分考虑河岸透水性，在水陆生态系统之间架起一道桥梁，为两者之间的物质和能量交流发挥廊道、过滤器和天然屏障的功能，使河岸具有水质自我生态修复能力和植被覆盖自我调整能力，提高河流承载能力、污染物吸附能力，恢复河流水生生态体系，恢复河道基本功能。

（三）断面结构的差异性和可亲水性原则

避免整齐划一、没有变化的断面形式，根据不同地形条件、河道河势条件，注重与周边环境的整体协调性，关注人们滨水活动空间的集聚程度，采取不同的护岸型式。

（四）经济性原则

护岸设计在满足生态修复功能、断面形式景观多样功能、工程结构安全等功能的同时，要兼顾其经济性，尽量能够就地取材，降低工程投资。

三、生态护岸结构设计目标

生态护岸结构设计目标是河岸带生态修复与重建。河岸带是指高低水位之间的河床及高水位之上直至河水影响完全消失的地带。因为河岸带是水陆相互作用的地区，故其界限可以根据土壤、植被和其他可以指示水陆相互作用的因素的变化来确定。河岸带具有明显的边缘效应，是地球生物圈中最复杂的生态系统之一。作为重要的自然资源，河岸带蕴藏着丰富的动植物资源、地表水和地下水资源、气候资源以及休闲、娱乐和观光旅游资源等，也是良好的农林牧渔业生产基地。

根据河岸带的构成和生态系统特征，河岸带的生态恢复与重建包括河岸带生物恢复与重建、河岸缓冲带环境的恢复与重建、河岸带生态系统结构与功能恢复等三部分。物种种类和群落是河岸带生物恢复的评价指标。河岸缓冲带指在河道与陆地的交界区域，在河岸带生物恢复与重建的基础上建立起来的两岸一定宽度的植被，是河岸带生态重建的标志，其主要通过河岸带坡面工程技术、河岸水土流失控制技术等措施，提高环境的异质性和稳定性，发挥河岸缓冲带的功能，在环境、生物恢复的基础上完成河岸带生态系统结构与功能恢复及构建。

岸坡防护工程位置处于河岸带水陆交替之中，是河道治理的一部分，它对于河岸带及其周围毗邻生态系统的横向或者纵向联系的影响越小，越有利于生态系统的恢复和稳定。岸坡防护材料材质应采用环境友好材料，以提高植被覆盖率和水体自净能力，岸坡的防护型式应能为河岸带生态系统的恢复与重建提供最基本的承载基底质。平面上应避免采用单一的防护形式，弱化水陆交际线人工化痕迹，使水岸边界尽量保持自然不规则状态。防护断面设计当中，应考虑与水位出现频率相适应，避免岸坡防护的高度过高，重视水位消落带环境的创造，留足动物活动迁移的河岸带空间。

四、城市季节性中小河流护岸断面设计

城市季节性中小河流一般流经城市人口集聚区，两岸空间小，且居民对于河道的亲水、休闲、绿化、景观设施的要求比较高，人们渴望见到天蓝水碧、绿树夹岸、鱼虾洄游的河道生态景观，需要河道内有一定的水深或者生态基流量以还原水面，塑造适宜的水边环境，构造适于动植物生长的水体护岸，促使河道形成浅滩和深潭的自然分布和蜿蜒曲折、宜宽宜窄的水路衔接，提高城市居民的居住环境。

单一的河道断面影响河流环境的生物多样性，河道护岸的断面结构型式应与河道断面的特征水位联系起来，根据水深和水动力特点选择合适的生态防护型式。

护岸设计可根据水位变化频率对护岸防护高度的影响，采用不同的防护材料和防护型式，也可在季节性（暂时性）淹没、间断性淹没、偶尔淹没的河岸带选择草皮护坡或采取加强措施，如采取土工织物加筋、三维网垫植草等措施。

不同的水位分区设置与其相适宜的功能，使防护平面更丰富自然。如在间断性淹没区域设置休闲自行车道或步行道，可以拉近人与水面的距离、近观宜人的滨水植物带景观，远离岸上的喧嚣，使其成为一处美丽静谧的城市“客厅”。

防护设计本身与河道规划设计理念密不可分，它是河道设计的最直接表现。单一的防护断面简单粗放，河水束缚于狭窄的河岸之间，了无生趣；而融入生态治理理念的防护断面设计，拆除硬质护坡，使其边坡放缓，与两岸自然衔接过渡，软质的草皮护坡使水流速度慢下来，并在河道内自由流动，河流又恢复其原有的活动，蜿蜒曲折成为其自然生态的最有力表现。

受到空间、地域等条件限制的城市河道的护岸设计，没有足够的宽度衔接水面和陆地时，可采用台阶式分层处理：

（1）常水位以上，留相对较宽的腹地，以缓坡为主，也可设多层次的竖向台阶，配合植物种植，使人在不同高度和角度有不同的亲水体验，也能与水文化结合起来，

丰富城市滨河空间的表现形式。

（2）常水位以下，能够采用垂直墙式或墙式基础以下为天然卵石护砌的墙坡结合式等，既能使人较近地接触到水面，又可以在有限的空间内节省占地。

第八章　水利水电开发的生态环境效应

第一节　水利水电开发

人类修堤筑坝、防洪引水的历史可追溯到5000年前。自法国1878年建成世界上第一座水电站以来，水利水电开发的理论与技术都有了长足进步，从中产生的社会效益及经济效益不言而喻。20世纪50年代后，世界各国都加快了大型水利设施建设的步伐。从国家发展的角度来看，优先开发可再生能源，尽量保留化石能源是可持续发展的重要手段之一。作为可再生能源，水电是技术最成熟的，也是目前唯一适用于大规模商业开发的资源。水电资源可以重复利用，但却无法保存，不开发即意味着巨大的浪费。尽管世界各国水能资源的天然条件有很大差异，但是发达国家水电开发程度普遍高于发展中国家。

我国的经济和城市化正处于高速发展时期，能源供需矛盾日益紧张，能源已成为我国经济社会可持续发展亟须解决的问题。我国的水能资源居世界第一位，但目前开发利用率还比较低。有序开发水能、提高水资源利用效率已经成为我国能源战略及可持续发展战略中的重要组成部分。

第二节　流域生态环境功能

目前，我国的水利水电工程主要是基于流域尺度的，如何在遵循流域生态环境自然规律的前提下，既充分考虑水资源及环境承载能力又能保证流域经济的可持续发展成为人们关注的热点。为更好地平衡流域水资源、生态环境和经济发展，首先需要明确流域的生态环境功能。

流域的功能包含自然功能和社会功能两部分，其中自然功能分为生态环境功能和水文功能，生态环境功能又分为化学元素的反应及迁移功能和动植物栖息地功能；水文功能又分为集水功能、蓄水功能和释水功能，这五项基本的流域自然功能。

一、化学元素的反应及迁移功能

流域提供了物理化学反应进行的场所和运移通道，这些反应利用水作为主要载体，对化学元素在水圈、岩石圈、大气圈以及能量圈之间的迁移转换起到了重要作用。

二、动植物栖息地功能

流域自身的地形、地貌特点及其水文功能为生活在其中的动植物提供了多样的栖息地，同时，生活在其中的动植物的各类活动也对流域带来了相应影响。

三、集水功能

流域能够将时空变化的降水进行收集，然后再结合流域自身特点将降水转化为径流。流域的集水功能主要受制于流域特征（几何特征、地形特征及自然地理特征等）和气候特征。

四、蓄水功能

流域蓄水是集水与释水的媒介，部分蓄水特征也是集水和释水过程的组成部分；流域蓄水特征主要包括蓄水的类型、蓄水容量、蓄水位置分布、产流的阻力以及前期水分条件等。

五、释水功能

释水是水资源在流域内的输出过程，也是最后一个环节；影响集水和蓄水的因素都会对释水产生影响，其中主要的影响因素包括了产流的阻力（河网特征、距离蓄水位置的距离等）和流域特征等。

第三节 新时期水利水电开发的生态环境效应

在了解流域生态环境功能和水文功能后，水利水电工程规划、建设以及运行中就可以根据周边自然环境和工程自身特点，平衡生态环境保护与经济发展的利益。经过几十年的研究，水利水电工程的生态环境效应主要体现在以下几个方面：

一、水利水电开发的生态环境正面效应

流域水利水电开发的目的是满足社会发展的能源需求，兼顾防洪、灌溉等其他功能。如果水电得到合理地开发利用，在满足根本目的的同时，还会对生态环境产生一定的正面效应。

（一）无污染的清洁能源

水电是清洁可再生能源，可以用于代替化石能源，减少化石能源开采以及消耗带来的环境污染和生态破坏。

（二）调节水资源分配，防洪抗灾

水利工程可以解决区域内水资源时空分布不均，并缓解干旱区生态环境需水的问题，还可以利用工程自身的径流调节能力抵抗洪涝灾害对生态环境造成破坏。

（三）改善区域气候及生态环境

水利工程的开发建设增加了库区的水面面积，增加了环境湿度，在库区及周边形成适宜动植物生长的湿地环境，提高局部地区的生物多样性。

二、水利水电开发的生态环境负面影响

流域水电开发改变了河流原有的物质场、能量场、化学场和生物场，因此不可避免地给区域甚至流域生态环境造成负面影响。

（一）对河流水文、水动力特性的影响

水文动态是河流生态系统的控制变量，是河流传送能量和营养物质的重要机制，水利工程建，及运行导致的水文情势变化将影响河道的流量、水位、流场形态和地下水水位等，并引起河床地貌的演变，进而对河道、岸边带及洪泛平原的生态环境产生影响。

（二）对水体理化特性的影响

工程运行可能带来清水和低温水下泻以及局部河段溶解气体过饱和，同时库内蓄水可能引起水体酸度增加和营养盐积累，一方面降低了下游河道的初级生产力和鱼类繁殖，另一方面促进了库内藻类的大量生长，若流域内多个电站同时进行调控，可能使得下游百公里以上的河道原有的理化特性得不到恢复。

（三）对河流生态系统结构和功能的影响

水利工程建成运行后，流域内原有的陆地变为水域，动水变成静水，使得河流生物群落发生变化，库区内水动力减弱、透明度增加，从而使水生态系统由以底栖附着

生物为主的“河流型”异养体系向以浮游生物为主的“湖沼型”自养体系演化；大坝阻隔洄游性鱼类的通道，将会影响物种的交流；河流水位的急剧变化引起浅滩交替地暴露和淹没，会影响鱼群的栖息和产卵；水文、水质及底质的变化也将影响底栖生物的结构组成。

（四）对区域生态系统的影响

水文情势的改变可能导致洪泛区湿地减少、生物多样性减损、局部生态功能退化以及外来物种的入侵。洪泛平原生态系统适应洪水的季节性变化，水库运行改变了径流峰值和脉动频率，分割了下游主河道与冲积平原的物质联系以及生态系统的食物链，从而影响洪泛平原的生态过程以及区域生态系统的结构和功能。一般而言，长期的水文动态与生物的生长史相关，近期的水文事件对种群的组成和数量有影响，现状水文特征主要对生物的行为和生理有影响。水利工程的兴建及运行既改变了河流的水文现状特征，又改变了流域内长期的水文动态，这势必从根本上对区域及流域生态系统造成影响。

第四节 新时期水利水电开发的国内外进展

随着公众环境意识的不断增强，以及环境破坏带来的生态灾难，近十几年来对水利工程利弊的争论愈演愈烈；但化石能源不断减少和能源日益紧张的现实使得流域水电开发依然获得重视。全球的292条大型河流系统中有超过一半（172）受到了水利工程的影响，其中包括生物地理多样性最为丰富的八条水系。其中超过300座水坝属于巨型水坝（满足以下三项标准之一：高度超过150m，坝体超过1.5×107m3库容超过2.5×1010m3）。这些大规模的水资源和水能资源开发对河流甚至区域生态环境造成深远的影响，如何科学、定量地分析水库运行对河流生态环境的影响，寻求在水电设计、施工和运行中减小负面影响或增强生态环境效益的可操作措施和机制，实现水利水电开发和生态环境的和谐发展，已成为当前水利科学研究的热点。

一、水利水电工程的生态环境影响

国外关注大坝生态效应是从大坝建设对洄游性鱼类的影响开始的，进而逐步研究到其他物种、群落以及水生态的变化情况。20世纪40年代，美国资源管理部门就已经开始关注由于大坝建设而导致的渔场减少问题。美国鱼类和野生动物保护协会对建坝前后鱼类生长、繁殖以及产量与河流的流量问题进行了许多研究。1978年美国大坝委员会环境影响分会出版的《大坝的环境效应》(Environmrntal Effects of Large Dams）一书总结了20世纪40～70年代大坝对环境影响的研究成果，主要包括大坝对鱼类、藻类、水生生物、野生动植物、水库蒸发蒸散量、下游河道、水库和下游水质等方面的影响及水库生态环境效益问题。

在美国，伴随着对田纳西河、科罗拉多河以及密西西比河等河流的开发，水电建设快速发展，但相继出现的生态环境问题引起科研人员和管理人员的高度重视。美国爱荷华水力研究所（HHR）、美国工程兵团、美国科罗拉多大学以及爱荷华大学等研究机构开展了大量的水库生态环境研究。水电站运行首先改变了河流自然的流量模式，对河流水文、水动力特性产生重要的影响。自然河流需要维持河岸稳定、营养物质的输送、水体净化和生态系统稳定等功能。然而水库运行阻断了河道内物质的运输过程，使大坝下游河道输沙量和水体的含沙量减少。有研究表明阿斯旺水库修建后，进入河口的泥沙减少，导致海岸线不断被侵蚀并后退。

水库蓄水后周围地下水水位抬高，导致周边土地盐碱化和沼泽化；库区下游地区地下水的补给减少，致使地下水水位下降，大片原有地下水自流灌区失去自流条件，从而降低了下游地区的水资源利用率，对灌溉造成不利影响。在水电开发对河流水体的物理与化学特性的影响方面，水库运行改变了营养物质在水中的迁移转化行为，表现出水体盐度增高、水温分层、藻类繁殖加剧等。

水库削弱了洪峰，降低了下游河水的稀释作用，使得浮游生物数量大为增加，微型无脊椎动物分布面积和密度显著减少。在库内，水力滞留时间增加以及淹没的有机质分解和入流营养盐沉积，有利于浮游生物的生长及繁衍。

在水利水电工程对河流生物的影响方面，研究者对鱼类的研究最为深入、系统，特别是对洄游性鱼类、珍稀鱼类和重要经济鱼类。应用放射性标记法研究了水电站建设对大西洋鲤鱼洄游的影响，发现大坝的建设不仅阻止了洄游鱼类的自由上下，而且增加了鱼类的死亡率。大坝的建设将导致大西洋畦及斑鳟鱼的产卵路线阻断，死亡率增高。针对幼鱼的研究表明，在大流量期间，幼鳟鱼被冲到下游之后，在小流量期间能游回原先的位置，但当流量大到足以把鱼从它们的避难所冲走时，水流波动频率的长期影响可能非常严重，鱼群中较弱小的鱼受到的影响最为严重。

水利工程的运行将阻断颗粒物的传输，但颗粒物的沉积对河流生物的分布有着显著的影响，库区内有机物质的沉积将导致底栖生物密度和生物量的急剧下降。引水式水电站的建设，将导致引水河道内的水量大量减少，在枯水期可能发生断流，这种现象不可避免地对水生生物造成严重影响，破坏水域生态环境，使沿河湿地退缩、区域生物多样性可能下降。长时间的小流量会导致水生生物聚集，植被减少或消失或植被的多样性消失；植物生理胁迫导致植物生长速度较低。调峰电站的运行会导致水流陡涨陡落，这将使得水生生物被冲刷或搁浅，洪水的陡落导致生物幼苗种群不能建立。

水电开发可能导致下游洪泛区湿地景观减少、生物多样性减损、生态功能退化。梯级水电开发后，许多生物物种因其生存空间的丧失而面临濒危，繁殖能力下降，种群数量减少甚至是退化。

我国自20世纪80年代以来，陆续开展了大量水库运行对河流生态环境影响的研究。火溪河一期工程建成后，枯水期脱水河段原有的着生藻类将消失，浮游植物生态类型将发生改变，浮游动物数量和生物量将增加；底栖动物生物量将减少，大坝阻隔将使鱼类产卵场位置发生变化，喜静水鱼类增多，电站冲沙将严重影响鱼类生存。对大伙房水库浮游植物和底栖动物群落组成进行监测，结果表明，库区藻类生物量从建库初期的不足4万个 / 升上升到506.4万个 / 升，底栖动物的种类数量较建库前增加了2.8倍。金沙江下游溪洛渡水电站建成后，库区及坝下水生生物分布将发生显著变化：浮游生物群落结构和生物量将发生巨大变化，洄游性鱼类鳗鲡将由于大坝阻隔无法洄游而在坝上绝迹，中华鲟洄游通道也将被阻断；水库下游水文情势及水温的变化将严重影响鲟科鱼类的繁殖，产漂浮性卵的鱼类资源量下降，喜急流生活的鱼类将从库区消失，整个鱼类资源将呈现下降趋势。梧桐水电站水库蓄水初期硅藻、黄藻等藻类数量将增加，水库运行一段时间后浮游植物将以蓝藻、绿藻为主；浮游动物中枝角类、桡足类、轮虫的数量将有所增加；洄游性和半洄游性鱼类数量会减少，鱼类群落结构趋于单一，产漂流性卵的鱼类繁殖受限。

二、水利水电工程生态管理与保护

研究人员在水库运行的生态管理方面也进行了大量的工作。在俄罗斯，为减轻伏尔加格勒大坝对下游鱼类产卵场的影响，自1959年开始每年春季模拟春汛向下游专门放水。南非潘沟拉水库通过人造洪峰满足了下游鱼类生长和繁殖的要求。美国为改善科罗拉多河与密苏里河的生态条件，提出了格伦峡大坝适应性管理程式制定了大坝整体管理手册。19世纪晚期至20世纪初期、中期，美国、西欧以及苏联等一些国家及地区，为减免水电工程对鱼类的影响，建设了全国性的鱼类增殖放流体系（如美国建成了分布于全国各州的70个鱼类孵化场和9个全国鱼类健康中心，并且建立了标志放流体系）。如今在欧美等国家，生境适应性管理已全面应用于大坝的规划、设计、施工、运行以及病坝的维护和拆除之中。

国外在20世纪中后期就开始了水库生态调度的研究与尝试。欧美一些国家的管理决策部门据此制定了水库下泄最小生态径流法案，指导水电站运行调度。英国1991年的《水资源法》和1995年的《环境法》中规定水库下泄水量不能低于当局规定的最小流量。通过改变水库的泄流量、泄流方式和泄流时间来恢复坝下生态环境的例子也越来越多，挪威的尼德河、叙纳河、达勒河、曼达尔及加拿大的西萨蒙建设有以发电为主的水库，在水电调峰运行时遵循以下原则：在冬季有光照的白天，不应降低调峰流量，停止调峰时，水位下降速度要低于14cm / h，水电调峰应不定期进行，要保持基本流量和环境流量。这种调度方式实施后，酷鱼的数量有所增加。通过鱼类最佳栖息地面积对应的生态流量建立了水库优化调度模型，并在美国伊利诺伊州中部的一个水库进行了应用。1995年，日本河川审议会的《未来日本河川应有的环境状态》报告指出推进“保护生物的多样生息和生育环境”“确保水循环系统健全”“重构河川和地域关系”的必要性。1997年日本对其河川法做出修改，不仅治水、疏水，而且将“保养、保全河川环境”也写进新河川法。鉴于此，日本通过水库泄水将蓄沙堰临时沉积的泥沙还原给大坝下游，尽可能使水库原有调度方式对自然环境的冲击得到恢复。

我国自20世纪50年代以来水库建设和流域梯级开发快速发展，建设了诸如二滩、长江三峡及黄河小浪底等世界大型水电工程，对水电开发的生态环境影响和水库生态安全也有着长期的研究，取得了丰富而宝贵的经验。我国在中华鲟和长江鲟等珍稀鱼类的鱼道设计及人工放流等方面进行了大量的研究，获得了比较成熟的经验；在黄河小浪底成功研究并实施了调水调沙运行。从20世纪90年代后期开始，伴随着西南水电基地建设以及对流域梯级开发生态环境问题的关注，我国研究人员提出生态水工学理念。二滩水电站工程建设期间，在工程影响区域实施了库岸防护示范林营造、血吸虫疫区治理、施工迹地绿化等环境保护措施。二滩电站运行后，对流域水质、气候、鱼类、社会经济等主要环境生态因子进行后续监测和研究工作。研究结果表明，二滩工程经过7年的运行，区域生态环境系统重新形成良好的平衡状态。

随着水利水电工程施工及运行对生态环境保护要求的逐步提高，国内的研究也日益深入。虽然我国在水利水电工程的设计、施工及运行中越来越多地考虑到生态环境问题，并针对珍稀鱼类的鱼道设计进行了大量的研究，但是对河流整体生态效益和生态影响的定量研究非常缺乏。随着对河流健康问题的认识，我国已逐步从单纯的水利建设开始向水资源综合利用发展，并提出了“资源水利”和“生态水利”的理念。如何在“保护生态基础上，有序开发水电”“河流健康生命”“生态水工”等方面进行更为深入的探索是重中之重。

因此，围绕流域水利水电工程开发开展生态环境效应研究，通过现场观测、室内实验和数值模拟等方法，深入探讨水电开发建设及运行期间对流域生态环境的影响和效益，在理论上建立比较完整的流域水电工程生态环境效应研究方法，在工程技术上提出可操作的水电工程施工以及运行期环境保护方案，为我国生态友好型的水资源综合开发提供技术支持。

第九章 水利工程的水环境管理与保护

水环境是构成环境的基本要素之一，是人类社会赖以生存和发展的重要场所，因此受人类影响和破坏最严重。近年来，在水的供需关系紧张与水污染严重的双重压力下，水环境问题日趋严重，已经成为制约社会经济发展的重要因素。保护水环境，制定相应的措施刻不容缓，同时，恢复和保护水环境的价值与功能是社会文明的标志，也是社会经济发展的需求和生态环境、生物多样性保护的要求，其长远的、潜在的生态环境及社会经济效益是十分显著的。

第一节 水功能区划

功能是指自然或社会事物对于人类生存和社会发展所具有的价值和作用。水功能区是指根据流域或区域的水资源条件与水环境状况，考虑水资源开发利用现状和经济社会发展对水量与水质的需求，在相应水域内划定的具有特定功能的区域，水功能区是有利于水资源的合理开发利用和保护，并能够发挥最佳效益的区域。主导功能是指在某一水域多种功能并存的情况下，按水资源的自然属性、开发利用现状及社会经济需求，考虑各功能对水量水质的要求，通过了功能重要性排序，确定的首位功能即为该区的主导功能。

一、水功能区划

（一）目的和意义

水是重要的自然资源，水功能是水资源对人类生存和经济社会发展所具有的价值与作用的体现。随着我国经济社会的迅速发展、人口的增长、人民生活水平和城市化水平的提高，对水的需求愈来愈多，要求也愈来愈高，水资源短缺和水污染日益严重，已成为经济社会可持续发展的制约因素。水资源的保护必须从以往孤立的、被动的防治转为综合的、主动的控制，在注重水资源开发利用同时，更要重视水资源的节约和保护，通过水资源优化配置提高用水效率，实现水资源的可持续利用。

水功能区划的目的是依据国民经济发展规划和水资源综合利用规划，结合区域水资源开发利用现状和社会需求，科学合理地在相应水域划定具有特定功能、满足水资源合理开发利用和保护要求并能够发挥最佳效益的区域（即水功能区）；确定各水域的主导功能及功能顺序，制定水域功能不遭破坏的水资源保护目标；通过各功能区水资源保护目标的实现，保障水资源的可持续利用。

（二）指导思想与原则

1. 指导思想

结合流域（区域）水资源开发利用规划及经济社会发展规划，根据水资源的可再生能力和自然环境的可承受能力，科学、合理地开发和保护水资源，既满足当代和本流域（区域）对水资源的需求，又不损害后代及其他流域（区域）对水资源的需求。促进经济、社会和生态、环境的协调发展，实现水资源可持续利用，保障经济社会的可持续发展。

2. 区划原则

（1）前瞻性原则

水功能区划应具有前瞻性，要体现社会发展的超前意识，结合未来经济社会发展需求，引入本领域和相关领域研究的最新成果，为将来高新技术发展留有余地。

（2）统筹兼顾、突出重点的原则

水功能区划应将流域作为一个系统，统筹兼顾，充分考虑了上下游、左右岸、近远期以及经济社会发展需求对水域功能的要求；与水资源综合开发利用相协调，达到与保护相协调。建立区划体系和选取区划指标时既要把握和考虑全国共同性特点，又要符合不同水资源分区的具体特点。在划定水功能区的类型和范围时，应以饮用水源地为优先保护对象。

（3）可持续发展原则

水功能区划应与区域水资源开发利用规划及社会经济发展规划相结合，根据水资源的可再生能力和自然环境的可承受能力，合理开发利用水资源，保护当代和后代赖以生存的水环境，保障人体健康及生态环境的结构和功能，促进了社会经济和生态环境的协调发展。

（4）便于管理、实用可行的原则

为便于管理，水功能的分区界限尽可能与行政区界一致；类型划分中选用目前实际使用的、易于获取和测定的指标，同时定量和定性指标相结合。区划方案的确定既要反映实际需求，又要考虑技术经济现状和发展，力求实用、可行。

（5）水质、水量并重的原则

水功能区划分既要考虑对水量的需求，又要考虑对水质的要求。水功能区类型的确立，应综合考虑水资源数量与质量，对常规情况下仅对水资源单一属性（数量或质量）有要求的功能不作区划，如发电和航运等。

（三）水功能区划技术体系

我国江、河、湖、库水域的地理分布、空间尺度有很大差异，其自然环境、水资源特征、开发利用状况等具有明显的地域性。对水域进行的功能划分能否准确反映水资源的自然属性、生态属性、社会属性和经济属性，很大程度上取决于功能区划体系（结构、类型、指标）的合理性。水功能区划体系应具有良好的科学概括、解释能力，在满足通用性、规范性要求的同时，类型划分和指标值的确定与我国水资源特点相结合，是水功能区划的一项重要的标准性工作。

遵照水功能区划的指导思想和原则，通过对各类型水功能内涵、指标的深入分析、综合取舍，我国水功能区划分采用两级体系，即一级区划和二级区划。

水功能一级区分四类，即保护区、缓冲区、开发利用区、保留区；水功能二级区划在一级区划的开发利用区内进行，共分七类，包括饮用水水源区、工业用水区、农业用水区、渔业用水区、景观娱乐用水区、过渡区、排污控制区。一级区划宏观上解决水资源开发利用与保护的问题，主要协调了地区间关系，并且考虑发展的需求；二级区划主要协调用水部门之间的关系。

（四）水功能一级区划分指标

1. 保护区

保护区指对水资源保护、饮用水保护、生态环境及珍稀濒危物种的保护具有重要意义的水域。指标包括集水面积、保护级别、调（供）水量等。

源头水保护区是指以保护水资源为目的，在重要河流的源头河段划出专门涵养保护水源的区域。

对典型生态、自然生境保护具有重要意义的水域。执行对该类保护区议定的水量、水质指标。

2. 缓冲区

缓冲区指为协调省际间、矛盾突出的地区间用水关系，协调内河功能区划与海洋功能区划关系，以及在保护区与开发利用区相接时，为满足保护区水质要求需划定的水域。功能区划分指标包括跨界区域及相邻功能区间水质差异程度。

划区条件：跨省、自治区、直辖市行政区域河流、湖泊的边界水域，省际边界河流、湖泊的边界附近水域，用水矛盾突出地区之间的水域。

功能区水质标准：按实际需要执行相关水质标准或按现状控制。

3. 开发利用区

开发利用区主要指具有满足工农业生产、城镇生活、渔业、游乐和净化水体污染等多种需水要求的水域和水污染控制、治理的重点水域。功能区划分指标包括水资源开发利用程度、产值、人口、水质及排污状况等。

划区条件：取（排）水口较集中，取（排）水量较大水域（如流域内重要城市河段、具有一定灌溉用水量和渔业用水要求的水域等）。

功能区水质标准：按二级区划分类分别执行相应的水质标准。

4. 保留区

保留区指目前开发利用程度不高，为今后开发利用和保护水资源而预留的水域。该区内水资源应维持现状不遭破坏。功能区划分指标包括水资源开发利用程度、产值、人口、水量、水质等。

划区条件：受人类活动影响较少，水资源开发利用程度较低的水域；目前不具备开发条件的水域；考虑到可持续发展的需要，为今后的发展预留的水域。

功能区水质标准：按现状水质类别控制。

（五）水功能二级区分类及划分指标

1. 饮用水水源区

饮用水水源区指城镇生活用水需要的水域。功能区划分指标：人口、取水总量、取水口分布等。

划区条件：已有的城市生活用水取水口分布较集中的水域，或在规划水平年内城市发展设置的供水水源区；每个用水户取水量需符合水行政主管部门实施取水的许可制度的细则规定。

2. 工业用水区

工业用水区指城镇工业用水需要的水域。功能区划分指标：工业产值、取水总量、取水口分布等。

划区条件：现有的或规划水平年内需设置的工矿企业生产用水取水点集中的水域，每个用水户取水量需符合水行政主管部门实施取水许可制度细则规定。

3. 农业用水区

农业用水区指农业灌溉用水需要的水域。功能区划分指标：灌区面积、取水总量、取水口分布等。

划区条件：已有的或规划水平年内需要设置的农业灌溉用水取水点集中的水域，每个用水户取水量需符合水行政主管部门实施取水许可制度的细则规定。

4. 渔业用水区

渔业用水区指具有鱼、虾、蟹、贝类产卵场、索饵场、越冬场及洄游通道功能的水域，养殖鱼、虾、蟹、贝、藻类等水生动植物的水域。功能区划分指标是：渔业生产条件及生产状况。

划区条件：具有一定规模的主要经济鱼类的产卵场、索饵场、洄游通道，历史悠久或新辟人工放养和保护的渔业水域；水文条件良好，水交换畅通；有合适的地形、底质。

5. 景观泰乐用水区

景观娱乐用水区指以景观、疗养、度假和娱乐需要为目的的水域。功能区划分指标：景观娱乐类型及规模。

划区条件：休闲、度假、娱乐、运动场所涉及的水域，水上运动场，风景名胜区所涉及的水域。

6. 过渡区

过渡区指为使水质要求有差异的相邻功能区顺利衔接而划定的区域，功能区划分指标：水质与水量。

划区条件：下游用水要求高于上游水质状况；有双向水流的水域，且水质要求不同的相邻功能区之间。

功能区水质标准：按出流断面水质达到相邻功能区的水质要求选择相应的水质控制标准。

7. 排污控制区

排污控制区指接纳生活、生产废污水比较集中，所接纳的废污水对水环境无重大不利影响的区域。功能区划分指标：排污量和排污口分布。

划区条件：接纳废水中污染物可稀释降解，水域的稀释自净能力较强，其水文、生态特性适宜于作为排污区。

功能区水质标准：按出流断面水质达到相邻功能区的水质要求选择相应水质控制标准。

二、水功能区划分的程序

水功能区划分按下列程序进行：

（1）按水资源分区进行一级水功能区划分；

（2）在一级水功能区的开发利用区内进行二级水功能区划分；

（3）在按分区进行水功能区划分的基础上编制流域（区域）水功能区划报告；

（4）将流域（区域）水功能区划报告送审报批。

三、水功能区划分的方法

（一）一级功能区划分的方法

1. 资料收集

根据功能区分类指标要求，按省级行政区收集流域内有关资料，其主要应包括以下几类。

（1）基础资料。流域水系图、流域水资源基本状况等。

（2）划分保护区所需的资料。①国家级和地方级自然保护区的名称、地点、范围、保护区类型、主要保护对象、保护区等级和主管部门；②河流主要水系长度、水文和水质等基本数据；③大型调水水源工程水源地的位置、范围、调水规模、供水任务等。

（3）划分缓冲区所需资料。①跨省区河流、湖泊的取排水量，以及离省（区）界最近的取水口和排污口的位置；②省际边界河流、湖泊取排水量；③地区之间水污染纠纷突出的河流、湖泊；④水污染纠纷事件发生地点、纠纷起因、解决办法及结果等。

（4）划分开发利用区和保留区所需资料：①区划水域的水质资料、排污资料等；②基准年的产值，非农业人口，工业及生活取水量和主要水源地（河流、湖泊、水库）的统计资料；③规划水平年的产值，非农业人口，工业及生活取水量的预测资料，流域水资源利用分区资料；④排污（包括排污量及集中退水地点）等反映开发利用程度的资料。

上述资料应在选定的水资源利用分区单元内，以县级以上（含县级）行政区为单元分别统计，大城市所辖郊县的数据不计在内。

2. 资料分析与评价

资料分析与评价包括以下内容。

（1）保护区

通过资料分析，分别确定涉及区划水域的省级以上（含省级）自然保护区和地县级自然保护区，根据主要水系确定需要建立源头水保护区的主要河流。

（2）缓冲区

通过资料分析，确定省际边界水域、跨省区水域的具体位置和范围，结合水污染纠纷事件分析，确定行政区之间水污染纠纷突出的水域。

（3）开发利用区和保留区

通过资料分析评价，划分开发利用程度。开发利用程度高低的标准，可通过对产值、非农业人口、取水量、排污量等项指标的分析测算来确定。每个单项指标确定一个限额，任一单项指标超过限额，均可视为开发利用程度较高，限额以下则为开发利用程度较低。限额的确定方法是将各城市的各项指标分别从大到小依次排列，每一单项顺序累加，当第 n 个值对应的累加结果超过统计单元相应指标累加总和的50%（具体百分数各流域可根据管理的实际需要确定）时，则可将第 n 个值确定为该单项指标的限额。

由于流域内地区经济发展不平衡，为了适应不同地区开发利用和管理的需要，同一流域内，应按水资源利用分区范围，划分成若干独立的统计单元，分别排序，具体采用哪一级分区作为统计单元，可根据各流域的具体情况决定。

3. 功能区划分

功能区的划分采取以下步骤：首先划定保护区，然后划定缓冲区和开发利用区，其余的水域基本可划为保留区。各功能区划分的具体方法如下。

（1）保护区的划分

自然保护区应按选定的国家和省级自然保护区所涉及的水域范围划定。源头水保护区可划在重要河流上游的第一个城镇或第一个水文站以上未受人类开发利用的河段，也可根据流域综合利用规划中划分的源头河段或习惯规定的源头河段划定。

跨流域、跨省及省内大型调水工程水源地应将其水域划为保护区。

（2）缓冲区的划分

跨省水域和省际边界水域可划为缓冲区。省区之间水质要求差异大时，划分缓冲区范围应较大，省区之间水质要求差异小，缓冲区范围应较小。缓冲区范围可根据水体的自净能力确定。依据上游排污影响下游水质的程度，缓冲区长度的比例划分可为省界上游占2／3，省界下游占1／3，以减轻上游排污对下游的影响。在潮汐的河段，缓冲区长度的比例划分可按上下游各占一半划定。在省际边界水域，矛盾突出地区，应根据需要参照交界的长度划分缓冲区范围。

缓冲区的范围也可由流域机构与有关省区共同商定。

（3）开发利用区的划分

以现状为基础，考虑发展的需要，将任一单项指标在限额以上的城市涉及的水域中用水较为集中、用水量较大的区域划定为开发利用区。根据需要其主要退水区也应划入开发利用区。区界的划分应尽量与行政区界或监测断面一致。对于远离城区，水质受开发利用影响较小，仅具有农业用水功能的水域，可不划为开发利用区。

（4）保留区的划分

除保护区、缓冲区、开发利用区外，其他的开发利用程度不高的水域均可划为保留区。地县级自然保护区涉及的水域应划为保留区。

（二）二级功能区划分的方法

1. 资料收集

根据功能区分类指标要求，在一级区划确定的开发利用区范围内收集有关资料。

（1）基本资料。①开发利用区水域图；②水域水质监测资料。

（2）划分饮用水水源区所需的资料。①现有城市生活用水取水口的位置、取水能力；②规划水平年内新增生活用水的取水地点及规模。

（3）划分工业用水区所需资料。①现有工矿企业生产用水取水口的位置、取水能力、供水对象；②规划水平年内新增工业用水的取水地点及规模。

（4）划分农业用水区所需资料。①现有农业灌溉取水口的位置、取水能力、灌溉面积；②规划水平年内新增农业灌溉用水的取水地点及规模。

（5）划分渔业用水区所需资料。①鱼类重要产卵场、栖息地的位置及范围；②水产养殖场的位置、范围和规模。

（6）划分景观娱乐用水区所需资料。①风景名胜的名称、涉及水域的位置、范围；②现有休闲、度假、娱乐、运动场所的名称、规模、涉及水域的位置、范围。

（7）划分排污控制区所需资料。①现有排污口的位置、排放污水量及主要污染物量；②规划水平年内排污口位置的变化情况。

划分过渡区可以利用以上收集的资料。

2. 资料分析与评价

（1）水质评价。应根据开发利用区的水质监测资料，按《地表水环境质量标准》

对水质现状进行评价，部分特殊指标应参照有关标准进行评价。

（2）取排水口资料分析与评价。应根据统计资料和规划资料，结合当地水利部门取水许可实施细则规定的取水限额标准，确定开发利用区内主要的生活、工业和农业取水口，以及污水排放口，并在地理底图中标明其位置。对于零星散布的取水口应根据其取水量在当地同行业取水总量中所占比重等因素评价其重要性。

（3）渔业用水区资料分析。应根据资料分析，找出鱼类重要产卵场、栖息地及重要的水产养殖场，并在地理底图中标明其位置。

（4）景观娱乐用水区资料分析。根据资料分析，确定当地重要的风景名胜、度假、娱乐和运动场所涉及的水域，并在地理底图中标明其位置。

3. 功能区划分

（1）饮用水水源区的划分

应根据已建生活取水口的布局状况，结合规划水平年内生活用水发展需求，尽量选择开发利用区上段或受开发利用影响较小的水域，生活取水口设置相对集中的水域。在划分饮用水水源区时，应将取水口附近的水源保护区涉及的水域一并划入。对于零星分布的一般生活取水口，可不单独划分为饮用水水源区，但对特别重要的取水口，就应根据需要单独划区。

（2）工、农业用水区的划分

应根据工、农业取水口的分布现状，结合规划水平年内工、农业用水发展要求，将工业取水口和农业取水口较为集中的水域划为工业用水区和农业用水区。

（3）排污控制区的划分

对于排污口较为集中，并且位于开发利用区下段或对其他用水影响不大的水域，可根据需要划分排污控制区。对排污控制区的设置应从严控制，分区范围不宜过大。

（4）渔业用水和景观娱乐用水区的划分

应根据现状实际涉及的水域范围，结合发展规划的要求划分相应的用水区。

（5）过渡区的划分

应根据两个相邻功能区的用水要求确定过渡区的设置。低功能区对高功能区的水质影响较大时，以能恢复到高功能区水质标准要求来确定过渡区的长度。具体范围可根据实际情况决定，必要时可按目标水域纳污能力计算其范围。为减小开发利用区对下游水质的影响，根据需要，可在开发利用区的末端设置过渡区。

（6）两岸分别设置功能区的划分

对于水质难以达到全断面均匀混合的大江大河，当两岸对用水要求不同时，应以河流中心线为界，根据需要在两岸分别划区。

第二节　水资源保护规划

水资源保护包括水资源数量保护和质量保护两个方面，也就是说，通过行政、经济、法律、科技方法和手段保护水资源的质量与数量，防止水流堵塞、水源枯竭、水土流失、水体污染，以满足社会经济发展的需要。自然界的水资源在被人类开发利用中如不加以保护，就会产生各种环境问题。如过量开采地下水会引起干旱和荒漠化、地面沉降、海水入侵等环境问题；水体污染则导致农作物死亡和减产、农田土壤盐碱化、工业产品质量下降等一系列问题。同时人类在进行其他社会活动中也必须注意对水资源的保护，以免造成不良的水环境问题。水环境质量的恶化，导致了可利用水资源的进一步减少和水资源供需矛盾的加剧。水污染严重和水资源短缺已成为实现我国可持续发展的两大障碍。因此，保护水资源是非常必要的。

水资源保护的目标就是通过采取一定的方法和措施，在维持水资源的水文、生物、化学等方面的自然功能，维护和改善生态环境的前提下，合理充分地利用水资源，使得经济建设与水资源保护同步进行，以实现可持续发展。

随着工业和城市的发展，水体污染越来越严重，加剧了水资源的供需矛盾，各国纷纷采取防止水污染、保护水资源的措施，包括颁布法令、设立管理机构，制定水质标准、制定统一规划的原则，实施综合的防治措施等。严重的水环境问题使人们认识到孤立的、局部的治理技术与措施解决不了社会性和综合性的区域水污染问题。近年来，将系统分析技术应用于水资源保护，据此制定水资源保护规划，由单项治理转向综合防治，已成为现代水资源保护事业的标志。

水资源保护规划就是在水环境系统分析的基础上，合理确定水体功能，进而对水资源的开发、供给、使用、处理、排放等各个环节作出统筹安排和决策。水资源保护规划包括两个有机部分：一是水质控制规划，二是水资源利用规划。前者以实现水体功能要求为目的，是水资源保护规划的基础；后者是强调水资源的合理利用和水环境的保护，它以满足经济和社会发展的需要为宗旨。

一、水资源保护规划的目的和意义

水资源保护规划的目的在于保护水质，合理地利用水资源，通过规划提出各种治理措施与途径，使水质不受污染，从而保证满足水体的主要功能对水质的要求，并合理地、充分地发挥水体的多功能作用。依据社会经济发展规划和水资源综合利用规划，科学合理地编制水资源保护规划，对保证水资源的永续利用和实现经济社会的可持续发展，以及为经济社会发展的宏观决策和水资源统一管理与合理利用提供科学依据，具有重要意义。

20 世纪 80 年代中期，原水利电力部会同城乡建设环境保护部首次组织编制了全国七大流域的水资源保护规划。该规划的基本思想、方案和结论，作为流域开展水资源保护工作的主要依据，对流域水资源保护起到积极作用。随着流域社会经济的快速发展，污废水排放量急剧增加，江河水质恶化的趋势没有得到有效遏制，水污染事故和省际间、地区间水事纠纷频频发生。原规划的目标、措施已不能适应流域综合利用总体规划的要求，亟待制定新的水资源保护规划。制定水资源保护规划是发展的需要、战略的需要。没有水，就没有可持续发展。早在 20 世纪 70 年代，联合国就发出了水情警报，然而，近年来全球缺水仍在继续恶化，能否摆脱淡水危机，对人类来说是一场关系生死存亡的大事。解决淡水危机的主要途径是开源节流。一方面，想办法开发一切可能开发的水资源，如跨流域（区域）调水与海水淡化等；另一方面，要节省一切可以节约的淡水，科学管水、科学用水。水资源保护规划是现代水资源保护事业的需要。目前，各国对付水污染的行政措施有：颁布法令，设立管理机构，采取某些工程措施，制定水质标准，制定统一规划，大量拨款实施综合防治工程技术措施。其中“统一规划”是从个别治理转向综合防治的转折点，是现代水资源保护事业的标志，因为人们逐步认识到那种孤立的、局部的治理技术和措施解决不了社会性、综合性的区域环境污染问题。近年来，系统工程和系统分析技术的发展并应用于水污染控制领域，正是这种系统的观点，给水资源保护带来了根本性的变化。如水质水量统一管理，上下游、左右岸、地表和地下、行政区间、行业间、不同用途间的统一管理，城市、农村、陆地、点源、面源水污染的综合治理等，划分水功能区、制定水资源保护规划成了解决水环境问题的基础。

二、水资源保护规划的指导思想

水资源保护规划的指导思想是：与水资源综合利用规划相协调，贯彻经济社会可持续发展的战略思想，体现和反映经济社会发展对水资源保护的新要求，为宏观决策和水资源系统管理提供科学依据。具体内容有以下几方面：

（1）以可持续发展战略作为指导思想，贯彻国家有关经济建设、社会发展与水资源合理开发利用、水资源保护及污染防治协调、发展的方针。

（2）贯彻“防治结合，预防为主”的方针，对于已经受污染的水资源，应尽快着手治理，对于尚未受污染或污染尚不严重的水体，则应加强保护措施。

（3）特别重视水资源的合理开发与利用，要把节水、污水资源化及开发跨流域（区域）引水工程结合起来，作为长期的重大战略措施。

（4）规划中确定的水功能区，既要考虑近期要求，也要考虑到中长期的要求，还应根据经济社会支撑能力，对水资源保护措施作出了相应的分阶段优化规划方案与实施计划。

（5）水资源保护规划既要研究、总结、吸收国外水资源保护的基本经验和先进技术，又要突出考虑本地的实际情况和条件，以便确定技术上行之有效、经济上适宜的规划方案和对策措施。

（6）对于工业废水污染，应注重强调源头控制，持续开展清洁生产，实施废物减量化和生产全过程控制，达到节水、减污的目的，并与厂外集中处理相结合，实现入河排污口的优化布置。

（7）规划中应高度重视农村水资源的保护，特别是那些位于重要饮用水源地的农村污染源。对化肥农药、畜禽排泄物、乡镇企业废水及村镇生活污水等应采取有效措施进行控制、处理及利用，实现农村生态的良性循环。

三、水资源保护规划的基本原则

（一）可持续发展原则

水资源保护规划应与流域水资源开发利用规划及社会经济发展规划相协调，并根据规划水体的环境承受能力，科学合理地开发利用水资源，并留有余地，以保护当代和后代赖以生存的水环境，维持水资源的永续利用，促进经济社会的可持续发展。

（二）全面规划、统筹兼顾、突出重点的原则

水资源保护规划是将水系内干流、支流、湖泊、水库以及地下水作为一个大系统，充分考虑河流上下游、左右岸，省（区）际间，湖泊、水库的不同水域，以及远、近期经济社会发展对水资源保护规划的要求进行全面规划。坚持水资源开发利用和保护并重的原则。统筹兼顾流域、区域水资源综合开发利用和经济社会发展规划。

（三）水质与水量统一规划、水资源与生态保护相结合的原则

水质与水量是水资源的两个基本属性。水资源保护规划的水质保护与水量密切相关。规划中将水质与水量统一考虑，是水资源的开发利用与保护辩证统一关系的体现。在水资源保护规划中应从水污染的季节性变化、地域分布的差异、设计流量的确定、最小生态环境需水量、入河污染物总量控制指标等方面反映水质和水量的规划成果，还应考虑涵养水源，防止水资源枯竭及生态环境恶化等方面的因素。

（四）地表水与地下水统一规划的原则

在水资源系统中，地表水与地下水是紧密相连的，水资源保护规划应注意地表水与地下水相统一，为水资源的全面统一管理提供决策依据。

（五）突出与便于水资源保护监督管理的原则

水资源保护监督管理是水资源保护工作的重要方面，规划方案应该实用可行，操作性强，行之有效，重点突出水资源保护监督管理措施，以利于水资源保护规划的实施。

四、水资源保护规划的分类

水资源保护规划是水资源开发、利用、管理工作的一个组成部分。它是在现在或将来，流域（区域）开发至各不同阶段，为保护区域内水资源达到一定目标或水质标准而采取的方法或措施。其最终目的是，在达到水质要求的基础上，寻求最小（或较小）经济代价或最大（或较大）的经济效益。

（一）按规划的层次分类

按照规划的层次，可以将水资源保护规划划分为流域规划、区域规划和设施规划。

一般来说，规划的层次越高，其规模就越大，所涉及的因素也越多，技术也越复杂。

1. 流域规划

流域规划的任务是在一个流域范围内确定水资源保护的战略目标，包括环境质量目标和经济目标。流域规划的主要内容是在流域范围内协调各个重点污染源之间的关系，以保证流域范围内的各个河段和支流满足水质要求。流域规划的结果可以作为各个污染源进行排放总量控制的依据，是区域规划和设施规划的基础，更是高层次的规划。

2. 区域规划

区域规划是指流域内具有复杂的污染源的城市或工业区的水资源保护规划，区域规划是在流域规划的指导下进行的，其目的是将流域规划的结果和排放总量分配给各个污染源，并为此制订具体的、可执行的方案。区域规划既要满足上层规划对该区域的限制，又要为下一层的规划提供依据。

3. 设施规划

设施规划的目的是按照区域规划的结果，提出合理的污水处理设施，预设的污水处理设施，既要满足污水处理效率的要求，又要使污水处理的费用最低。污水处理设施规划是为维持和改善河流水质，对污水处理设施所做出的规划。规划中应调查已有的污水处理设施和估算各种废水处理与处置方案；然后根据环境、社会及经济的综合因素，选择一个投入费用最小及收益最大的方案。

（二）按不同水体分类

1. 河流水资源保护规划

以河流为规划整体，对全河流所提出的分段水资源保护规划。

2. 河段水资源保护规划

对河流中污染最严重或有特殊要求的河段，在河流水资源保护规划的指导下进行河段水资源保护规划。

3. 湖泊水资源保护规划

根据湖泊水体现状和要求，对湖泊分块功能等方面所提出水资源保护规划。

五、水资源保护规划的水平年、目标和指标

（一）规划水平年

考虑到规划成果的客观性、规划目标的可行性、实施规划的现实性和资料索取的方便，规划基准年一般取为较近年份，以便较完整地获取有关规划资料，同时又可反映与水资源保护规划有关的最新状况；规划近期水平年和规划远期水平年，主要考虑规划是为适应国民经济和社会发展需要编制的，规划水平年和国家建设计划及长远规

划年份一致，将有利于规划的实施。为了与国家近期建设计划相衔接，规划提出了相应目标和成果要求。此外也考虑水环境变化的滞后性和缓慢性，目前环境变化的作用源主因是人类活动，但是人类活动作用到环境，一般环境不是立即引起急骤变化，由于环境容量的影响使作用源的效应滞后，并且变化较缓慢。如果规划水平年距基准年过近，会使水环境变化效应显现不出来，缺乏对规划效应的评判。

（二）规划目标

规划目标包括近期目标和远期目标。近期目标要具体可行、便于操作、易于实现，具体为使得饮用水水源地水质达到国家标准，重要的和易达标的水功能区水质达到功能区水质标准。远期目标使各功能区水质达到各功能区水质标准。为了与国家建设计划相衔接，在现状年和近期水平年之间应插入相应的水资源保护要求与目标。

水资源保护的基本目标用各功能区的水质控制类别来表达。落实到各水平年则用主要控制指标的浓度值来表示，目标值确定中应依据不降低现状水质指标的原则。

（三）规划指标

根据全国各地排污状况和水质污染特点，化学需氧量（COD）和氨氮（NH3-N）一般均为应突出的超标污染物，同时，该两项指标也是最常规的检测项目。因此，规划统一采用化学需氧量、氨氮作为污染物必控指标和汇总指标。考虑到某些湖库已存在明显富营养化的情况，也应从反映富营养化的指标（TN、TP、叶绿素等）中选择污染物控制指标。

由于各种情况千差万别，水体污染也存在明显的差异，因此在规划时应认真分析排污状况和水质污染特点，找出反映该地水体污染特性的突出指标，对某些受特殊污染物影响的河流水系，可考虑增加当地指标作为污染物控制指标。增加哪个指标及数量均不作具体限制，但是国家统一规定的控制指标必须作为规划指标。

六、制定水资源保护规划的步骤

制定水资源保护规划的主要步骤可概括如下：

（1）分析并提出水环境问题。包括水质、水量、水资源利用等方面的问题，进而查清这些问题根源所在。

（2）确定水环境目标。根据社会经济发展的要求，充分考虑客观条件，从水质和水量两个方面拟订目标，做出水环境功能的分区。

（3）拟订措施。可供考虑的措施有调整经济结构和布局、提高水资源利用率、增加污水处理设施等。

（4）将各种措施结合起来，提出可供选择的实施方案。即在评价、优化的基础上提供决策选择的方案。

七、水资源保护规划的内容

现代水资源保护规划包括水功能区划、地上水与地下水资源保护规划、集中式饮用水水源地水资源保护规划、水资源保护监测规划以及与水相关的生态环境修复与保护等部分。

（一）水功能区划

水功能区划是根据水资源的自然条件、功能要求、开发利用状况和经济社会发展需要，将水域按其主导功能划分为不同的区域，确定了其质量标准，以满足水资源合理开发和有效保护的需求，为科学管理提供依据。

我国水功能区划分采用两级体系即一级区划和二级区划。一级区划宏观上解决水资源开发利用与保护的问题，主要协调地区间关系，并考虑发展的需求；二级区划主要协调用水部门之间的关系。

（二）地表水资源保护规划

针对规划范围内地表水资源的不同功能区开展相应规划工作。

1. 开发利用区

（1）内容

针对开发利用区的各二级水功能区计算水体纳污能力，依规划目标确定不同水平年功能区水质目标值，提出控制排放量，以现状（基准年）纳污量为基础分别计算各二级功能区至各水平年年污染物削减总量，并依具体情况将削减总量分配至功能区的主要入河排污口，提出水资源保护对策措施。

（2）说明

该区多为人口密集、产业发达、排污集中的城镇附近水域，是水资源保护的重点，也是规划的重点。水资源保护的重心是按水功能区水量、水质要求对现有污染进行治理和削减，基于国家污染物总量控制的要求（即实际污染源的动态变化应符合总量控制的要求）和现状污染已很严重的现实，削减量的计算中必须进行污染源的预测。

2. 保护区

（1）内容

根据保护区要求和规划总体目标提出各保护区代表断面水质目标值，进行水质现状评价，对现状纳污量进行统计。根据国家及地方有关法规、标准提出按现状纳污量进行污染物控制的对策措施，其中属于集中式饮用水水源地规划内容，按集中式饮用水水源地保护规划要求进行。

（2）说明

保护区是对河流源头、自然生态及跨区域调水保护具体重要意义的水域，一般水质较好，按现状纳污量控制。

3. 保留区

（1）内容

进行现状水质评价，按现状水质状况提出水质控制目标值，对现状入河排污口的污染物排放量进行统计，提出按现状排放量进行排污控制的对策措施。

（2）说明

保留区是现状开发利用程度较低、污染轻、水质较好并作为后期资源开发利用的预留水域，该区的保护目标是维持现状，不遭破坏。

4. 缓冲区

（1）内容

进行现状水质评价，按上下游水功能区要求确定缓冲区入流断面、出口断面、代表断面的水质控制目标值，用此目标值和现状水质状况分析缓冲区是否达到要求，如达到要求，即提出缓冲区按现状控制的对策措施；如达不到要求，应分析缓冲区位置及范围、上游水功能及水质要求、缓冲区内排污等原因，并据此提出缓冲区达到功能要求的方案和对策措施。

（2）说明

缓冲区是为协调省界间矛盾突出地区间的用水关系，以及保护区和开发利用区衔接时，为满足保护区水质要求而划定的水域。其水质状况差别较大，情况较为复杂，因此应分不同情况分别处理。

（三）地下水资源保护规划

规划的主要任务是了解区域水文地质及规划区水文地质条件；调查规划区地下水开发利用情况；简要进行地下水资源量评价；调查超采区出现的环境地质问题；划分超采区，制定控制超采的合理开发利用对策措施；进行地下水水质现状评价；确定了污染物，追溯污染源，分析了污染途径及污染原因；制定污染防治对策措施；制定监测监督管理措施。

（四）集中式饮用水水源地水资源保护规划

集中式饮用水水源地主要为湖库，一部分为河道，个别为地下水。由于一些地区在水源地保护方面已做了一些规划工作，本项规划应充分收集和利用这些已有成果，并注意与颁布的水源地保护规划的衔接。

规划内容：水质现状评价，污染源现状调查评价，拟定水源地各级保护区和水质目标，提出保护区点污染源（必要时可考虑面污染源）的削减方案，根据国家、地方水源地保护有关法规、标准及条例等提出保护对策措施。

（五）水资源保护监测规划

水资源保护监测规划的内容是：从水功能区管理、入河排污口管理、省界断面管理的要求出发，提出各类各级监测断面布设的位置、监测项目、监测频次，拟定实施计划，并测算相应的监测费用。

（六）与水相关的生态环境修复与保护

（1）根据规划需水预测、供水预测及水资源配置等相关部分的分析成果，对由于水资源的不合理开发利用以及不恰当的水事行为造成的与水相关的生态环境问题的地区，应研究相应的对策措施，逐步修复生态环境。对其他地区要研究预防、监督与保护的对策。

（2）对现状用水超过当地水资源承载能力，导致生态环境严重恶化的地区，要研究生态环境用水，提出包括生态环境用水在内的水资源配置方案，从而在满足生活、生产用水的条件下，对生态环境用水作出总体安排。根据生态环境用水研究成果制定与水相关的生态环境保护的对策措施，改善了生态环境；提出修复生态环境的工程措施和非工程措施。

（3）分析研究造成河道断流（干涸）、湖泊与湿地萎缩的原因，提出解决此类生态环境问题的方案，制定对策措施，如河流上下游多水库联合调度、增加河道内用水量等。

（4）分析研究增加河流下游流量的配置方案，以及地表水与地下水的联合调度方案，控制地下水水位在一个合理的水平上，既不产生荒漠化，又不产生次生盐渍化等生态环境问题，提出解决河流下游天然林草枯萎、荒漠化及次生盐渍化等生态环境问题的对策措施。

第三节　水资源保护管理

水资源保护管理，从广义上讲，应该涉及地表水和地下水水量与水质的保护管理两个方面。也就是通过行政的、法律的、经济的和技术的手段，合理开发、管理和利用水资源，保护水资源的质、量供应，防止水污染、水源枯竭、水流阻塞和水土流失，以满足社会实现经济可持续发展对淡水资源的需求。在水量方面，应全面规划、统筹兼顾、综合利用、追求效益、发挥水资源的多种功能，注意避免水源枯竭，过量开采。同时，也要顾及环境保护要求和改善生态环境的需要。在水质方面，应防治污染和其他公害，维持水质良好状态。实现水资源的合理利用和科学管理，必须减少和消除有害物质进入水环境，加强对水污染防治的监督和管理。

一、水资源保护管理的任务与内容

水资源保护管理是环境保护工作的重要组成部分，水资源保护的关键在于管理，只有加强管理，才能更有效地利用人力、物力和时间这些要素，多快好省地解决了环境问题。

水资源保护管理着力于对损害水环境质量的活动施加影响，协调发展与环境的关系，并以环境制约生产。但其核心问题是遵循生态规律与经济规律，正确处理发展与保护水资源的关系。环境是发展的物质基础，又是发展的制约条件，发展可能为水环境带来污染和破坏，但水环境质量改善和保护也只有在经济技术发展的基础上才能得以实现。在发展与环境的关系中，发展是主要方面。所以，水资源保护管理的实质是影响人类的行为，使人类的行为不致对水环境产生污染和破坏，以求维护水环境质量。

水资源保护管理要遵循预防为主、重在管理、综合治理、经济合理的原则。“预防”是水资源保护工作的核心。而防止水资源被破坏的最有效手段就是加强管理。近年来，城市人口的增长和工业生产的发展给许多城市水资源和水环境保护带来很大的压力。农业生产的发展要求灌溉水量增加，这对农业节水和农业污染控制与治理提出了更高的要求。实现水资源的有序开发利用、保持水环境的良好状态是水资源保护管理的根本任务。具体内容如下：

①实行统一管理，有效合理地分配水资源，提高水资源的利用率。

②保护水资源、水质和水生态系统，加强各类水体污染源的监测与管理。

③实现地下水资源的可持续利用，消除次生的环境地质问题。

④保障城市生活、工业和农业生产的可持续用水，做到计划用水、节约用水，综合利用、讲求效益。

⑤提高水污染控制和污水处理的技术水平，充分地运用水利工程的调节作用，合理调度，不断改善现有水质。

⑥强化气候变化对水资源的影响及其适应战略的研究，做好水质的预测预报工作。

⑦改革水资源管理体制并加强其能力建设。

⑧加大执法力度，实现以法治水和管水。

总之，水资源保护管理的内容应围绕控制人们可能会引起水资源在量上浪费或质上恶化的各种行为和活动而开展。对水量的保护管理应加强两方面的工作，一是防止不合理的开发造成的水资源枯竭和资源量下降。二是避免不合理的调配或无计划用水导致的可利用水资源量的减少。但水质的保护管理，一方面是要防止水体污染，另一方面是要改善现有水质。

二、水资源保护管理体制

（一）我国水资源保护管理体制与机构

长期以来，我国水资源保护管理较为混乱，水权分散，形成“多龙治水”的局面。例如，气象部门监测大气降水，水利部门负责地表水，地矿部门负责评价和开采地下水，城建部门的自来水公司负责城市用水，环保部门负责污水排放和处理，再加上众多厂矿企业的自备水源，致使水资源开发和利用各行其是。实际上，大气降水、地表水、地下水、土壤水以及废水、污水都不是孤立存在的，而是有着有机联系的、统一而相互转化的整体。简单地以水体存在方式或利用途径人为地分权管理，必然使水资源保护管理措施难以有力地贯彻实施，水资源的开发利用难以合理。管理分散、各自为政，就无法从政策、法规、规划、协调、监督等宏观上调节、控制与保护水资源，就会加剧水资源的危机，降低水资源的经济效益和生态效益。尤其是对于中国这个国土辽阔、湖泊河流众多、水资源时空分布极不均匀的大国，没有一个强有力的水资源管理机构是不行的。

水资源保护管理体制的完善和发展，既要服从水资源自然规律的需要，又要符合社会经济规律及不同时代的发展需要。还应有利于调动各单位、各部门及全体公民均能积极参与水资源保护管理工作。进入21世纪后，中国水资源保护管理应进入一个高度统一、宏观与微观相结合、功能齐全、多目标多层次、全方位的现代化管理阶段。

水资源保护管理是水利部门与环保部门的共同任务。中华人民共和国水利部负责全国水资源统一管理和保护，各级地方人民政府的水行政主管部门也都承担着其管辖范围内水资源统一保护管理的职责。

水利部门在水环境监督管理方面起着不可替代的作用，并具有特有的基础和优势。

（1）江河、湖泊、水库、河道都有比较健全的管理机构，七大江河流域（长江、黄河、珠江、松花江和辽河、海河、淮河、太湖）都设有国家水利部、环保部双重领导的水资源保护局（办），各级水政水资源管理机构都具有水环境保护的职责，已经形成了比较健全的管理组织体系。

（2）大量水利工程发挥调节控制水源的作用。水库的调蓄作用和水库、水闸的调度运用，地表水与地下水联合调度，进行地下水回灌，跨流域引水补源等，对改善水质、保护水环境起着举足轻重的作用。

（3）水利系统有健全的水文监测体系，对于水资源与水环境具有监测的职能，遍布全国各水系的水质观测站和地表水、地下水监测点，是监视水环境变化的耳目。

（4）水利部门有一支理论与实践相结合的水环境方面的技术队伍和科研力量。

（5）水环境保护管理必须根据不同的水体功能和用途，实施相应的标准和措施，而水体功能区的划分必须以水资源总体规划为基础，所以水体功能区的划分离不开水利部门。

（二）水资源保护管理机构的职能

所谓职能，是指人、事物或机构所应有的作用。水资源保护管理应起到规划、协调和监督三方面的作用。

按目前水资源保护的行政体系，各级水资源保护机构的职能如下：

1. 水利部

负责全国水资源保护的统一管理，组织制定全国性的水资源保护法律法规并监督实施；编制全国水资源保护近期规划、长远规划及年度计划；组织全国性的水环境监测网络并实施管理；编制全国性的水资源质量年报及组织与水资源保护相关的科研等。

2. 环保部

负责对全国环境保护工作实施统一监督管理，对七大流域机构进行业务指导及行业归口管理，组织各级环保部门对水体污染源实施监督管理，制定全国性的水环境质量标准及水污染排放标准，审批大型项目的环境影响报告书，督促各城市进行水环境综合整治等。

3. 流域水资源保护机构

（1）贯彻执行国家环境保护的方针、政策和法规，协助草拟水系水体环境保护法规、条例。

（2）牵头组织水系干流所在省、自治区、直辖市的环境保护部门及水行政主管理部门制定水系干流的水体环境保护长远规划和年度计划，报水利部、环保部批准实施。

（3）协助环境保护主管部门审批在流域内修建的工业、交通等及有关大中型水利工程对水体环境的影响报告书；协助各级环保主管部门监督检查新建、技术改造工程项目对水环境保护执行“三同时”的情况。

（4）监督管理不合理利用边滩、洲地，任意堆放有毒有害物质，向水体倾倒和排放废弃物质造成的污染和生态破坏。

（5）在全国环境监测网的指导下，按商定的统一监测方法和技术规定，组织协调各流域水体环境监测，掌握水质状况，提出流域水环境质量报告书。

（6）开展有关水系水体环境保护科研工作。

4. 省水行政主管部门

按流域规划的要求编制所在省水资源保护规划，并组织省辖城市的水资源保护规划以及负责规划的监督实施；督促所在地政府制定颁布水资源保护的有关法规、条例；参与地方水环境质量标准及水污染物排放标准的制定并监督实施；组织省内的水环境监测；配合流域机构实施水资源保护的流域化管理等。

5. 省环保部门

按流域水资源保护规划的要求参与编制地方规划中的工业污染源治理部分，负责所辖区域的水污染源的监督管理，督促省内城市的水环境综合整治，审批了规定权限内的建设项目环评报告书等。

省以下水行政主管部门及环保部门按省级水利、环保部门的职责相应地负责各自区域的工作。此外各级地矿、城建部门负责城市地下水的管理，航政部门对船舶污染实施监督管理。

三、水资源保护管理措施

为了实现水资源保护管理的任务和内容，确保水资源的合理开发利用、国民经济的可持续发展及人民生活水平的不断提高，必要的法律法规和技术等管理措施是非常重要的，也是非常关键的。

（一）加强水资源保护管理立法，实现水资源的统一管理

1. 设立行政管理机构

通过建立权威性机构，对水资源进行统一规划与管理。这些机构既是管理机构，

又是权力机构。他们有权提出：①控制水污染的政策、法令和标准；②控制污染源的排放；③对各项政策及措施的实施进行监督与检查；④有的还在经济上具有独立性，必要时采取经济措施。这类行政管理机构一般建有国家级和区域级的二级机构。我国在水利部设立国家级水资源保护机构，各流域成立了相应的水资源保护局，为水资源保护工作发挥保证作用。

2. 制定政策、法令、法规

我国在水资源和水环境保护立法方面取得了巨大的进展。1973 年，国务院召开了第一次全国环境保护会议，研究、讨论了我国的环境问题，制定了《关于保护和改善环境的若干规定》。这是我国第一部关于环境保护的法规性文件。其中明文规定：保护江、河、湖、海、水库等水域，维持水质良好状态；严格管理和节约工业用水、农业用水和生活用水，合理开采地下水，防止水源枯竭和地面沉降；禁止向一切水域倾倒垃圾、废渣；排放污水必须符合国家规定的标准；严禁使用渗坑、裂隙、溶洞或稀释办法排放有毒有害废水，防止工业污水渗漏，确保了地下水不受污染；严格保护饮用水源，逐步完善城市排水管网和污水净化设施。这些具体规定为我国后来的水资源保护管理措施与方法的实施奠定了基础。

我国水资源保护的政策是：科学规划、合理布局；节约用水，减少排污，积极推行污水资源化；实行人工处理与自然净化、单项与综合防治相结合的集中控制方针，并采用经济手段进行强制性控制，以达到保护水资源的目的。

3. 实现水资源的统一管理

加强水资源管理，建立统一管理与分级、分部门管理相结合的管理制度，是《水法》的核心内容之一。水资源是以流域作为基本的自然单元，上下游、干支流构成一个有机的整体。为实现合理地开发利用和调度配置水资源，有效地保护水资源，必须全面规划，统筹安排，统一管理。所谓水资源统一管理，主要是对水资源所有权的管理，即产权管理；所谓水资源分部门管理，主要是指开发利用的管理，即产业管理。由于水资源是多功能的，它有灌溉、航运、发电、养殖、供水、游览、自然保护等多方面的功能，这些功能之间是相互联系的，因此农业、交通、电力、水产和有关工业部门都是水资源的开发利用管理部门。但是，分部门的开发利用管理，必须在水资源统一管理，也就是在统一规划、统一调度、统一发放取水许可证、统一征收水资源费及统一管理水量水质的前提下进行。

（二）预防和治理水土流失，保护并合理利用水土资源

我国由于特殊的自然地理条件和长期以来不合理的生产建设活动，导致了严重的水土流失和生态环境恶化。水土流失使土地沙化、石化、退化，加剧了水旱风沙灾害，成为我国经济社会可持续发展的制约因素。而我国人多地少、水资源十分紧缺的基本国情，决定了水土保持具有特别重要的意义。保持水土资源就是保护我们当代人和子孙后代的生存基础，关系到可持续发展战略的实施，因此必须要依法加强水土保持，采取多种手段对水土流失地区实施综合治理。

为控制土壤冲刷，防止水土流失而采取的措施，称为水土保持措施。在流域产沙中，坡面泥沙是河流泥沙的主要来源，而沟道不仅是流域内径流泥沙的通道，而且是水力侵蚀和重力侵蚀集中发生的区域。坡面泥沙控制措施主要有生物措施、坡面工程措施和耕作措施。控制沟道径流泥沙的措施有沟头防护工程、谷坊、淤地坝、小水库等。

（三）节约用水，提高水资源的重复利用率

节约用水、提高水资源的重复利用率是克服水资源短缺的重要措施。工业、农业和城市生活用水均具有巨大的节水潜力。在节水方面，世界上一些发达国家日本、美国及德国等水的重复利用率都在60%以上，工业用水的重复利用次数（指水在重新回到水源之前，在厂内重复利用的次数）均达到2次以上。许多国家都把城市生活污水加以利用，如美国的一些地方对下水道污水进行科学处理后，用来灌溉农田和冲洗盐碱地，已取得了良好效果。由于长期缺水，以色列对污水净化和回收利用极为重视。

对于工农业生产用水的问题，我国正在进行积极的改进工作。对农业用水，各地正以节水灌溉为重点进行灌区建设，来提高灌溉用水的利用系数。对于工业用水，很多地方开始提倡清洁生产和污水资源化。目前，已着手将经处理的工业废水作为低质水源，用于火力发电厂的冷却水、炼铁高炉冷却水、石油化工企业中的一些敞开式循环水等。

（四）综合开发地下水和地表水资源

联合运用地下水和地表水是当前许多国家开发水资源的一项基本政策。地下水和地表水都参加水文循环，在自然条件下，它们相互转化。但是过去在评价一个地区的水资源时，往往分别计算地表径流量和地下径流量，以二者之和作为该地区水资源的总量，造成了水量计算上的重复。有资料显示，由于这种转化关系，在一个地区开采地下水，可以使该地区的河川径流量减少20%～30%。所以，只有综合开发地下水和地表水，实现联合调度，才能合理而充分地利用水资源。

我国是一个降水量年内变化较大的国家，5～9月的丰水期降雨量占全年总降水量的70%～80%，如何有效合理利用集中降雨季节的巨大的地表径流量成为解决水资源短缺问题的重要研究内容，各种先进、适用的集雨工程技术已经在我国许多缺水地区得到了广泛应用。

第十章　水利水电工程建设对陆域生态效应及其评价

重大水利工程在带来巨大经济、社会效益同时，不可避免地改变周边植被状况，对当地土地利用、气候特征、生态过程产生一定程度的影响。对于水利水电工程建设，可以大概分为陆域与水域的影响。对于陆域，水利水电工程建设对于陆域生态因子、陆域植被、景观的影响是目前研究的主要方向。下面以澜沧江流域中游水电站建设为例，主要分析水利水电建设对陆域生态效应的影响。对于土壤，库区土地利用变化对土壤的影响更为重要。而消落带的土壤及其生态环境效应是水库建设直接影响的区域。进一步利用景观生态学与GIS方法，分析了水利水电工程建设后的景观生态效应，确定景观生态影响的阈值范围。同时对澜沧江梯级水电站建设的遥感监测进行了分析，利用长时间序列NDVI方法分析水电站建设的陆域生态效应。

第一节　水利水电工程对生态系统的影响及其评价

一、水利水电工程建设对生态因子的影响

（一）漫湾库区小流域土壤的空间分异

土壤是植物生存、生长和再生产的基础。土壤物理性质是土壤环境的重要组成部分，主要包括土壤密度、机械组成、土壤水分含量、温度、电导率及pH等。很多研究表明，地形、土地利用方式、景观位置等会影响土壤物理性质。水利工程竣工之后，人类活动改变土地利用类型进而对植被组成类型及其分布产生一定影响。

水库蓄水引起库区土地浸没、沼泽化和盐碱化。①浸没：在浸没区，因土壤中的通气条件差，造成土壤中的微生物活动减少，肥力下降，影响作物的生长。②沼泽化、

潜育化：水位上升引起地下水位上升，土壤出现沼泽化、潜育化，过分湿润致使植物根系衰败，呼吸困难。③盐碱化：由库岸渗漏补给地下水经毛细管作用升至地表，在强烈蒸发作用下使水中盐分浓集于地表，形成盐碱化，土壤溶液渗透压过高，可引起植物生理干旱。

以澜沧江流域锡掌河小流域为例，研究不同地形、坡位、土地利用方式下的土壤物理性质，云南省锡掌河小流域位于澜沧江中部，面积 26.9hm^2，在漫湾水电站西北方 1.5km 处。锡掌河小流域地势起伏较大，海拔在 900 ～ 1670m。气候温和，四季明显，降雨丰富，属于亚热带季风气候。

根据当地土地利用类型和地形特征，在锡掌河小流域采集 52 个样点，分析其不同土地利用类型和地形特征下的土壤物理性质。锡掌河小流域土地利用类型可以分为有林地、果园、玉米地、灌草丛和水稻田 5 类，坡位分为上坡、中上坡、中坡、中下坡和下坡 5 类，坡向分为阳坡、半阳坡、半阴坡和阴坡 4 类。

除刚翻耕过的玉米地采取表层土样（0 ～ 25cm），其余土地利用的每个采样点进行分层采样，分三个层次，分别是 0 ～ 5cm、5 ～ 15cm、15 ～ 25cm。利用 W.E.T 土壤水分、温度和电导率速测仪实地测量样点不同土层土壤含水量、温度和电导率，并记录当时当地温度、高度、坡位、坡向、植被类型和覆盖度，并计算土壤容重、pH 值与机械组成。

（二）漫湾水电站上下游气候的变化

一般情况下，地区性气候状况受大气环流控制，但修建大、中型水库及灌溉工程后，原先的陆地变成了水体或湿地，使局部地表空气变得较湿润，对局部小气候会产生一定的影响，主要表现在对降雨、气温、风和雾等气象因子的影响。由于下垫面大面积由陆地改变为水体，水体的反照率、粗糙度及辐射性质、热容量、导热率等不同于陆地，从而改变地表与大气间的动量、热量和水分交换，进而可能对局地的气温和降水等产生影响。

水利水电工程修建后，降雨量有所增加：这是因为修建水库形成了大面积蓄水，在阳光辐射下，蒸发量增加引起的。降雨地区分布发生改变：水库低温效应的影响可使降雨分布发生改变，一般库区蒸发量加大，空气变得湿润。实测资料表明，库区和邻近地区的降雨量有所减少，而一定距离的外围区降雨则有所增加，一般来说，地势高的迎风面降雨增加，而背风面降雨则减少。降雨时间的分布发生改变：对于南方大型水库，夏季水面温度低于气温，气层稳定，大气对流减弱，降雨量减少；但冬季水面较暖，大气对流作用增强，降雨量增加。

对于不同气候影响的范围来说，建库后对库区及邻域气候有一定影响，但是影响范围不大，以三峡工程为例，对温度、湿度、风和雾的水平影响范围一般不超过 10km，表现最明显的在水库附近。各气候要素建库前后均有一定变化，但增减幅度不大。

①温度：运用拉依赫特曼理论公式进行预测，水域扩大对两岸气温影响，其水平距离一般在 1 ～ 2km，开阔地带大于峡谷地区，垂直方向通常在 400m 以下。库区年平均

气温略有升高，增加幅度在0.2℃左右，冬季月平均气温增高0.3～1.0℃，夏季平均降低0.9～1.2℃。极端最高气温约下降4℃，极端最低气温升高3℃左右。

②湿度：各月水汽压均有不同程度的增加，冬季平均增加0.2～0.3hPa，夏季为1.3～1.8hPa，春秋季介于二者之间；绝对湿度增加值在0.4g / kg以下；相对湿度春、夏、秋三季有不同程度的增加，冬季则有所减少。

③降水量：建库后，域内的年平均降水量约增加3mm，水库上空以及沿岸的背风地段降水量会有所减少，气流迎风坡降水量将增加。

④雾：库区以辐射雾为主，且多出现在冬季的早晨。根据成雾条件，通过定性分析和定量计算，水库蓄水后，全年雾日变化不明显，平均增加1～2d。

⑤风：根据河谷气流越过水域后风速的变化与风区长度的关系计算，建库后风速有所增加，边界层内，上下层间交换作用加强，大气层结稳定度趋于中性。对农业和生活环境有利的影响是：冬季温度升高，降水稍有增加，使初霜期推迟，终霜期提前，对喜温的经济作物有利；夏季气温降低及风速加大，能一定程度减轻低高程河谷的高温危害，伏旱程度有所减轻，并可改变重庆、万县等地炎热的生活环境。不利影响是：湿度和雾日增加，使冬半年潮湿程度会有所增加，影响人们的生活环境。在雾日多发情况下，对水陆交通及航空安全有些影响且风速加大，城市酸雨将向城郊扩散；水汽和雾的增加，酸雨将有所发展。

目前，有学者对三峡大坝建成后对气候的影响进行了研究，得出在山谷和水体的共同影响下，三峡水库蓄水后，近库地区的气温发生了一定变化，表现出冬季增温效应，夏季有弱降温效应，但总体以增温为主。有研究表明，水库气温上升对径流的变化起到减少的作用。同时，气候变化对动植物栖息地也是一种长期的持续破坏。因此，研究水库气候效应及其随时间的变化趋势对全面评价水库的生态环境影响，合理开发利用水域气候资源，更好地发展水域区的工农业生产都具有极为重要的意义。

气温可用来表征局部气候变化，它受多种因素的影响，主要包括：宏观地理条件，测点海拔高度，地形（坡向、坡度、地形遮蔽度等），下垫面性质等。其中尤以海拔高度和地形的影响最显著。

二、水利水电工程对陆生植物物种的影响

植被是环境的重要组成因子，是反映区域生态环境最好的指标之一，同时也是土壤、水文等要素的解译标志。水利水电工程对当地植被的影响主要包括工程实施过程和建成后频繁的人类活动。工程实施过程对植被的影响主要包括水库拦截回水对植被的淹没、开发新的交通道路对植被的碾踏和对土地的占用以及破坏土壤表面影响植被的附着、大坝厂房建筑的施工等活动对植被造成不利影响。

澜沧江中下游区域的水电站实地研究结果表明，施工期间，水坝及其相关设施（如道路、厂房、管理场所、营地等）和大量的土石方工程不可避免地开山炸石、取土填筑，对施工范围内的陆生、水生动植物及周边的生态环境造成较大程度破坏。水坝建设过程中栖息地破碎化、土壤理化性质改变等因素决定了岸带植物群落中优势物种的减少

或消失，最终造成了植物物种的不同生态风险。

水杨柳为澜沧江的特有植物种和濒危植物种。水坝建设后，水坝上游河流洪水频率及洪水持续时间改变，同时水坝下游的洪水频率及最大最小流量也发生变化。漫湾水坝建设前，漫湾库区至少存在4个栖息地，栖息地总面积远大于2300m2，且濒危物种的多度远大于400。但在建坝后，由于大坝建设淹没影响仅存留1个栖息地，面积为1200m2，其他的3个栖息地全部消失。水文改变引起栖息地消失和退化，进而导致水杨柳的丰富度下降超过96%。与建坝前水杨柳25%的平均盖度相比，建坝后水杨柳的平均盖度仅为2%。建坝后水杨柳的平均高度比建坝前低0.6m。

三、水电建设对陆生植被类型的影响

根据双向指示种分析(Two-way Indicator Species Analysis,TWINSPAN)数量分类结果，澜沧江中下游植被调查126个样方共划分为21个植被类型，其中包括10个森林群落、7个灌丛群落和4个草本群落。各群落类型依据各群落的优势种进行命名。

通过除趋势典范对应分析(Detrendedcanonicalcorrespondence Analysis,DCCA)排序，结果表明海拔、纬度和经度与植被类型和植物物种的分布格局显著相关。同时距离和坡度也是影响植被类型分布的重要环境因子。因此，海拔、纬度以及经度是影响云南省澜沧江中下游植被分布格局的主要环境因子。

在澜沧江的下游，自上而下包括糯扎渡、景洪和橄榄坝段，该区的气候类型为热带季风气候，澜沧江在该段流速降低、有相对较宽阔的河漫滩。河岸带的植物组成和植被类型趋于多样化，包括森林、灌木和草本群落。以芦苇、披散木贼占优势的河岸带草本群落广泛分布。同时咸虾花、马唐和外来入侵种飞机草也广泛分布。该区典型河岸带植被是以虾子花、水柳子和江边刺葵占优势的灌木群落。其中灌木种水柳子和江边刺葵作为流域的珍稀植物，仅分布在澜沧江流域的中下游河漫滩。而该区域的天然森林群落则受到人类活动的强烈干扰，多数地段被以芒果和橡胶树为主的人工经济林代替。仅在少数地段，存在少量的以鸡嗉子榕、牡竹、构树占优势的天然次生林。

在澜沧江的中游，自上而下包括小湾、漫湾和大朝山段，植物种类和植被类型与澜沧江下游有很大的区别。该区的气候类型为亚热带季风气候，地形地貌为深度切割的高山峡谷地貌。澜沧江在该段水流湍急、河漫滩很少分布。在大朝山段，植物群落以鸡嗉子榕、厚毛水锦树、思茅松、余甘子、钝叶黄檀，毛叶黄杞为优势种的森林群落广泛分布。在漫湾段同样以钝叶黄檀、思茅松、余甘子占优势的森林群落广泛分布。在小湾段，森林群落主要以云南松，高山栲、西南木荷、虾子花为优势种。澜沧江中游的植物群落类型表现出多样化的类型。库区漫湾和小湾段广泛分布以思茅松为优势的针叶林群落，而在小湾段则被以云南松为优势的针叶林所代替。同时，在小湾段出现了以栓皮栎占优势的落叶阔叶林森林群落。这是由于从大朝山到小湾段，随着纬度和海拔的上升，降水逐渐减少，气候条件发生了较大的改变，所以植物群落的类型和分布格局也发生了较大的变化。

澜沧江流域中下游植被的分布格局受区域梯级水电大坝建设的强烈影响。随着水坝的运行蓄水，水位的升高是影响植被类型及分布格局的主要影响因子。澜沧江中下游8个梯级水坝运行蓄水后，植被调查所获取的126个样方中有36个将会随着蓄水过程而淹没。研究表明，草本群落和灌木群落类型相比森林群落受了蓄水淹没的影响更大。

第二节 水利水电工程对水陆交错景观的生态效应评价

一、水陆交错带景观影响的机理

目前研究多从土地利用、景观格局、水文过程、水质、水温、泥沙等方面探讨水利水电工程建设的负面效应。但是，此类研究多集中于量化水利水电工程建设对陆生或者水生生态系统的影响，较少调查介于陆生和水生生态系统之间的水陆交错带景观的变化。因其特殊的过渡性和边缘性特征，水陆交错带景观经常遭受水位波动的影响。因此，水位波动在水体沿岸和水生态过程中扮演着极为重要的角色，与水陆交错带的景观格局和生态过程密切相关。

水位波动的产生主要与气候变化和人类活动这两个因素有关。气候变化常通过大气压系统的改变（降水、气温、蒸散发等的季节变异），引起水量的不平衡并导致河流、水库、湖泊的水文状况的显著变化。近年来，鉴于不规则气候事件频发（如极端降雨和干旱）和水文事件的可预报性日趋降低，气候变化可能对径流大小幅度、时间、频率、历时和变化率等方面产生显著的影响，引起河流水位波动。尽管如此，气候变化产生的水位波动，因其具有较小的波动幅度和规律的季节变化，常被视为自然水位波动。与气候变化相似，人类干扰同样能影响水位波动，而且其影响能调节或者协同气候变化的作用。随人为活动对河流干扰的加剧（如在河流上建设水利水电工程），常导致洪水的时空分布、流量大小和波动幅度的变化。因此，人为活动引起的水位波动及其对沿岸带的负面影响受到越来越多的关注。需要说明的是，现有的对人类活动引起的水位波动变化的理解，主要是从大坝或水库建设对水位的影响方面着手。

水利水电工程引起的水位波动是巨大的，其通过改变库区生物地球化学特征等足以使生态系统偏离其稳定状态。非自然的水位波动时间与频率，还能影响植被分布、物种多样性、水库形态和沿岸泥沙等。因此，水陆交错带中土壤和水相互关系的变化，会对该区域的土壤养分动态、矿质元素交换和重金属的累积等产生影响。

水陆交错带中土壤养分影响多种生态过程，如微生物群落动态、大型植物的分布与多样性以及浮游植物和底栖种群与群落（如鱼类和无脊椎动物）。因此，水位波动引起的土壤退化直接影响库区水陆交错带的栖息地质量。对于已经规划14座干流水利水电工程的澜沧江而言，一旦规划工程全部完成，将有上千公里的河岸带及原来远离河岸的地带被淹没，并形成受剧烈水位波动影响的新的上千公里的水陆交错带。所以调查研究土壤营养的动态及其对水利水电工程引起的水位波动的响应，具有实际意义。

水陆交错带历来被视为有效的水生和陆地生态系统的污染物的汇，尤其是对重金属此类因其高毒性、非降解和在环境中的持久性而具有显著生态意义的污染物的汇。高水位期间，洪水中携带的上游地区人类活动排放的污染物沉降在水陆交错带；在低水位期间，水陆交错带中的人类活动和自然风化进一步造成重金属富集。从这个意义上说，水陆交错带中的重金属，通过水生与陆生生态系统之间交互传输，承受着水利水电工程运行引起的剧烈的水位波动的严重影响。因此在漫湾水库水陆交错带进行土壤重金属的调查至关重要，通过评估重金属的累积效应与生态风险可为库区生态管理提供依据。另外，针对漫湾库区与水利水电工程运行引起的水位波动相关的水陆交错带重金属的调查信息目前还比较少。调查干扰前后重金属的富集情况经常通过对比干扰前后的状态实现，但对于水利水电工程建设比较早、建设前的相关信息相对缺乏的区域，可利用时空置换的方法，如将水陆交错带上部未受到淹没的区域作为建设前的状态（远离水岸带的参照区域，和淹没前水陆交错带的土地利用类型相同），并将两者进行对比。

二、水陆交错景观调查与评价方法

（一）调查方法

目前研究多采用样方法调查。下面以漫湾水电站为例，对其水陆交错景观土壤养分及重金属含量展开调查并进行采样分析。2011 年 6 月，漫湾水库处于低水位期，水陆交错景观暴露于空气，较为适宜采样调查的开展。共采集了 28 个样点（其中，林地 12 个，灌丛 10 个，农田 6 个），每个样点分为 3 层（0 ～ 5cm，5 ～ 15cm，15 ～ 25cm），同时每个样点的样品分别从水陆交错景观和未被淹没的参照点进行采取。每个样点的样品为同一海拔上的相邻的 5 个随机点的分层混合样品，采集后装入密封袋，同时记录坡度、坡向、至大坝的距离（记录经纬度，回实验室后计算获得）和至最高洪水位的垂直距离。

（二）评价方法

利用水陆交错景观土壤退化指数（SDI）和土壤质量指数的变化（CSQI）。进行土壤退化评价时，经常对比退化前后土壤营养的状态，进行水位波动对土壤营养状态的影响评价时，也经常对比淹没前后土壤营养的状态。在本案例中，由于大坝建设较早，水库蓄水前的土壤营养状态不易获得。因此本案例以与水陆交错景观相连的、未受水位波动影响的远离库岸的地方的土壤营养状态作为参照，用他反映淹没前的土壤营养状态，对比分析了水陆交错景观土壤营养的退化。

地形、地貌、坡度、海拔等因子与土壤理化性质关系密切，进而影响土壤质量。本案例在分析水陆交错景观土壤退化的基础上，借助冗余分析（Redundancy Analysis，RDA）进一步阐明了土壤退化与地形地貌等因子的相关性。RDA 是一个被广泛应用的多变量直接环境梯度分析，它能将大量数据中包含的信息以直观的图形来表示。

为了找到影响土壤退化的最重要的地形地貌因子并将土壤退化与地形地貌因子同时表现在一个低维空间中，本案例使用CANOCO 4.5（Centre for Biometry，Wageningen，Netherlands）软件对实验数据进行了RDA约束排序分析。RDA需要两个矩阵，分别为物种数据和环境数据。这里，土壤属性的退化程度被视为物种变量（响应变量），地形地貌参数如建设前土地利用类型LB、采样深度SD、坡度SL、坡向AS、至大坝距离DD和至最高洪水线垂直距离（DF）被视为环境变量，且符合两个环境变量之间无直接联系的要求。排序之前对所有量纲不同的参数都进行了标准化处理。需要说明的是，在进行RDA分析之前，需要对物种数据进行降趋势对应分析（DCA），根据梯度长度确定合适的排序模型。如果4个轴的最大梯度小于或者等于3，证明线性模型RDA是适合的；如果最大梯度大于或者等于4，证明单峰模型典范相关模型（CCA）是适合的；如果最大梯度为3～4，证明单峰模型CCA和线性模型RDA均合适。以各土壤元素的退化度为物种变量的DCA结果表明，漫湾库区水陆交错景观土壤属性退化度的DCA分析的4个轴的最长梯度为0.75，因此，线性模型RDA比较适合本案例。确定RDA后，采用向前筛选法（fbrward selection）对环境变量进行逐个筛选，每一步都采用蒙特卡罗（Monte-Carlo）排列检验，排列重采样为999次。在排序结果图中，每个环境因子箭头的长度表示环境变量（LB、SD、SL、AS、DD和DF）对物种变量（四种土壤元素的退化度）的综合影响程度，环境箭头越长，表示影响程度越高。环境变量箭头与物种变量箭头之间的夹角可以看做是环境因子和土壤退化的相关性大小。当环境变量箭头与物种变量箭头之间的夹角为0°～90°时，表明了两个变量之间呈正相关关系，土壤退化程度会随环境变量的增大而增大；当两者之间的夹角为90°～180°时，表明两者之间呈负相关关系，土壤退化程度会随环境变量的增大而降低；当两者之间的夹角为90°时，表示两者没有显著的相关关系。借助RDA，可以初步揭示环境因子对水陆交错景观土壤退化的影响。

第三节　水利水电工程建设对库区景观的生态效应

目前关于水利水电工程建设的景观生态效应与风险的研究主要集中在土地利用与植被覆盖变化、景观格局指数变化和景观格局生态风险这几个方面。例如，土地利用与植被覆盖方面，借助遥感解译和地理信息系统分析了黄河上游梯级电站建设对土地利用与植被覆盖的影响，并从流域尺度和坝址尺度分析水电站建设对NDVI的影响区域；选择三峡库区（重庆）为主要研究区域，结合遥感影像、自然地理及社会经济数据建立地理信息数据库，分别对研究区内土地利用／覆被格局、动态机制进行分析，对土地利用／覆被变化趋势进行模拟，并从自然和社会两方面对比土地利用／覆被变化的驱动因素差异，最后从生物多样性、土壤侵蚀、景观生态变化、生态系统服务价值以及生态风险等方面探讨了三峡库区（重庆）土地利用／覆被变化的生态效应。景观格局指数变化和景观格局生态风险方面，从斑块类型尺度和景观尺度选出优势度、多样性、均匀度、分离度等8个能全面反映景观格局变化的数量化指数探讨水利水电工程对景观格局的影响特征；从景观格局变化的角度，根据景观生态学理论，借助地理信息系统工具，对浙江龙山抽水蓄能电站进行生态风险评价，从景观尺度选取景观多样性指数、景观优势度指数和景观破碎度指数评价水电站工程开发建设对景观格局的影响，同时基于景观格局指数、景观脆弱度指数、景观生态损失指数、综合风险概率及综合风险值探讨不同规划方案景观生态风险。

目前水利水电工程建设的景观生态效应研究，尚赶不上景观生态学的发展水平，没有形成完善的理论和方法，在许多方面有待进一步完善。例如，此类研究多为在特定区域（流域或者行政区域）内进行，很少研究工程建设的影响范围（阈值）以及工程建设的不同时期（如建设期和运行期）的影响范围的差异、工程建设和水库蓄水对景观影响的差异。由于水利水电工程所在地区环境、水利水电工程设计参数、建设目的等方面的差异，不同的水利水电工程的影响范围也不同，造成了在特定区域内（流域或者行政区域）分析评价水利水电工程建设的景观生态效应时不能完全反映其影响和景观格局变化的全面特征，更多是反映工程建设和其他驱动因子共同作用下的结果。因此，识别水利水电工程建设和水库蓄水的影响范围，并在其影响范围内进行景观生态效应研究，具有十分重要的理论意义和现实意义，并且为流域水电梯级开发的景观生态效应研究提供参考。

这里以云南澜沧江漫湾水电站为例，基于GIS和RS技术，运用景观生态学理论和方法对漫湾水电站建设前后库区景观组分和格局变化特征、大坝建设和水库蓄水的影响阈值、景观生态风险以及生境质量对植被格局变化的响应进行研究，来分析水电站建设的景观生态效应。

一、水电站建设对景观组成与结构的影响分析

（一）研究方法

1. 遥感解译及景观面积统计

利用ERDAS IMAGE图像处理软件结合野外调查对漫湾库区1974年、1988年和2004年3个时段的LandsatmSS / TM影像进行人工目视判读与监督分类，并结合实地调研验证获取库区3个时期的景观类型图，其影像的分类精度为91%。根据研究目标与实际情况将库区划分为水域、林地、灌丛、草地、农田及建设用地共6个景观类型，对各景观类型面积及其变化进行统计分析。

2. 景观转移矩阵分析

景观变化研究中，仅仅描述景观类型面积的增减并不能很好地反映各类型间的转换情况及竞争关系，而景观转移矩阵能揭示具体的转化细节。本案例在GIS技术平台上分别将遥感解译得到的1974年、1988年和2004年景观图进行空间叠加分析，得到1974～1988年、1988～2004年和1974～2004年3个时段景观类型之间的转移矩阵，并计算了各景观类型的变化率，计算公式为：

$$P_{ij}=\frac{A_j-A_i}{A_i}\times 100\% \tag{10-1}$$

式中，P_{ij} 为研究期内某景观类型转化率；A_i 是某景观类型在研究期初的面积；A_j 为某景观类型在研究期末的总面积。

3. 景观变化动态度分析

景观转移矩阵仅反映了景观变化幅度，并没有反映出该类土地类型的空间变化程度。而景观动态度可定量描述景观空间变化程度，可分为单一景观动态度和综合景观动态度。其中，单一景观动态度指一定时间范围内，区域某种景观类型空间变化的程度，公式表达为：

$$R_{ss}=\frac{\ddot{A}U_{in}+\quad U_{out}}{U_a}\times\frac{1}{T}\times 100\% \tag{10-2}$$

式中，R_{ss} 为某种景观类型空间变化程度，ΔU_{in} 为研究时段 T 内其他类型转变为该类型的面积之和，ΔU_{out} 为某一类型转变为其他类型的面积之和，U_a 为研究初期某一土地利用类型的面积。综合景观动态度则表征区域景观综合空间变化程度，他的表达式为：

$$R_{ts}=\frac{\sum_{i=1}^{n}\left(\Delta U_{in-i}+\Delta U_{out-i}\right)}{2\sum_{i=1}^{n}U_{ai}}\times\frac{1}{T}\times 100\%=\frac{\sum_{i=1}^{n}\Delta U_{out-i}}{\sum_{i=1}^{n}U_{ai}}\times\frac{1}{T}\times 100\%$$

$$=\frac{\sum_{i=1}^{n}\Delta U_{in-i}}{\sum_{i=1}^{n}U_{ai}}\times\frac{1}{T}\times 100\% \tag{10-3}$$

式中，R_{ts} 表示区域所有景观类型变化的综合空间动态度，ΔU_{out-i} 为研究时段 T 内其他类型转变为类型 i 的面积之和，ΔU_{out-i} 为类型，转变为其他类型的面积之和，为研究初期类型 i 的面积。

4. 景观指数选取

景观结构特征常通过计算各种景观指数并进一步分析其生态学意义来进行研究，其中一些指数量度景观组成，另一些指数量度景观结构。因此，对于每个指数所量度景观格局方面的理解是非常重要的。在大多数情况下，许多指数是高度相关甚至是完全相关。例如在景观水平上，斑块密度和平均斑块面积完全相关，因为它们代表了相同的信息。在借鉴前人研究的基础上，利用 FRAGSTATS 3.3 软件在类型和景观水平上分别选取了斑块数（NP）、斑块密度（PD）、最大斑块指数（LPI）、景观形状指数（LSI）、周长 - 面积分维数（PAFRAC）和景观分离度（SPLIT）等 6 个指数，以及景观水平上的香农多样性指数（SHDI）和香农均匀度指数（SHEI）2 个指数，来分析研究区景观格局的变化，各指标生态学意义可参考相关文献。

（二）建设前后景观动态度分析

转移矩阵仅反映了景观变化幅度和空间转移趋势，并没有反映出该类土地类型的空间变化程度。因此，根据公式结合得到的景观面积转移矩阵计算了库区 6 种景观类型及综合景观在 3 个研究时段的空间动态度。结果表明，不同的景观类型在不同的研究时段也表现出不同的空间动态，水电站建设前的 1974 ～ 1988 年草地的空间动态度最大，其次是农田和建设用地，说明水电站建设前这 3 类景观输入与输出比较频繁，其主要原因为这 3 种景观面积基数相对林地与灌丛较小。再次，水域面积比较稳定。水电站建设后的 1988 ～ 2004 年建设用地和水域的空间变化程度较大，这主要是因为水电站的建设，使库区水域面积增大，部分农田、灌丛、草地和林地被淹没以及开山修路与移民的安置等。但是，相比前一时期，1988 ～ 2004 年除水域外的其他景观类型的空间动态度都有所降低。从整个研究时段来看，转化比较频繁、动态度比较大的是建设用地、草地和农田，水域次之，但林地和灌丛整体上相对稳定。

（三）景观破碎化

景观破碎程度是衡量景观异质性的重要指标，这里用斑块数（NP）和斑块密度（PD）表示。由 1974 ～ 2004 年景观格局指数表可以看出，在类型水平上，水域景观 NP 与 PD 在水电站建设前大幅增加，在水电站建设后略有下降；林地和农田的 NP 与 PD 表现出持续上升的趋势，说明库区人类活动的干扰程度不断增强，特别是水电站建设后进一步加大了对整体景观格局的破坏作用。但是在 NP 与 PD 整体增加的前提下，2004 年与 1988 年相比，除林地和农田外的其他景观 NP 都有一定程度的降低。在景观水平上，2004 年 NP 与 PD 较 1974 大幅增加，但是较 1988 年略有降低。最大斑块指数（LPI）同样表现出先减少后增加的趋势，说明水电站建设之后最大斑块面积有所增加，这与水库蓄水造成水域斑块面积大幅增加有关。

（四）景观形状、分离度指数

本研究中景观形状指数（LSI）和周长－面积分维数（PAFRAC）用于描述景观斑块形状的复杂程度，景观分离度（SPLIT）用来描述景观离散程度。在类型水平上，1974 ～ 2004 年库区林地和农田的 LSI 持续增大，表明库区林地和农田斑块形状趋于复杂化，其他景观类型 LSI 在水电站建设后比建设期小，表明水电站建设后其他景观类型斑块形状复杂程度降低。各景观类型的 PAFRAC 介于 1.28 ～ 1.54，表明库区景观类型形状多数属于等面积下周边最复杂的嵌块。各景观类型间的 SPLIT 指数相差甚大，水电站建设前林地、灌丛和建设用地的 SPLIT 指数尤为突出，林地和灌丛 SPLIT 最小，原因主要为林地和灌丛作为库区的景观基质，规模大，成片分布且斑块类型间的空间距离短；建设用地 SPLIT 最大是由于其数量较少、空间相距较远而导致其在地域分布上最分散。2004 年水域 SPLIT 最低，说明水电站建设后，库区水域面积增加并连接成带状，促使 SPLIT 降低。在景观水平上，LSI 和 PAFRAC 持续升高，说明库区景观斑块形状趋于复杂化，这与林地面积在库区占主导地位状况相符。

（五）小结与讨论

水利水电工程建设在产生巨大的防洪、发电、灌溉、航运等经济效益，推动国民经济向前发展的同时，不可避免地造成生态系统稳定性的失衡，加剧水土流失、土地利用变化和景观格局破碎程度等生态环境问题。对流域生态安全造成不同程度的影响与风险。澜沧江作为西南纵向岭谷区生态状况保持良好的国际河流，其独特的自然地理位置及战略意义，使得水电开发造成的景观破碎、生境退化、生物多样性减少等各种生态问题会涉及多国、多边的利益关系。因此进行此区域水电站建设的景观生态效应研究十分必要。本案例研究以漫湾电站建设为例，采用景观生态学方法，在遥感和GIS技术支持下，系统地量度了漫湾库区景观格局各类指标、景观转移面积矩阵以及景观动态度，分析了漫湾电站建设前后库区景观变化特征。

1. 水电站建设对景观组成与结构的影响

随着漫湾电站库区人类活动的干扰程度不断增强，库区景观格局在1974～2004年发生了显著变化，特别是水电站的建设进一步加大了对整体景观格局的破坏作用，景观基质表现出破碎化加剧和离散分布的趋势，同时斑块形状变得更加复杂。不同景观类型之间相互转化频繁，不同时段表现出些微差异：在水电站建设前林地与灌丛和草地之间的转化比较频繁，转移程度较强，表现为大量林地被开垦为灌丛、草地，同时灌丛转化为林地、草地与农田；水电站建设后与建设前有所不同的是蓄水造成水域面积大幅增加，部分林地、灌丛、草地及农田转化为水域，同时水电站建设和移民安置又造成建设用地面积增加。从景观之间的转移可以得知，库区各景观类型之间的转化在水电站建设前已经比较频繁，因此，库区景观变化应该是其他社会经济活动与水电站共同作用的结果。水电站建设后库区综合景观动态度有所降低，但是不同景观类型在不同的研究时段却表现出不同的空间动态。在水电站建设前，景观类型空间动态度大小依次为草地＞建设用地＞农田＞灌丛＞林地＞水域；建设后，依次为建设用地＞水域＞灌丛＞农田＞草地＞林地；从整个研究时段来看，转化比较频繁、动态度比较大的是建设用地、草地和农田，水域次之，而林地和灌丛整体上相对稳定。

采用景观生态学的方法对水电站建设的生态效应的研究已经越来越受到重视，本案例对漫湾库区的景观格局变化进行了初步的研究，基本反映了水电站建设对库区景观格局的影响和变化特征，对于科学认识水电站建设的景观生态效应，进而对库区进行景观结构的科学调整和生态建设具有重要的意义。然而遥感数据的解译精度、分辨率，土地利用划分方法及研究尺度对景观指数有一定的影响。因此，在格局指标的选择、尺度效应分析（时间与空间尺度）以及驱动因子分析等方面有待进一步研究。

2. 土地利用变化的驱动力分析

在本研究区域内，土地利用变化在水电站建设前的主要驱动力为森林砍伐与农田开发，随着梯级水电开发进程的推进，水电站建设与水库蓄水及其伴生干扰等人类活动成为其土地利用变化的主要驱动力。许多研究分析了道路网络建设对土地利用变化的影响，本研究区域内的主要道路为G214，由于其在1973年已经建成，并且其对土地利用的影响主要集中于道路建设时期，因此其对土地利用的影响可能并不显著（在本研究的时间段），或者说其影响远比大坝建设和水库蓄水以及两者的伴生干扰（移民点建设等）小。

针对土地利用变化的驱动力，前人也研究了自然因素对区域土地利用的影响，并且有人试图区分气候变化与人类活动对土地利用的影响。在本研究区域的研究时段，气候变化不显著（降雨与温度）。因此大坝建设与水库蓄水理应是本区域土地利用变化的最大驱动，同时，也加剧了其他干扰的强度并增加了自然灾害（如滑坡、泥石流和土壤侵蚀）的发生频率。

二、水利水电工程建设对景观格局的影响阈值分析

世界上大约有70%的河流因为发电、季节洪水控制、灌溉和饮用水供应等被大坝或者水库阻断。水利水电工程的建设常常被认为对生态环境具有显著的影响，水利水电工程建设影响有两个主要类别：大坝的存在和水库的运行。大坝的存在，能降低河流的连接度，使流域破碎化，并影响大坝周围的土地资源；水库的蓄水与运行不仅会改变水文和泥沙状况以及水体的化学、生物及物理特性，而且会淹没大量的土地。因此，大坝建设与水库蓄水被认为是改变库区土地利用动态的显著的影响因子。

土地利用动态是人类活动与自然环境相互作用的最重要的一个敏感指标，它与生态过程之间具有最根本的相互作用关系。对于土地利用动态进行研究有利于在空间和时间尺度上对自然景观状态和人类活动影响进行评价和预测管理。水利水电开发作为人类活动对自然环境影响的最大的干扰之一，能引起土地利用动态的一系列的连锁反应。因此，研究水利水电开发对土地利用的影响是指导水利水电开发与区域土地利用管理需要考虑的一个重要议题。

遥感影像（RS）因其高的空间分辨率和信息一致性，是监测、筹划和清查各种资源以及分析人类活动对土地利用影响的一个重要工具。RS与地理信息系统（GIS）的结合，已经被证明为及时地评价土地利用动态的强有力的工具。目前。已有很多研究基于RS和GIS，评价了水利水电工程建设对土地利用的影响。此类研究的重点一直是在区域范围内，其中多数主要集中于分析土地利用的组分变化，或者土地利用的组分变化的驱动力，很少有研究水电站建设的影响范围（阈值）及大坝建设（建设时期）和水库蓄水（建成后）对土地利用影响差异。

（一）研究方法

本案例利用缓冲分析法，识别了大坝建设和水库蓄水的影响范围。缓冲分析法是以至干扰源不同距离为变量，是基于GIS的评价人类干扰范围（如道路网络建设和城市扩张）的一个有效方法。这里设定了两个特定变量（如距离坝址、距离河道）的不同缓冲区，借助单一土地利用动态度、综合土地利用动态度和转换斑块密度，研究了大坝建设和水库蓄水影响土地利用的范围。

一个有效的缓冲区设置能清楚地解释每个缓冲区的土地利用动态，缓冲区设置过长或过短都不能精确地反映干扰源对土地利用的影响。因此，利用两种距离（平均欧

几里得距离MED和基于面积权重的平均欧几里得距离AWMED），计算了转换斑块至河道的分布。

缓冲区的设置从至大坝的距离和至河道的距离考虑。设置了以大坝为中心的环形缓冲区：至大坝1000m范围内以200m为间隔设置了5个缓冲区，1000m之外以1000m为间隔设置了9个缓冲区。把14个缓冲区与3期土地利用转换图叠加，然后计算每个缓冲区内的土地利用动态度。以河道为中心的带状缓冲区：至河道1000m范围内以200m为间隔设置了5个缓冲区，1000m之外以1000m为间隔设置了9个缓冲区。把14个缓冲区与3期土地利用转换图叠加，然后计算得每个缓冲区内的转换斑块密度。同时，为了对比大坝建设对上下游的影响，分别选取了大坝上下游10km范围内的小流域，进行土地利用变化分析，并分析水库蓄水对两个小流域的影响范围，缓冲区设置与整个研究区相同。

（二）水库的影响阈值

土地利用转化斑块密度在不同带状缓冲区范围的变化表明，转化斑块密度随着至河道距离的增加呈现降低的趋势。与以大坝为中心的缓冲区内综合土地利用变化度不同的是，在0～200m缓冲区范围内，转化斑块密度远远大于其他缓冲区，这可能与河道附近频繁的人类活动有关系，如农田开垦造成河道附近景观破碎，然而，水库蓄水后这些破碎的斑块被淹没为水域，造成了大量斑块发生转化。

（三）水电站建设对上下游影响的对比分析

大坝上下游10km范围内的土地利用动态表明，1974～1988年，林地、草地和农田在上游的土地利用动态度大于下游，表明大坝建设对这些土地利用类型的影响大于下游，主要原因为此时期的森林砍伐，农田开垦，被遗弃的农田演变为草地，以及移民的安置。然而，灌丛与建设用地在上游的土地利用动态度小于下游，主要原因为大坝建设带来的次级干扰，如料场、废料场以及运输通道的建设等。水域面积在上下游的动态都比较小，表明此阶段大坝建设对水域的影响不大。

三、植被格局变化对生境质量的影响

水利工程建设和运营会改变库区的植被格局，对流域水生和陆生生态系统产生不同程度的影响，还可能导致区域生境质量退化和生物多样性丧失。水库形成后，将淹没江河两岸大片土地和森林植被，从而直接地影响陆生动植物赖以生存的支撑环境。水库淹没对野生动物的不利影响一般有4种：①觅食地的转移；②栖息地的丧失；③活动范围受限制；④许多动物在水库蓄水时被淹没或被迫迁移他处。为了定量研究大坝建设后，植被格局变化对库区生境质量的影响及其时空效应，这里综合考虑海拔高度、植被类型和距水源地的距离等生境因子，结合GIS技术和景观连接度法研究1974年、1991年和2004年库区生境质量的变化，并且运用景观连接度分析和制图研究重要生境斑块变化的空间分布。为了进一步研究景观格局与连接度的关系，分别在库首、库中、库尾以及无量山自然保护区（对照组）内各选择一个10km×10km大小的区域作为研究小区，共3期12组数据建立线性回归模型。

（一）生境斑块的选择与赋值

景观连接度分析首先要进行生境斑块的选择和赋值，其选择不仅要考虑斑块的景观适宜性，而且斑块的面积应能维持一定物种数量或特定的生态过程，同时还要考虑斑块之间的可达性。此处的景观适宜性是指所选择的景观类型应为被保护物种的现存生境，或能够支持某种特定的生态过程，如植物授粉、种子传播、动物迁徙、氮循环等。这里选取云南地区典型的珍稀濒危物种猕猴作为被保护物种。其中猕猴多栖息在海拔1900m以上的石山峭壁、溪旁沟谷和江河岸边的密林中或疏林岩山上。作为库区的大尺度研究，研究将针叶林、阔叶林、针阔混交林及其他林地作为其生境斑块。目前关于猕猴最适斑块大小的研究还未见报道，为了使斑块面积能够包含足够的物种数量和生态过程以便进行景观连接度分析，参考了国外相关研究。最终选取植被覆盖度大于30%、面积大于25hm2的林地作为生境斑块。

栖息地类型、地形高度和距水源地的距离都是影响猴群分布的重要因子。因此综合考虑海拔高度、植被类型和距水源地的距离这3个不同的景观因子，根据专家知识将景观类型图和1∶50000的地形图叠加对已选择的生境斑块进行模糊相对赋值。

（二）漫湾库区景观连接度的变化

大坝建设后，漫湾库区林地面积由1974年的753.35km2降低到1991年的601.92km2。之后随着库区退耕还林和封山育林等生态恢复措施的实施，到2006年森林覆盖面积增长到了639.32km2。但是景观连接度研究表明，1974～2006年库区生境斑块的连通性持续下降。1974～1991年的大坝建设期PC指数下降最快。1991～2006年的大坝运行期，虽然库区林地面积有所增长，可是在100m、300m和500m的扩展距离下景观连接度仍然略有下降。这说明，在区域尺度上，大坝建设对陆地生态系统的影响主要是在建设期，由于大坝建设后各种生态保护措施的实施在大坝运营期，其生态效应并不明显。但是由于退耕还林的树种主要以花椒、茶树等经济林为主并且库区生境斑块的破碎化程度进一步加剧，库区栖息地的生境质量仍然没有较大改变。

不同扩散距离的情景分析还表明，生境面积的减少和破碎化对于扩散距离短的物种影响比较大。因此，迁徙距离短的物种对景观连接度的降低更为敏感，同时可以看出，当物种的扩散距离达到700m以后，景观连接度就不再变化，这说明了迁徙距离长的物种对于生境质量的变化有更强的适应性。

（三）斑块重要性变化的情景分析

大坝建设后不仅降低了库区整体的景观连接度，也会影响单个斑块的重要性，从而影响重要生境斑块的空间分布。这里取最小扩散距离100m和最大扩散距离1000m进行斑块重要性变化的情景分析，并根据重要值的结果，参考对生境适宜性评价的分级标准对生境斑块的重要性进行分级，共分为低、中、高3个等级。

同时，通过生境斑块重要性的景观制图，能够直观地识别对生物多样性保护具有重要意义的敏感斑块并研究重要斑块的空间变化规律。从空间分布上看，库区东部无量山自然保护区境内的生境斑块保护良好。建坝之后，到1991年栖息地质量的退化主要发生在库区的西部和南部地区，东部无量山自然保护区的高等级重要性斑块也受到了一定程度的破坏。这主要是因为漫湾镇、小湾镇、忙甩乡、茂兰彝族布朗族乡和腰街彝族乡等库区的几个主要乡镇都位于此，也是移民迁至的主要乡镇，人口较多，农业活动频繁，对自然生态系统的扰动较大。到2006年，库区植被有所恢复，但因为斑块破坏化程度加剧等原因，在凤庆县东部和云县北部对生物多样性保护具有重要作用的"踏脚石"斑块进一步受到破坏，主要表现为高等级重要性斑块转变为中低等级重要性斑块；而南涧县南部和东部无量山自然保护区境内的生境质量有所恢复，重要性斑块面积增加。同时，不同扩散距离的情景分析也进一步表明，随着物种扩散距离的降低，某些重要程度高的生境斑块将转变为中和低等级的斑块。扩散距离短的物种对于生境质量的变化更为敏感。

（四）景观格局与功能的关系

分别在库首、库中、库尾和无量山保护区内选取了100km2，3期共12个样地，从格局和过程的角度综合研究大坝建设生态影响的空间效应，并对格局与过程的关系进行机理性的探讨。结果表明，库首、库中、库尾和对照小区的PC指数均呈降低的趋势，其中库尾的景观连接度降低得最为明显。漫湾电站建设后，各小区林地的景观面积百分比（PLAND）、景观邻近度指数（PLADJ）和连接性指数（CONNECT）基本呈下降趋势，而斑块数（NP）、总边缘长度（TE）就大幅增加。其中库首和库中斑块数分别约是建坝前的5倍，库尾约为建坝前的9倍，库区生境斑块的破碎化严重。斑块总边缘长度的增加也表明，斑块形状更为复杂。总的来说，大坝建设后库中、库首和库尾的格局及连接度变化明显，尤其是库尾。这可能是因为漫湾库区的库尾受到小湾和漫湾梯级电站的共同影响，其生态效应具有累积性。

生境斑块的形状变化对于景观连接度的影响不大，但是斑块破碎化对于生境质量的影响明显，因此，除了增加林地面积，保护重要斑块，还应该建设生态廊道，增加生境斑块的连通性。利用生态廊道可以将不同的栖息地连接起来，形成更大的适宜生境，使库区的动物具有更广阔的活动空间，向适宜的生境迁移；也有利于植物种子通过"生态廊道"进行扩散和传播，有利于动植物基因流动和生命延续。尤其是在斑块破碎化严重的地区，能减弱"孤岛"效应，成为了传统濒危物种保护模式的重要补充。

四、水利水电工程建设景观生态风险评价

在上述研究的基础上，结合漫湾水电站建设对景观格局的影响阈值，评价影响阈值内水利水电工程建设的景观生态风险。

水利水电工程建设和运行对生态环境的影响具有潜在性、复杂性、累积性、空间

性及规模大的特点，往往造成难以估计的后果。但是目前很多关于水利水电开发对景观的研究均是从行政区域或者流域范围评价工程建设造成的生态风险，不能完全反映水利水电开发干扰下的景观生态风险的全面特征。在现实的流域或者区域生态环境管理中，生态系统往往承受多重压力和干扰。这必然会造成区域或者流域范围评价的水利水电工程建设造成的生态风险有失偏颇，不能完全反映水利水电工程建设的直接影响。

（一）评价方法

以景观干扰度指数和景观脆弱度指数构建景观生态风险指数，评价不同时期的陆生景观生态风险。不同的景观类型在物种保护、完善整体结构和功能、促进景观结构自然演替和维护生物多样性等方面具有不同的作用；同时，不同的景观类型对外界干扰的敏感性或抵御外界干扰的能力也是不同的。因此，通过景观破碎度、景观分离度和景观优势度构建了景观干扰度指数，来反映不同的景观受到的干扰程度，用 E_i 来表示：

$$E_i = aC_i + bS_i + c\mathrm{DO}_i \tag{10-4}$$

式中：

① C_i 表示景观破碎度，代表由自然或人为干扰所导致的景观由均质、单一和连续的整体趋向于异质、复杂和不连续的斑块镶嵌体的过程，它与自然资源保护密切相关，是生物多样性丧失重要原因之一，其计算公式为：

$$C_i = n_i / A \tag{10-5}$$

n_i 为景观 i 的斑块数，A 为景观的总面积。

② S_i 表示景观分离度，代表某一景观类型中不同斑块数个体分布的分离度，其计算公式为：

$$S_i = D_i / P_i \tag{10-6}$$

S_i 为景观类型 i 的分离度，D_i 为景观类型 i 的距离指数，P_i 为景观类型 i 的面积指数。

③ DO_i 表示景观优势度，代表斑块在景观中的重要地位，其大小直接反映了斑块对景观格局形成和变化影响的大小。DO_i 由斑块密度和比例决定。其计算公式为：

$$DO_i = (\text{玟块的密度} + \text{珪块的比例}) / 2 \tag{10-7}$$

其中，斑块的密度 = 斑块 i 的数目 / 斑块的总数目，比例 = 斑块 i 的面积 / 样方的面积。

④ a、b　c 为各指标的权重，且 $a+b+c=1$。三者在不同程度上反映干扰对景观所代表的生态环境的影响，根据权衡分析及前人研究，认为破碎度指数最为重要，其次为分离度及优势度。C_i、S_i 和 DO_i 分别赋予 0.5、0.3、0.2 的权值。另外，C_i、S_i 和 DO_i 由于量纲不同，进行归一化处理。

景观脆弱度指数：土地利用程度不仅反映土地利用中土地本身的自然属性，同时也反映人为因素与自然因素的综合效应。但是不同的景观类型在保护物种、完善整体结构和功能、促进景观结构自然演替和维护生物多样性等方面的作用是有差别的，而且对外界干扰的抵抗能力也不同。因此，分别对除水体外的5种陆生景观类型赋予脆弱度指数：农田5、草地4、灌丛3、林地2、建设用地1，将景观类型的权重进行标准化后分别为：农田0.3333＞草地0.2667、灌丛0.2、林地0.1333、建设用地0.0667。

利用上述建立的景观干扰度指数和景观脆弱度指数，构建陆生景观生态风险指数，描述大坝及水库影响阈值内景观生态风险大小。陆生景观生态风险指数表述如下：

$$ERI=\sum_{i=1}^{N}\frac{S_{ki}}{S_k}\sqrt{E_i\times F_i} \tag{10-8}$$

式中，ERI为景观生态风险指数，N为景观类型的数量，F_i为景观类型i的脆弱度指数，E_i为景观类型i的干扰度指数，E_k为第k个风险小区总面积，S_{ki}为第k个小区的i类景观组分的面积。

（二）景观生态风险评价

如图10-1所示，研究区域主要由林地和灌丛组成，林地和灌丛为环境资源型斑块，灌丛，景观面积和斑块数目是本区域内对景观动态具有控制作用的生态组分，属于自然生态体系，也属于本区域的基质。大坝建设时期（1988年），没有改变林地及灌丛的基质地位，但是林地面积比例降至51.4%，而灌丛面积比例增至32.3%。同时，农田面积比例和斑块比例大幅增加。结果表明，1974～1988年，大坝建设与农田开发导致的森林砍伐应是景观变化的驱动力。大坝建成及蓄水后（2004年），林地面积比例变化较小，灌丛面积比例继续增加，但农田面积比例又降至建设前状况。结果表明，大坝建设后，库区为了保护生态环境禁止农田开发初见成效。

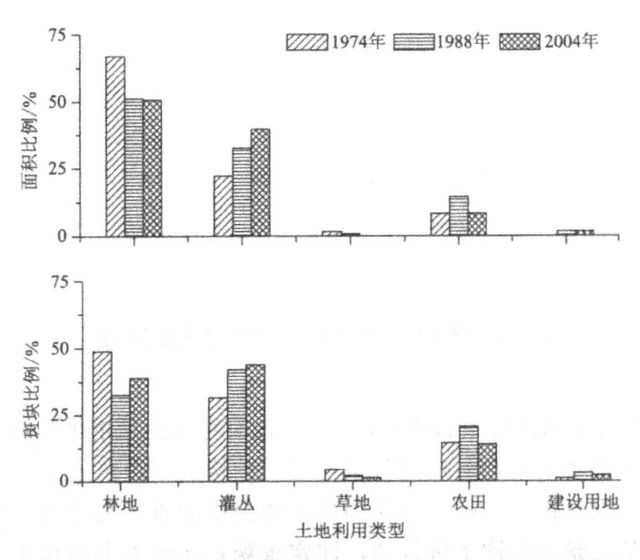

图10-1　漫湾水电站影响范围内的景观面积与斑块特征

景观破碎度、分离度和优势度等指数的变化反映景观格局变化，直观体现某一时段人类活动对自然环境的干扰。如图10-2所示，大坝和水库影响范围内的不同景观类型或者土地利用的景观破碎度、分离度及优势度等指数有明显的差异。破碎度方面，以灌丛最高，农田与林地次之，草地与建设用地最小；同一景观类型中，除了林地，其他景观类型以1988年最高，2004年次之，而1974年最小。景观分离度方面，以草地和建设用地最高，农田次之，林地与灌丛最低；同一景观类型之中，基本上以2004年最高，1974年最低（建设用地和灌丛除外）。景观优势度方面，以林地和灌丛的优势度最为明显，说明林地与灌丛分布较为广泛，在景观中占有一定的优势度，同时说明研究区域内的自然生态环境状况总体较好；同一景观类型中，以1988年最高，说明随着水库淹没、移民安置、施工占地以及弃渣堆放等各项进程的向前推进，大坝及水库周围土地利用在数量上和结构上产生不同程度的影响。总之，不同景观格局指数表明，大坝建设和水库蓄水均改变了原有景观格局，但均没有改变林地和灌丛的基质地位。

景观生态风险研究结果表明（图10-2），除草地外，其余景观类型均呈现先升后降的变化，以1988年生态风险最高，2004年生态风险次之，1974年生态风险最小。同一时期，各个类型的风险顺序为：林地＞灌丛＞农田＞草地＞建设用地。与其他研究结果相比，本区域水电开发造成的景观生态风险相对较低。大坝建设时期，大坝及其伴生干扰对周围林地景观造成严重破坏，促使此时期林地景观生态风险指数超过0.3，给库区的生态环境保护提出了风险信号，随大坝的建成与库区的恢复管理，2004年的生态风险下降，但是仍高于建设前。

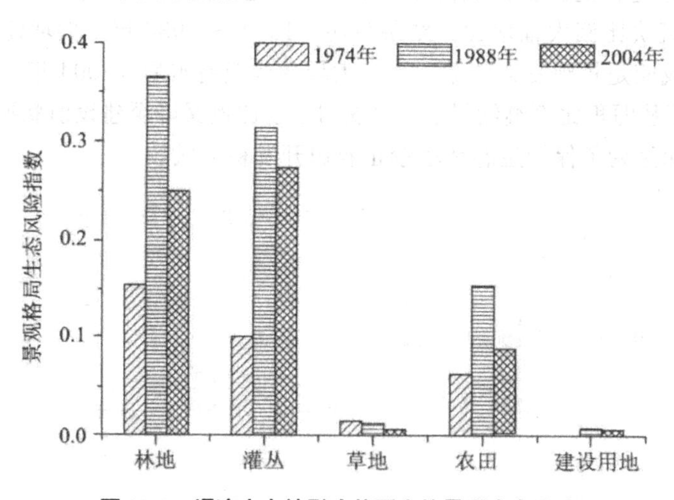

图10-2　漫湾水电站影响范围内的景观生态风险

以景观格局为指标来评价生态风险，由于其没有考虑流域的地形、地貌、水土流失、灾害和社会经济等许多因素，而是只从景观空间结构的一个角度来评价生态风险，因此其结果并不具有绝对性。但是景观格局的变化会引起景观功能的改变，并且，人类的开发活动主要是在景观层次上进行的，注定景观是研究人类活动对环境影响的适宜尺度和区域生态环境管理的基础单元。因此，运用景观格局指数为评价指标针对漫湾水电站影响范围内的生态风险特征进行了分析，为库区的生态建设及流域水电开发提供了基础信息。

第四节 基于NDVI序列的梯级水利水电开发对植被的影响

利用遥感影响解译分类得到土地利用方式进行分析，将不同时期主要植被覆盖类型图与主要土地利用变化类型图叠加分析，探索不同区域土地利用类型变化的植被动态变化特征，分析土地利用变化与植被动态的响应关系，是分析水利水电工程建设影响的一个切入点。近几十年来，随着理论及应用研究的深入，国内外学者为定量研究植被覆盖变化，从不同的角度创新和发展了植被指数。其中，归一化植被指数（the Normalized Difference Vegetation Index,NDVI）对植被盖度的检测幅度较宽，有较好的时间和空间适应性，因此应用较广。该指数综合了增强型植被指数（EVI）、差值植被指数（DVI）等算法的优点，在一定程度上反映植物组成类型情况、覆盖分布情况、生物量积累情况和植被活力情况，与植被分布密度呈线性相关，是指示大尺度植被覆盖的良好指标，常被用作土地利用 / 覆盖变化、生态环境监测以及植被动态监测等方面。

目前，基于NDVI时序数据源资料的研究主要集中于：①结合NDVI时序数据分析植被NDVI的变化类型、空间分布变化特征及其年内和年际变化规律；②分析人类活动与植被NDVI变化之间的关系。水利水电工程建设是胁迫流域环境的主要人类活动之一，而NDVI可否作为水电站建设影响当地植被的“指示器”还未有定论。目前，基于NDVI数据的各项研究中涉及水利水电工程建设对周边植被产生的影响的研究仍然较少，同时，水电站上下游不同距离梯度范围内及岸边不同梯度距离的植被变化研究也尚未开展。

这里以澜沧江中下游8级梯级水电站为研究对象，利用GIS和RS技术，结合多时相遥感影像资料和植被覆盖变化信息，定性分析年最大NDVI在时间序列上的变化及横向、纵向空间梯度上植被覆盖分布差异，探讨近15年来水电站周边植被覆盖的变化情况，为澜沧江流域生态环境的保护恢复、评估水利水电工程建设对植被动态的影响和资源能持续发展提供一定的基础信息。

以澜沧江主河道中心轴左右20km的带状缓冲区为研究区域，参考国家1：25万基础地理数据，结合1998～2012年的SPOT NDVI数据，研究了水电站建设前后NDVI的时空变化规律。利用1998～2012年逐旬NDVI数据，共有504幅图像，空间分辨率为1km。利用ArcGIS的Spatial Analyst Tools中的Cell Statistics模块对1998～2012年的SPOT遥感影像合成，然后采用Zonal Statistics模块进行年NDVI最大值统计。另外，采用年最大NDVI值分析，主要考虑其以下优势：①能减少被云覆盖的像元；②能够消除由于植物物候变化引起的植被反射光谱的不同，还可以进一步降低大气和太阳高度角等因素的干扰和影响；③对于时间序列的研究来说，所关注的焦点是各年之内植被覆盖最好时期的状况及其动态变化。

第一，变异系数。

利用变异系数评价植被变化的总体状况，掌握缓冲区植被覆盖空间格局及其分异规律。变异系数中的标准差σ能反映逐一栅格年最大NDVI值分布的离散程度，除以多年均值$\bar{X}$可以有效地剔除地表类型差异，这样既能评估植被多年生长过程的时序稳定性，又能确保不同像元间的时序稳定性具有可比性，基于过去15年（1998～2012年）的逐年NDVI最大值进行平均得到合成数据，利用式（10-9），逐栅格计算1998～2012年的NDVI的变异系数来评估年最大NDVI的时序稳定性。计算公式为：

$$CV = \sigma / \bar{X} \tag{10-9}$$

CV值越大，表明各年份之间数据分布越离散，时间序列数据波动较大，时序不稳定；反之，就表明各年份之间数据分布较为集中，时序较为稳定。

第二，趋势线分析法。

通过模拟每个栅格的变化趋势，反映不同时期植被覆盖变化的空间分布特征。利用此方法来模拟缓冲区多年NDVI的变化趋势，并根据研究区特征和总结前人研究经验，将该区域的植被NDVI变化范围划分为显著减少、中度减少、轻度减少、基本不变、轻度改善、中度改善及显著改善等7个变化等级。计算公式为：

$$\theta_{slope} = \frac{n \times \sum_{j=1}^{n} j \times NDVI_j - \left(\sum_{j=1}^{n} j\right)\left(\sum_{j=1}^{n} NDVI_j\right)}{n \times \sum_{j=1}^{n} j^2 - \left(\sum_{j=1}^{n} j\right)^2} \tag{10-10}$$

式中，n为监测时间段的年数；$NDVI_j$为第j年$NDVI$的最大值；θ_{slope}是趋势线的斜率，其中$\theta_{slope} > 0$，则说明$NDVI$在n年间的变化趋势是增加的，反之则是减少的。

一、水利水电工程影响下NDVI时间序列数据变异系数分析

研究区1998～2012年NDVI的时间序列分析结果显示：从整体上看，研究区域自上游到下游的变异系数总体上呈减小趋势，变异系数在25%以上的地区主要集中在研究区的最上游地区，大部分地区的变异系数都保持在10%以下。功果桥水电站的上游地区的变异系数在5%～10%的面积占整个上游区域的80%以上，其次是小湾水电站到糯扎渡水电站之间区域的变异系数分布在5%～10%的面积占40%左右，糯扎渡水电站下游的水电站整体的变异系数在5%以下。变异系数分布图表明研究区NDVI及其指示的植被覆盖状况在过去的15年里具有较强的稳定性。换而言之，基于年最大NDVI合成方法得到的新的NDVI数据集具有很好的可利用性，可以用于进一步分析本地区NDVI的空间分布格局、空间分异等特征及规律。

1998～2012年，流域气候特征（主要包括降水和气温等）都没有发生明显变化，

说明研究区的气候变化还不足以对植物种类的生长产生明显的影响，可以排除自然条件对当地植被分布格局和生长势等的影响。同时也说明植被受到的最主要影响是人类活动，主要为工程建设对植被的直接破坏和间接影响。

二、水电站上下游NDVI的年际变化

图 10-2 表明，各水电站上下游均在 2001 年和 2002 年出现不同程度的下降变化，下降幅度较大的是功果桥水电站、漫湾水电站和大朝山水电站，变化幅度约为 15%。主要原因是 2002 年小湾水电站开始施工，施工之前的准备活动（如运输道路和临时厂房的建设）对周围水电站产生一定影响，土地利用类型的改变也间接地改变了研究区植被稳定性。小湾水电站位于功果桥水电站和漫湾水电站之间，其建设活动（拦截、蓄水等）会对其上下游的植被生长产生一定的影响。2002 年以后，NDVI 值波动增加，增幅较慢。

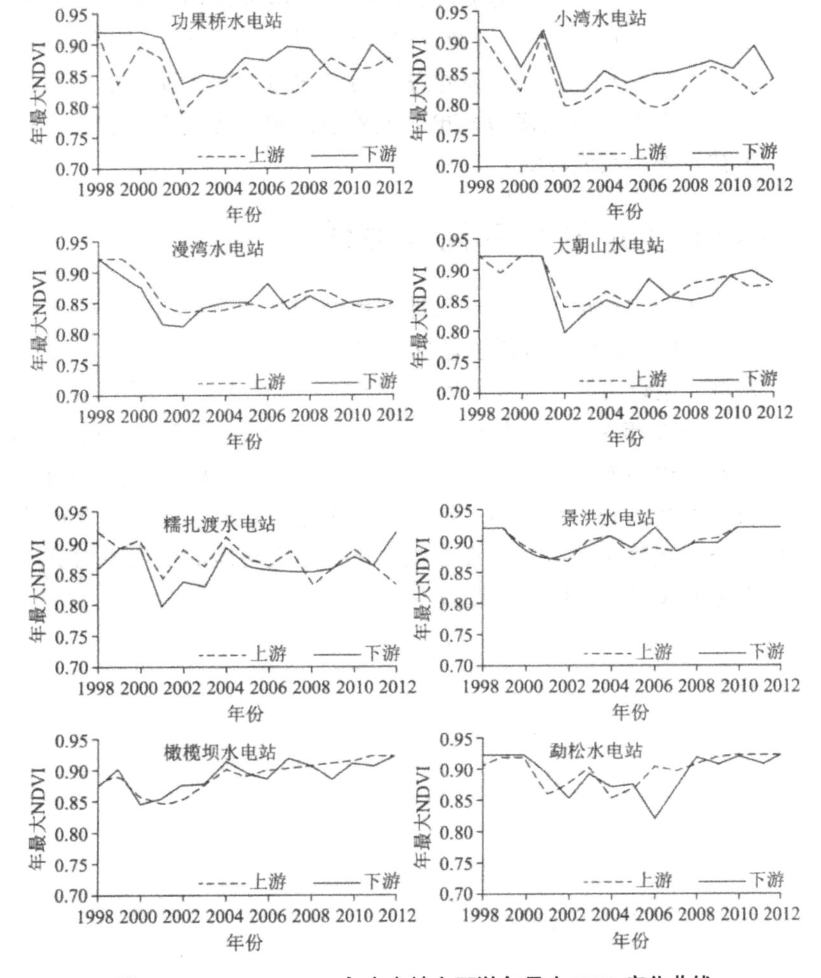

图 10-2　1998 ～ 2012 年水电站上下游年最大 NDVI 变化曲线

大朝山水电站年最大 NDVI 变化曲线表明，1998 ～ 2002 年整体呈现下降趋势，下降幅度约为 13%，2002 年之后上下游分别以每年 0.73% 及 0.41% 的幅度缓慢增加，主要原因是大朝山水电站在 2003 年投入发电使用完成竣工，由建设水电站引起的人类活动干扰频度和强度都有所减缓。

1998 ～ 2012 年，景洪水电站年最大 NDVI 的变化曲线可分为 3 个阶段，第一阶段，1998 ～ 2002 年上下游年最大 NDVI 均显著下降；第二阶段，2002 ～ 2010 年呈现不规律的波动；第三阶段，2010 ～ 2012 年呈缓慢增长变化。这与景洪水电站的建设过程有很大关系，景洪水电站在 2003 年筹备建设，2010 年投入使用，年最大 NDVI 值呈现出这种变化趋势及水电站的建设有一定的关系。

三、不同水电站植被覆盖变化趋势分析

基于一元线性回归分析原理，借助 ArcGIS 9.3 软件分析研究区时间序列 NDVI 的变化率。从年最大 NDVI 趋势分析结果可看出：整个缓冲区内得到改善的面积占 63% 左右，几乎是退化面积的 1.5 倍。分别统计水电站上游、下游 10km 的区域变化率数据。结果表明，与其他水电站相比，小湾水电站、漫湾水电站和大朝山水电站的植被覆盖下降的面积达到 20% 左右，绝大多数水电站改善的面积占比较大，这可能和南方湿润的气候有关，植被生长本底值较高。

四、NDVI与土地利用变化的关系

水电站的建设在一定程度上影响着土地利用的变化，而土地利用的变化直观地表现在 NDVI 上。按照国家土地利用图解译标准将研究区域土地利用类型划分为耕地、林地、草地、水域、建设用地及未利用地等，得到研究区土地利用图，将 2010 年土地利用图与 1998 ～ 2010 年 NDVI 变化率相叠加，统计水电站研究区（长为 40km，宽为 20km）的每种土地利用类型的植被变化率。功果桥、小湾和大朝山水电站地区的耕地、林地及草地的变化率均为正，说明这一时期，由于退耕还林、天然林保护等措施，三种土地覆盖的生态状况趋于改善，而在景洪水电站附近耕地的变化率为负，可能是由于水库蓄水淹没部分农田，使耕地数量减少。

第十一章 水利水电工程建设对水生生物的影响及其评价

水利水电工程在发挥水力发电、供水、防洪及灌溉等服务的同时，必然会对河流生态系统的自然生态过程产生影响，造成生境破坏、水文改变、水质恶化等，最终导致生物多样性降低，水生生物尤为明显。作为水生生态系统中营养级较高的类群，鱼类是重要的水生生物资源，受不同人为活动的干扰，鱼类生物多样性近百年来逐步降低。已有研究表明，水利水电工程是近百年来造成全球9000种淡水鱼类中近20%遭受灭绝、受威胁或濒危的主要原因。

水电建设产生的水文变化、水环境变化直接改变水生生物与岸边陆生生物的生境条件，对河流生态系统中生物的分布以及生存、繁殖均会产生影响。大坝产生的生态效应是水利建设及运行对河流生态系统造成的客观变化，其产生效应有正负之分。水利设施建成后，增大库区水体的表面积，减缓径流流速，形成湖泊性水域。库区内变缓的水流使得有机物和营养盐类的沉积含量增加，促进部分浮游及底栖动物的生长繁殖，增加喜缓流水生活和静水生活的鱼类数量。随着捕鱼量的增加，同时还会为内陆水体养鱼业开发优良品种创造条件，放养适合的水库养殖的高效高价值鱼类。

水利水电工程建设的本身直接对河流产生了分割作用，大坝将天然的河道分成了以水库为中心的3个部分：水库上游、水库库区和坝下游区，造成了生态景观的破碎，流域梯级开发活动更是把河流切割成一个个相互联系的水库。水利水电工程对鱼类的直接影响有以下几方面：一是阻隔洄游通道，影响物种交流，水坝建成后，破坏了河流的连续性，工程本身成为鱼类不可逾越的屏障。被大坝隔离形成的水库都可看成是大小、形状和隔离程度不同的“岛屿”，与真正的岛屿有许多相似特征，如地理隔离、生物类群简单等。二是改变河流的基本水文特征，水流特征表示了传送食物和营养物质的一种重要机制，很多生物对于水流速度是非常敏感的，以变化的水流特征也可能会限制生物体继续生存在河流段落中能力；一些生物还会对水流的时间变化作出反应，这可能会增加其死亡率、改变可用的资源以及打破物种之间的相互作用规律。如洪水历时和洪峰量的减少，引起鱼类产卵区的面积缩小，不能及时形成产卵的有利条件，鱼卵和种鱼在产卵区死亡；在枯水期，水库的径流调节对鱼类的不利影响尤为显著。三是对鱼类的直接伤害。高压、高速水流的冲击致使鱼类在经过溢洪道和水轮机时受伤或死亡。同时，高坝溢流致使流水翻滚卷入大量空气而引起氮气过于饱和，不利于鱼的生长最终导致鱼患气泡病而死，鱼类是水生生态系统中营养级较高的类群，是重要的水生生物资源。

第一节 漫湾水库建设前后对水生生物多样性的影响分析

大型水电工程的建设在一定程度上改变了生物赖以生存的环境，导致生物在区系组成、种类、种群数量、群落结构发生改变。藻类的组成和数量随环境和水文条件呈现一定的变化。景谷河梯级小水电站对底栖动物群落结构影响较大，小水电站的修建使景谷河生境分为库区、减水段、混合段三类，分析表明库区底栖动物所受影响最大，减水段次之，混合段受影响较小。底栖动物的物种组成、现存量、优势类群以及功能摄食类群等方面都不同程度地受到小水电站的干扰。其中底栖动物的密度、功能摄食类群指数受到了较为显著的影响，而物种组成、优势类群等受到的影响并不明显。水库的修建使得流水变为静水环境而产生一系列的变化，使鱼类的种类和种群数量产生变化，在静水中或缓流中生活的鱼类能迅速繁殖，有利于库区人工养鱼条件的形成，宜于静水生活的种类增加，却使长期适应原有环境的各种鱼类（如喜流水性鱼类）受到很大影响。

漫湾水库蓄水后，水动力条件发生了显著变化，原自然河流生态系统为河道型水库生态系统所代替，使原有天然河流生态系统中水生生物区系组成随之发生显著变化，由河流型发展成为河流一湖泊型。漫湾电站库建库后藻类种类逐渐增加，个体数量与生物量也逐渐增加；浮游动物区系变化巨大，总体上，浮游动物种类变化，种数和个体数量增加，由江河流水生态型为主，演变为敞水浮游型为主；库区内主要经济土著鱼类的种群数量在下降，鲤、鲫以及其他外来种宜于静水生活的种类，种群庞大，数量大增，急流鱼类可能会被迫对改变了的生境作出新的适应。

一、水生生物调查采样

针对漫湾水电站建设的水库情况，在库区水生生物采样断面设置8个断面，于2012年进行采样调查。可以划分为4个区域（图11-1）：坝下（芒怀码头）、库内（安乐河对面）、库中（公郎河口）、库尾（小湾坝址）。分别标记为：漫湾坝下（芒怀码头）：漫湾大坝下游码头，S7—S8 库内（安乐河对面）：漫湾水库库内区域的安乐河支流对面，S3—S4；库中（公郎河口）：库中区域支流，S5—S6；库尾（小湾坝址）：靠近小湾水坝坝址，坝下500m，S1—S2。基本上区域包括了梯级水坝库区的湖泊静水区(lacustrine zone)、过渡区(transitional zone)和河流区(riverine zone)。每个区域的生境条件具有不同的水文特征，并根据实际研究需要，针对浮游植物、浮游动物、底栖动物与鱼类进行采样。

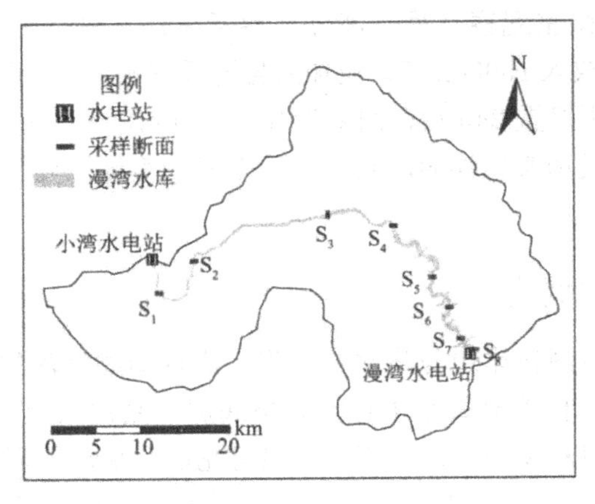

图 11-1　水生生物采样样点

结合澜沧江中下游梯级水电建设和开发规划，漫湾水坝库区生物群落组成和分布的调查研究历史数据参考相关的水电站生态影响的专题研究报告，另外，参考云南澜沧江漫湾水电站库区生态环境与生物资源的相关调查结果，进而对比大坝建设前后水生生物变化情况。

（一）浮游生物调查

浮游植物的定性样品按照湖泊调查技术规程采样，并参考淡水浮游生物调查技术规范，采样过程中，利用 25 号浮游生物网采集，并当场加固定液（鲁哥氏液）固定。浮游植物的定量样品用有机玻璃采水器在距水面 0.5m 处采集水样 2　L，加鲁哥氏液固定（使水样中鲁哥氏液浓度达 1.5%）。采集到的样品当场加固定液（鲁哥氏液）固定。采集和固定后的定性样品在实验室中用显微镜和解剖镜进行观察和鉴定。其中，硅藻的鉴定须先将标本用等量的浓硫酸和浓硝酸硝化处理后，用封片胶封片，制成硅藻永久封片，再用显微镜进行属种鉴定。浮游植物物种鉴定到种或属的水平，并且同时统计浮游动物各分类群的丰度。浮游植物的定量样品带回实验室，用沉淀器沉淀 48 小时后，弃上清液，使其浓缩至 30mL，称之为浓缩样品。

浮游植物细胞的计数是分别取摇匀后的各采样断面浓缩样品 0.1mL，加入到浮游植物计数框中，在显微镜下计数对角线上的 10 个小方格的细胞数。每一样品计数 2 次，两次的计数结果误差小于 15%，则求出取平均值。再依公式换算成每升水中的数量，作为该采样断面的浮游藻类的细胞数量。每升水中浮游植物的总数等于各类群细胞数之和。用显微测量法实测得到的各类藻类细胞个体体积（按其最近似的几何形状测量，然后按求体积公式计算得出），计算出各类藻类细胞的平均湿重。再将每类浮游藻类或着生生物计数的细胞数量与该种藻细胞的平均湿重相乘，即得到该类藻类植物的生物量。再将各类藻类的生物量相加，就得到了单位体积中浮游藻类或单位面积的着生生物植物的总生物量。

浮游动物定性标本采样用口径 40cm 浮游生物网捞取表层至中层标本，用鲁哥氏液固定一部分带回实验室观察，另一部分观察活体，并进行分类鉴定。定量标本用 1000mL 采水器采集后放入 1000mL 广口瓶加入鲁哥氏液固定，带回实验室静置 48h 后，浓缩为 100 ～ 200mL 再静置 24h 后，浓缩为 30 ～ 60mL，用 1mL 计数框计数原生动物、轮虫、枝角类、桡足类和其他浮游动物，每一个样观察 4 ～ 6 片。按学科要求记数，然后换算成密度（只 / L）.

（二）底栖生物调查

定性标本采用手抄网在岸边与浅水处采集。底栖动物群落的调查采用开口面积 1 / 50m2 的 Peterson 采样器对每个采样点采集底泥，底泥采集上来后立即经 40 目尼龙筛淘洗过滤，去除泥沙和杂物，将筛上肉眼可见的底栖动物用镊子挑出，置入盛有 75% 的酒精的 50mL 塑料标本瓶中杀死固定。将采集到的样品带回实验室进行分类和鉴定（一般鉴定到种，部分为属），统计不同种类的个体数量，并用天平称量其湿重，最后核算出每个采样点内底栖动物的个体数量和生物量。底栖动物中个体较大的软体动物用解剖镜进行鉴定，个体较小的寡毛类及摇蚊幼虫需制成临时片子在显微镜下参考有关资料进行鉴定。

（三）鱼类调查

主要采样地点为漫湾库区和上下游（含干、支流），鱼类在各个点选择各种生境（干流与支流、急流与缓流、上游和下游），采用不同的渔具和渔法如用撒网、刺网、钓钩、鱼床、电捕等采集标本，有的直接从鱼市购买，或聘请当地渔民捕捞。

二、小湾-漫湾水电工程建设运行对浮游生物的影响

（一）浮游生物多样性特征

浮游植物是澜沧江漫湾库区生态系统的重要组成部分。根据对干季（6 月）及雨季（12 月）在漫湾库区实地采集的样品进行处理与显微鉴定的结果，漫湾 4 个采样断面中有藻类植物 34 属，分别隶属于蓝藻门、甲藻门、硅藻门、裸藻门和绿藻门等 5 门 7 纲、15 目和 23 科。在浮游植物 34 属中，硅藻门的种类最多，其次是绿藻门；蓝藻门、甲藻门及裸藻门较少（图 11-2）。

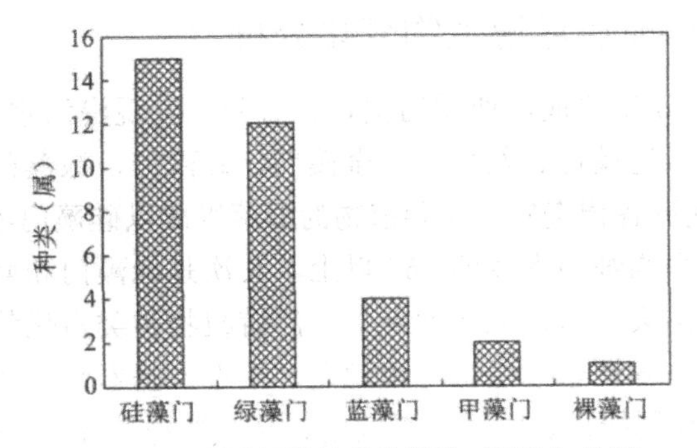

图 11-2　漫湾浮游植物种类数（属数）分析

漫湾浮游植物种类组成存在 3 个显著特点：漫湾库区的浮游植物分布中，在含有机质较丰富的肥沃水体较多，从硅藻门和绿藻门种类较多可以看出，漫湾水质的营养状况。漫湾浮游植物中存在很多种类是常生活于湖泊等静水水体或缓流的河川中的，这些种类出现和漫湾水电站库区蓄水多年、水体营养水平急剧升高有关。

在不同季节中，浮游植物的种类数的差异显著，干季藻类种类数比第二次采样雨季少（图 11-3）。浮游植物在干季采集到 21 属，但在雨季采集到 29 属。有部分种类仅在干季被发现，而雨季中，较干季多 13 属的种类。这种种类差异随着年内季节变化而发生较大差异的原因主要是雨季水量较多，上游来水携带上游和上游各支流浮游植物进入该区域。

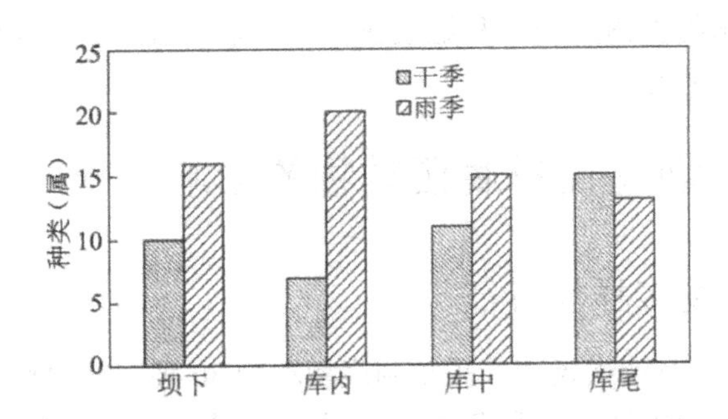

图 11-3　漫湾浮游植物种类（属数）干季雨季分布差异

从不同生境的来看，浮游植物空间分布差异明显，库尾和库内样点的浮游植物种类最多。其次是库中样点（图 11-3）。虽然坝下样点发现的浮游植物种类数最少，但绿藻门的种类数最多。

在浮游植物数量组成上，硅藻门和甲藻门的种类所占比例均较高，在干季及雨季，硅藻细胞平均密度皆为最高，而甲藻门在干季平均生物量最高，雨季硅藻门的平均生物量最高。这说明，浮游植物数量与生物量的空间分布差异不太明显，但时间分布差异极其显著。雨季到来时，上游雨水携泥沙冲击而来，极大稀释了调查江段的浮游植物群落，造成浮游植物生物量时间分布变化极其显著的现象。

（二）工程建设前后浮游生物变化分析

漫湾水电站于1993年建成，通过历史资料查阅，发现漫湾水库建设前1984年漫湾水电站库区共有包括蓝藻门、红藻门、金藻门、硅藻门、绿藻门及轮藻门6门的浮游植物，澜沧江干流支流各调查样点浮游植物的群落组成以硅藻门组成占据绝对优势，细胞密度占浮游植物平均细胞密度的95%以上，其次是绿藻门和蓝藻门。建站前浮游植物和着生藻类调查结果显示，流水性着生的浮游植物种类占优势，其中包括分布我国的特有属和稀有种；各调查点生态环境稳定、接近，基本无干扰破坏，相应各样点浮游植物和着生生物种属接近、群落结构固定、寡污性种类分布广泛。

与1984年及后续的历史调查监测结果相比，漫湾水库库区浮游植物种类及细胞数量呈明显下降趋势，且浮游植物群落结构发生了较大变化。早期的漫湾水库浮游植物多为寡污性清水类；水库建成后库区浮游植物群落出现了较多耐污能力较强的种类，如裸藻门、甲藻门和裸藻门等，以及绿藻门绿球藻目的种类，而不耐污的物种减少或消失，最典型的要数轮藻门植物以及红藻门、金藻门中一些种类的消失。由于筑坝导致的库区环境改变，一些喜肥或耐污的藻类种类及其种群数量也随之增加。随着库区环境的不断改变，2012年库区营养水平的不断提升，浮游植物的群落结构已经由20世纪80年代的硅藻型改变为硅藻—甲藻—绿藻型或硅藻—甲藻—蓝藻型。2012年硅藻在浮游植物种类组成和浮游植物数量组成方面依然占绝对优势，且漫湾水库库区内占优势浮游植物均为耐污物种，浮游植物的种类和数量的增加，和漫湾水电站大坝建成和水库蓄水有关。水库蓄水之后，大坝上、下部分的水流变缓，泥沙沉降。调查也发现，研究区浮游植物群落的结构和组成在旱季和雨季沿河流纵向梯度发生了很大的变化，其群落组成趋于复杂化。

三、漫湾水坝建设对底栖动物的影响

（一）底栖动物多样性特征

2012年6月和12月两次调查共采集到底栖动物30种，其中坝下、库内、库中和库尾分别分布12种、19种、14种和13种，共同分布的底栖动物种类有甲壳动物的日本沼虾和中华米虾以及半翅目的水黾等。另外，在部分样点的浅水区域，采集到河流种类动物，由于其对污染较为敏感，可作为库区污染的指示生物。

从空间分布上来看，坝下底栖动物物种数目最少，主要以昆虫纲种类占绝对优势，其余种类则包括软体动物和寡毛纲类动物；库内拥有最多的底栖动物物种数目，底栖动物数量相对较高，并且包括寡毛纲、软体动物和昆虫纲动物；库中底栖动物物种数量逐渐降低；库尾底栖动物种类则以水生昆虫类为主。从时间分布来看，6月份调查中，4个采集点分别采集到19种、13种、13种和6种；12月份的调查中，4个采集点分别采集到13种、11种、7种和12种。对比6月份，12月份底栖动物种类数明显降低，可能和雨季电站泄洪水流急有关。

对于底栖动物的密度，从总体来看，干季底栖动物的密度略大于雨季。从空间分布上来看，干季库内底栖动物的密度最高，以昆虫纲为主，软体动物次之；库中底栖动物密度则明显降低，昆虫纲为主，伴有少量软体动物；库尾底栖动物密度最低；坝下底栖动物密度低于库内和库中，但高于库尾。在雨季，底栖动物的密度和分布范围相比干季略有降低，以库中底栖动物的密度最高，库尾最低，坝下底栖动物密度居中，但昆虫纲动物则为最低。

对底栖动物生物量的空间分布，除库中区域由于昆虫纲动物的分布导致该样点生物量较高外，坝下和库中底栖动物年内生物量分布基本保持一致，均以软体动物为主，昆虫纲动物次之，库尾区域底栖动物生物量最低。

（二）水坝建设前后底栖动物比较分析

根据历史资料，分析漫湾水电站建设前后底栖动物的种类组成和分布，其中，1988 年资料代表建设前状态，1994 年、1996 年、1997 年、1998 年、2012 年代表漫湾电站大坝建成之后的状态。

建坝前后底栖动物均以节肢动物为主，但受大坝建设影响，底栖动物在建坝后初期数量急剧减少，随着大坝运行时间增加，底栖动物数量逐渐增加。其中，环节动物在建设前后除 2012 年略有增加外，其他年份变化不明显；软体动物除建设初期较少，其他年份在建设后均高于建设前；节肢动物与总体底栖动物变化趋势相同。大坝建设前，底栖无脊椎动物较适应生活环境，因此种类较多，库区开始蓄水后，水位急剧升高，完全改变了底栖动物已经适应的生态环境，种数急剧减少，但随着水库运行时间的增加，底层淤泥增厚、有机质碎屑沉积、水生植物增多，逐渐形成新的生态系统，底栖无脊椎动物也逐渐适应了新的生态环境，种类也逐年增多。

四、漫湾水坝建设对鱼类的影响

（一）漫湾库区鱼类多样性特征

漫湾库区鱼类总体表现出如下特征：

（1）外来鱼类大量繁衍，不仅在物种数量上占优势，在种群数量上也占极大的优势。首先，从物种数量上来说，在渔获物中，外来鱼类物种的物种数占优势。其次，从种群数量上来说，一些小型外来鱼类的个体数量占绝对优势，如在漫湾大坝前库区地笼捕捞的渔获物中，其中外来小型鱼类的个体数量占总渔获物个体数量的 75% 以上。

（2）土著鱼类在物种数量上显著减少，种群优势不再，但静水区与流水区差异明显。如 1995 年建成投产时，有鱼类 61 种，其中土著鱼类 47 种，到 2012 年，调查到鱼类 31 种，其中土著鱼类 16 种，土著鱼类物种数量已经减少到漫湾电站投产前的 34.0%。另外，静水区与流水区差异明显，在库区的静水区域，外来物种在采样渔获物中的物种数较多，如在漫湾大坝前库区地笼捕捞的渔获物中，12 种渔获物中，仅有 3 种土著种，其余 9 种为外来物种；在流水区域（澜沧江自然水体）中，土著种在采样渔获物中的物种数较多，例如漫湾库尾捕获的 16 种鱼类中，有 11 种土著鱼类，5 种外来鱼类。

（3）洄游性鱼类鲜见。无论是漫湾库区还是坝下，均未见到洄游性的类似的鱼类，说明洄游性鱼类的数量和种类在减少或已经消失。

（二）漫湾库区建设对鱼类生物多样性的影响

1. 逐渐建立新的鱼类栖息环境

水生植物光合作用增强。漫湾水电站建成后，水库蓄水，水位上升，库区水流速度变缓，形成相对静水环境，泥沙沉积，增加水体透明度，有利于水生植物的光合作用。

水库蓄水导致营养物质增加。耕地和林地的淹没，鱼类栖息环境中无机盐类和有机营养物质增加，总氮和总磷含量逐年升高，水体营养类型则由贫营养类型逐渐向轻度富营养化方向发展。

水位消涨利于有机质持续性供应。水库水位调节，致使大片的消落区面临频繁的淹没与暴露交替过程，使水体有机质不断增加，可持续性地为大部分鱼类尤其是幼鱼的饵料如浮游生物和底栖生物的繁衍提供良好的营养条件。

新的鱼类栖息环境，改变了澜沧江原来的土著鱼类所适应的水文、饵料等环境因素，造成土著鱼类大量减少，适应新环境的外来鱼类大量繁衍。调查结果中水库建设前后土著鱼类和外来鱼类的物种多样性和种群结构变化是最好的佐证。

2. 湖泊型鱼类成优势种群

新建立的鱼类栖息环境，如变缓的水流、上升的水温，对于湖泊型外来种的生长颇为适宜。库区为推动渔业发展，优化养殖品种而从外地引进优良品种，一些湖泊型经济鱼类，如，鲤、鲫、鲇、泥鳅、鲢、鳙和太湖新银鱼等在漫湾库区逐渐增多。与此同时，在引种过程中一些小型的低值鱼类，如麦穗鱼或棒花鱼等，也被非意愿性地引入库区，此类鱼多为渔业价值较低但适应性和繁殖能力极强的湖泊型鱼类，极容易在漫湾库区内繁衍，并以经济鱼类的受精卵为饵，能在较短时间内形成庞大的种群，从而威胁库区经济型鱼类的发展。无论是经济鱼类还是低值鱼类，均属于外来种，在水库建成后大量繁衍，逐渐成为库区的优势种群。

3. 河流型鱼类的适应性外迁

新的鱼类栖息环境建成以后，库区许多河流型土著鱼类因较难适应新的环境而适应性地外迁至较为适宜的环境，多会向库尾和入库支流迁移，库尾和流水区域所捕获的较多的土著鱼类即为佐证。

第二节 河流水生生态通道模型（Ecopath）的建立

受漫湾水坝建设运行的影响，水坝工程的拦蓄作用使得水库内的水生生态系统的能量流动发生了明显的演变，水生生物种群种类和数量也发生了很大的变动，因此，大坝干扰对漫湾库区水生生态系统的结构和功能影响巨大。下面将 Ecopath 模型引入澜沧江流域漫湾水库水生生态系统的研究中来，构建了覆盖整个生物群落功能组的漫湾水库的生态通道模型，分析水生生态系统的结构和功能的相互关系，比较水坝建设前后不同时期的生态系统的系统总体特征，定量描述生物量在食物网中的流动及能量流动方式，以及生态系统中的各个营养级之间的相互关系，可以为深入分析漫湾水电站建设对鱼类乃至整个漫湾水库水生生态系统的影响提供支持。

一、模型原理

这里利用的Ecopath模型来自国际水生资源管理中心开发的Ecopath with Ecosim（EwE）6.2 软件，其主要原理与方法如下：

Ecopath 模式中把生态系统划分为众多生物功能组，各组分间相互生态关联，这些生物功能组能够基本覆盖生态系统中的能量流动全过程。一般一个完整的功能组由各种鱼类、浮游动物、底栖动物、浮游植物以及有机碎屑组成。Ecopath 模型是根据物质能量平衡的理论来进行假设的，把一个生态系统中的各功能组分的能量总输入等于能量总输出，即各生态功能组分达到稳定平衡的状态。

模型的理论基础可以归结为以下两个建立在物质守恒基础上的控制方程：一个是生产量方程，即功能组中的捕食量、净迁移量、捕捞量、生物量累积其他死亡之和为生产量；另一个是消耗量方程，即消耗量等于生产量、呼吸量和未同化食物量之和。

生产量数学公式表示为：

$$B_i \frac{P_i}{B_i} \mathrm{EE}_i - \sum_{j=1}^{n} B_j \frac{Q_j}{B_j} \mathrm{DC}_{ij} - \mathrm{EX}_i = 0 \qquad (11\text{-}1)$$

式中，B_i、B_j表示第i组和j组的生物量，t / km2；P_i / B_i表示生产量与其生物量之比；Q_j / B_j 指消费量与生物量的比值；DC_{ij} 表示被捕食者 i 在捕食者 j 的总捕食物中所占的比例；EE_i 即生态营养转换效率；EX_i 是产出量。

二、功能组划分

根据漫湾库区水库生态系统的生物特征及水生生物资源现状，考虑能量从有机碎屑流动到初级生产力、次级生产力，最后到肉食性鱼类的过程，生态通道模型由 9 种鱼类种群、4 种浮游生物、3 种底栖生物、浮游植物和碎屑共 18 个生物功能组组成，基本覆盖了漫湾水库生态系统能量流动的主要过程。

三、基础数据来源及参数输入

建立 Ecopath 模型需要输入的基本参数有鱼类等各类水生生物的生物量 B_i、食物组成矩阵分析 DC_{ij}、各功能组的生产量与生物量的比值及消耗量与生物量的比值 Q_j / B_j，其他 EE_i、EX_i 可通过已输入参数的模型自行运算得出。

除了生物量以及 Q / B 可以通过型 P / B 和 P / Q 的比值得到，模型中两个重要的参数，P/B和P/Q值则是结合文献资料、经验公式以及实际测算数据得到。研究中浮游动物以及浮游植物的P/B和P/Q值来源于漫湾水生生物调查报告中的实际测算数据，其他鱼类以及底栖动物等功能组的P/B和P/Q值则可通过经验公式测算得到，或参考相关文献资料。

四、模型平衡及可信度评价

将提交的数据输入 Ecopath 并进行平衡调试，根据模型平衡的结果对测得的参数进行校正，重新修改引起不平衡的参数，直到保证 $0 < EE < 1$。对于生物量数据缺失的功能组，利用 Ecoranger 模块可以通过给出合理的范围（EE=0.95）和分布函数，进而满足模型的平衡。

为保证数据和模型整体的质量，用 Pedigree 模块对模型进行验证和置信度，结果显示两个时期的漫湾水库静态模型的可信度为 0.50、0.51，可信度较高。Sensitivity analysis 模块则负责进行灵敏度分析。

第三节 水坝建设前后生态系统 Ecopath 模型时序比较研究

一、水坝建设前后的Ecopath模型基本参数比较

2012 年漫湾水库生态系统 Ecopath 模型模拟结果包括营养级、生物量、生产力、生态营养转换率等。漫湾水库生态系统各功能组的有效营养级主要为一级到四级，营养级范围为 1.00 ～ 3.69，肉食性鱼类的营养级处于最高等级。生态营养效率即不同功能组的营养转化比率（EE）范围为 0.309 ～ 0.93，营养转化效率比较低的是营养级 I 中的浮游植物和碎屑功能组，浮游动物和底栖动物相对较高，但顶级捕食者肉食性鱼类EE值相对较小。导致整个生态系统中有大量初级生产力未进入更高层次的营养流动，只停留在碎屑层，这就造成水库生态系统下层营养流动的阻塞。

二、水坝建设前后生物量在各营养级之间的分布变化

由于同一种生物可以同时摄食多个营养级提供的食物，占有多个不同的营养级。图 11-4 分析了分数营养级，即相对能量流动，比较了 2012 年各个功能种群所占不同营养级的比例。生物量主要在 I 和 II 营养级间流动。漫湾库区浮游动物功能组位于 II 营养级的比例为 100%，这说明浮游动物食物主要来源于第 I 营养级（碎屑等）。底栖动物来源于第 II 和第 III 营养级，其中 94% 的食物来源于第 II 营养级。食草性鱼类主要摄食碎屑、浮游植物以及水生植物，因此其食物主要来源于第 I 营养级，少数来源于第 II 营养级。

研究结果显示，总体来讲，漫湾水库建设前后的1988年到2012年各生物量在各营养级间的分配及能量流动都呈严格的金字塔形分布，即生物量大和流量大的主要集中在底层（第Ⅰ级营养级），并且随着营养级的升高逐级减少，基本符合能量和生物量金字塔规律。

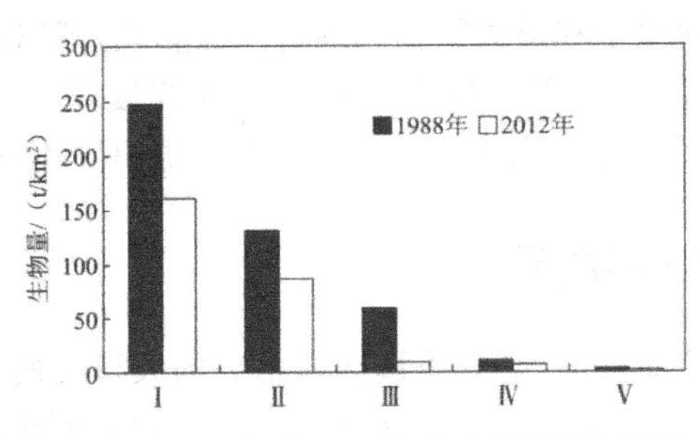

图11-4　1988年和2012年各营养级的生物量

比较建坝前后漫湾水库各生物种群在各营养级之间的分布，1988年到2012年营养级Ⅰ、Ⅱ、Ⅲ、Ⅳ、Ⅴ的生物量分布均有所降低。1988年的漫湾水库生态系统中各功能组的生物量共分布在10个营养级中，而到了2012年则减少为9个。虽然1988年和2012年各功能组的主要生物量都集中在前四级营养级，第五级以后的营养级间的流动很少，接近于0，因此漫湾水库生态系统的各功能组主要分布在4个有效营养级水平上。

第四节　水利水电建设对鱼类栖息地模型的应用

水利水电的建设和运营对栖息地形成较大的扰动，其不仅会阻断河流的连续性，淹没大量陆地，而且会改变河流自然的径流分配，这些变化影响栖息地的质量，改变了栖息地的物理、化学和生物特征，进而影响鱼类多样性。

研究表明，澜沧江流域梯级水电站全部建成蓄水后，破坏鱼类洄游通道的完整性与连续性，对澜沧江流域的鱼类和数量将造成较大的影响，隔断鱼类的洄游通道，阻断鱼类的迁徙，造成鱼类生境的片段化，阻断鱼类种群间的基因交流。目前，水利水电建设对生物栖息地影响的模型研究较少，针对澜沧江流域相关方面的研究更少。因此，这里主要针对相关的研究和其案例对栖息地模型进行阐述。

一、ESHIPPO PPm模型

通过建立ESHIPPO PPm模型对澜沧江鱼类物种的灭绝风险进行研究，在评价4种特有鱼类灭绝风险的基础上，选择中国结鱼，利用栖息地适宜性指数模拟中国结鱼栖息地质量。栖息地适宜性指数（HSI）模型耦合了一维（1-D）水力模型与栖息地适宜曲线。考虑到鱼的产卵特点，建立了影响中国结鱼成鱼和产卵特性的关键因素的栖息地适宜曲线。基于栖息地适宜性指数（HSI）模型的模拟结果，获得了成鱼加权可用面积（WUAd）和产卵加权可用面积（WUAs）。采用Mann-Kendal分析漫湾大坝建设前后WUAd和WUAs的变化趋势以及在大坝施工期和运行期的WUAd和WUAs的突变。根据模拟和分析，栖息地适宜性在漫湾水库建设和运营过程中发生改变。对于中国结鱼的产卵，大坝对最小和最大的栖息地有明显影响，但对最佳栖息地影响很小；对于成鱼栖息地，大坝减少了中等和最佳WUAd；研究发现，产卵的最适合排水量比成鱼大，而且利用模型，对于不同程度的栖息地质量提出了不同的排水量。

二、河道内流增量法

基于长期连续原位监测数据，选择香溪河最优势的大型底栖无脊椎动物（四节蜉属）作为指示物种，综合分析水文法和加权可利用面积法，建立香溪河河道内最小需水量、最小环境流量和适宜环境流量这3个层次的计算模型。所采用的栖息地法可能更适合于我国水量丰沛的南方地区河流，而北方地区河流的计算方法尚需结合具体河流加以改进。

基于香溪河流域的自然环境特点和采样的可行性，设置了154个采样点，其中13个站点每月采样一次。采样内容包括：水文数据、水的理化指标和水生生物（附石藻类、浮游植物、浮游动物、底栖动物和鱼类等）。在香溪河的干流上设置10个监测断面来监测自然河流的情况，在一个典型的引水水电站——苍坪河水电站的进口和出口之间设置9个监测断面来监测受损河流的情况。

利用频率分布法，分别将采样点的水深、流速、底质与四节蜉的相对丰度进行单因子适合度模拟，应用层次分析法计算出水深、流速和底质的权重，绘制加权可利用面积与流量（以自然对数为底数）的回归曲线，利用了斜率为1法计算出受损河道的最小环境流量和自然河道。

三、栖息地适宜度模型

栖息地模拟法包括基于相关关系的栖息地适宜性模型和基于过程的生物种群或生物能模型两大类。基于相关关系的栖息地适宜性模型包括单变量栖息地适宜性模型和多变量栖息地适宜性模型，主要通过对生物行为和环境因子相关关系的研究来对栖息地适宜性作出判断。单变量栖息地适宜性模型以特定属性（如水深、流速）区域内的物种数量表示栖息地的适宜性程度。多变量栖息地适宜性模型包括回归模型、排序技术、人工神经网络、模糊准则、决策树等。回归模型包括逻辑回归模型和多重回归模型。

在Contreras大坝上游和下游分别设置4个采样点，8个采样点分别代表水流形态和鱼类群落的不同组合，每个研究站点间距大于1km。对于每个水流形态单元监测以下变量：河段长度、平均宽度、平均深度和最大深度、底质类型，在2006年、2007年和2008年春天，对每个水形态单元的每个研究站点都进行栖息地和种群评价。

使用Van Sickle开发的基于相似性的图形方法，测量相异性，计算每个站点或每个单元的布氏距离。在每个单元内，用 Spearman 等级相关法分析 JUCAR NASE 的丰度和测量的主要物理变量之间的关系，通过对每个底质类型的百分比加权求和，把底质组成转化成一个单一的指数，在控制断面，将自然流量及水资源管理状况两种流量下的模拟结果与实测情况相比较。

四、专家建议法和实测法

用专家建议法和实测法绘制了葛洲坝下游中华鲟在不同生长阶段需求的栖息地各物理变量所对应的栖息地适宜度曲线，并根据二元法的分类格式对适宜度曲线上50%、75%、90% 的水深和流速组合适宜度值的变量范围进行了求解。

选择从葛洲坝坝下电厂至胭脂坝约 10km 江段作为中华鲟产卵场的研究范围，调查该范围内中华鲟不同生长期所喜好的水深、流速、水温和底质等物理变量的范围，应用的季节为每年 10 月至次年 4 月。中华最产卵场栖息地适宜度的评价主要考虑亲鱼产卵、胚胎孵化、仔鱼生长阶段，依据专家建议法查阅国内各专家对葛洲坝下游中华鲟产卵场不同时段的调查结果得出的。

依据国内各专家对中华鲟产卵栖息地所需求的各物理变量范围的建议，得出中华鲟不同生长阶段所需求的不同栖息地物理变量所对应的最佳范围和阈值范围，然后建立中华鲟在葛洲坝下游产卵场不同生长阶段（包括产卵、孵化和仔鱼存活期）的适宜度曲线。在中华鲟产卵期对目标河段进行鱼种的取样分析，找到被目标鱼种使用的位置，测量在每一个使用位置处的水深、流速、底质，利用实际调查的中华鲟产卵期栖息地使用状况频率柱状图建立中华鲟产卵期的单变量连续适宜度曲线和各范围的栖息地适宜度指数，然后依据适宜度标准中二元格式的取值方法，从适宜度曲线上得出了中华鲟产卵期不同采样频率所对应的水深及流速范围。

五、类似河道内流量增量法的方法

有一种类似于河道内流量增量法的方法，这种方法是利用二维流量模型和科罗拉多州两条河流多个站点的生物量评价来预测流量对两种当地鱼类物种成年鱼类的现存量的影响。研究最初的目标是确定二维模型和群落生物量评价是否能在 IFIM 法的框架下预测鱼类生物量与流量之间方程化的关系。用群落生物量评价和中生境丰度而不是微生境适宜度指数来确定栖息地适宜度。用二维模拟结果和中生境栖息地生物量评价，可以在低流量时期利用水力特征的方程预测雅芳河和科罗拉多河成年鱼的生物量。二维模拟的主要优点在于对一系列河道条件模拟结果的验证能力，并明确地图化的水力数据，并能通过水深和流速确定适宜度的空间分布，并把栖息地适宜度外推到生物量评价中，这种研究方法的一个明显的局限是不能用它来评价流量对非常稀有的物种的影响。

雅芳河流经科罗拉多州西北部，它的源头接近 Steamboat 泉，在犹他州与格林河汇流。雅芳河的干流没有大坝。在雅芳河上确定三个研究站点：分别是 Duffy、Sevens 和 Lily Park。虽然每个站点都有浅滩 - 急流这样的水形态，但是每个站点的鱼类和栖息地特点都有所不同。科罗拉多河从Palisade、Colorad。流至Gunnison River(甘尼逊河)的汇合处。在科罗拉多河15英里的范围内设置了2个研究站点。科罗拉多河上游有许多水利建筑，它们为了供给流域用水而蓄水。通过电渔法和用网捕鱼法进行鱼类取样，所有捕获的鱼的测量精度都接近毫米，仅仅用长度超过150mm的鱼作为标志重捕评价的群体。对Yampa（雅芳河）和科罗拉多河的5个站点中的每个站点每年都要进行鱼类密度评估，用Darroch多重标志法在，95%的置信区间内进行种群评估。对于每个站点每种鱼类都进行总的鱼数量的评估。

除了Duffy站点仅用二维水力模型RMA2进行水力模拟，其他站点都利用USU的模拟数据，对每个站点都进行了一定流量范围下的水力模拟。为了量化中生境栖息地可获得性，在Arclnfb GIS中引入二维模型运行，并且用线性插值法生成lmXlm的水深和流速的栅格，基于16个不重叠的栖息地类型，通过对每个站点不同流量下的水深和流速栅格的取样调查可以得到泛化的栖息地范围。根据每个中生境栖息地单元的平均水深和流速，用Fragstats 3.3建立每个物种的栖息地适宜度标准。每个中生境栖息地单元的深度、流速和物种生物量被导入Sigma Plot，利用3D运行的中值函数平滑化来创建以深度和流速预测生物量的规则矩阵。

为了评价低流量河道形态对生物量和群落组成的影响，可以把许多生物指标和每个取样年份低流量的中间值进行计算，得出泛化的栖息地指标，并进一步进行比较。用来自于Clifton、Com Lake、Sevens和Lily Park监测站点的鱼类和模拟数据，可以确定隆头鱼和亚口鱼科的栖息地适宜度指数，隆头鱼和亚口鱼科在数据存在的区域中对数转化的观测值和预测值之间存在很好的相关性，而在没有进行观测的地方，利用平滑法进行生物量预测，但不能预测在观测深度和流速范围外的生物量。考虑到这些差异，通过在没有观测到生物量的地方去除生物量指标、用超出观测范围的备用数据扩大水深和流速的范围来调整参数矩阵。然后将数据组合成四种泛化的栖息地适宜度类别（不可用、不适用、边缘、最优），它们分别代表采集的生物量的0%、15%、25%和60%。为了评价流量增加对物种生物量的影响，进一步绘制了下隆头鱼和亚口鱼科的不可用栖息地和预测生物量随流量变化的曲线。

六、CASiMiR模型

利用集成模型方法模拟和评价河流物理栖息地改变的生态效应。综合基于HEV-RAS的一维水力模型和基于模糊逻辑的生态水力模型系统CASiMiR的生物栖息地模块，模拟了大坝移除对大头鱼生境适宜性的影响。对于大头鱼的所有生命阶段和在所有流速下，水坝移除后都会使得研究河段的评价栖息地适宜度指数显著增加。

研究地点选在Zwalm河，坐落在Zwalm流域Potamal部分，认为水坝对栖息地的影响在水坝上游有1.1km长，在水坝下游有0.2km长。研究地点的特点是控制洪水的水坝使得该河河道发生改变，水深比自然条件变深，平均流速从0.6m / s左右下降到不足0.1m / s。选取了典型物种大头鱼进行模拟。物理栖息地的情况在微生境尺度、流量达到年平均流量期间进行评价。在研究河段设置的33个断面进行测量，每个断面由 5 个等距的监测点组成，总共有 165 个监测点。测量的指标有河床高程、水深、单位水深的流速，在每个监测点底质等级采用目测法测量并基于温氏分级表分级。在数据收集期间，没有观测到明显的流量波动。

用 HEC-RAS 软件构建一维水力模型模拟研究河段基于河床高程的水表面状况，在四个不同的流量下模拟水面状况，从基流（0.5m3 / s）、平均流量（1m3 / s），到最大流量（2m3 / s 和 3m3 / s）。利用 CASiMiR 模型在水平面建立了一个二维的有限元网格，每个网格在河流纵向上长 2m，沿着断面方向上长 0.1m。对于每个数据监测点来说，都基于伯努利方程来计算流速，基于线性插值法来获取每个网格单元的水深、流速和底质情况。利用 0.5m3 / s、1m3 / s 和 2m3 / s 流速下的测量数据验证用 HEC-RAS 模拟的水面状况和 CASiMiR 计算的流速，而不用收集 3m3 / s 流速下的监测数据，因为这个流速仅在研究河段流量最大时偶尔出现。在水坝存在和水坝移除后河流修复两种不同情景下模拟水面状况和流速。用 CASiMiR 的数字建模模块来模拟栖息地适宜度，在大头鱼的每个生命阶段，通过抽取水坝移除前后 60 个单元格的栖息地适宜度指数来评价栖息地适宜度指数变化的意义，为了评价底质变化对栖息地适宜性的影响，对底质进行敏感性分析。

漫湾水库库区建设后浮游植物种类及细胞数量呈明显下降趋势，且浮游植物群落结构发生了较大变化。硅藻在浮游植物种类组成和浮游植物数量组成方面依然占绝对优势，且漫湾水库库区内占优势浮游植物均为耐污物种，浮游植物的种类和数量的变动，与漫湾水电站大坝建成和水库蓄水有关。

漫湾库区建设前浮游动物物种组成由江河生态类型演变为江河一湖泊类型，浮游动物种类增加，数量急剧增加，浮游动物生物量随之急剧增多。但是随着漫湾水坝的建设和运行后，浮游动物种类减少，数量急剧减少，浮游动物生物量随之急剧下降。

漫湾水库建坝前后底栖动物种类数量、生物量等呈现先下降后回升的趋势。在建坝前底栖动物较适应生活环境且种类较多。电站大坝建成后，库区水位急剧升高，完全改变了生态环境，以致水坝运行初期底栖动物的种数急剧减少。之后随着新的生态系统建立，如底层淤泥的增厚、有机质碎屑的沉积、水生植物的增多，底栖动物也逐渐适应了新的生态环境，底栖动物的种类也逐年增多。从种群变化的比较分析，1988 年漫湾分布的大多是水生昆虫，占总数的 88%；而到 2012 年，采到腹足纲的螺类、甲壳纲的虾类、摇蚊幼虫，并且种类大大增加，表现了底栖动物多样性的趋势。

漫湾库区 1995 年建成投产时，土著种占优势，有鱼类 61 种，其中土著鱼类 47 种，而到 2012 年，土著鱼种类和外来鱼种类各占一半，土著鱼类资源在种类和数量上，与水坝投产时相比，有显著的下降，土著鱼类物种数量已经减少到漫湾电站投产前的 34.0%。在库区的静水区域，外来物种数较多，在流水区域（澜沧江自然水体）中，土著种物种数较多。电站大坝建成后，水库蓄水，水位上升，库区水流速度变缓，形成相对静水环境，适合子陵栉蝦虎鱼、麦穗鱼、棒花鱼、鲤、鲫、站、泥鳅、鲢、鳙和太湖新银鱼等外来鱼类的大量繁衍，外来的鱼类不仅在物种数量上占优势，在种群数量上也占极大的优势。

根据 1988 ～ 2012 年澜沧江漫湾水库鱼类及其他水生生物（底栖动物、浮游动植物）实地调查及生态环境调查数据，结合库区生态环境资料，运用 EwE 6.1 软件构建了漫湾水库建设前后的水库 Ecopath 生态通道模型（能量物质平衡模型）。漫湾水库生态系统的 Ecopath 模型可以进行水生生态系统的结构和功能的分析，量化水生生物各功能组分之间的食物链关系和生态系统的结构特征，基于基本分析和网络分析功能对现状模型进行分析，通过各级流量、生物量及生产量，研究澜沧江流域生态系统的能量流动、营养级结构及其转化效率、食物链，以及系统总流量、FCI 循环指数、杂食指数 SOI、FML（Finn's 平均路径长度）等指数，定量描述系统规模和成熟度特征，揭示漫湾水库生态系统营养流通的主要途径、捕食压力、各功能组之间的相互关系以及生态系统现行结构的特点和问题。通过比较 2012 年和 1988 年漫湾水库建设前后的静态模型基本生态功能参数、食物网关系、营养流分布循环以及系统总体特征的差异，揭示库区在环境和蓄水影响下生态系统的规模、系统发育程度、水库生态系统的结构和能量流动特征、各功能组间物质流动和循环的情况、各物种所处的营养级及各营养级的生物量、生态系统的稳定性和成熟度、各有效营养级间能流效率等。

模型由 9 种鱼类种群、4 种浮游生物、3 种底栖生物、浮游植物和碎屑共 18 个生物功能组组成，基本覆盖了漫湾水库生态系统各生物种群间能量流动的主要过程。

研究结果表明，2012 年漫湾水库生态系统包括 4 个主要的整合营养级：从一级到四级（3.69，肉食性鱼类），且各组分的物质能量流动过程主要集中在一级（碎屑及初级生产者）和二级（浮游动植物，底栖动物等）这两个营养级。研究结果显示利用效率最低的是营养级 I，这就造成了在水库生态系统中大量的营养进入碎屑的现象。整体水库生态系统营养效率利用不高，大量的剩余生产量还有待利用，且物质能量的再循环效率低。漫湾水库生态系统中的能量流动以碎屑食物链和牧食食物链（浮游植物、浮游动物、底栖动物）两条为主，其中软体动物在能量从低级向高层次转换中起关键作用。漫湾水库建设前后的食物网分析结果显示，库区食物网结构相对较简单，且水库生态系统容易受到大坝建设的干扰。各个营养转移效率较低，且能量利用水平不高。

漫湾水坝建设前后 Ecopath 模型中表征系统整体特征的指数变化综合表明，漫湾水库生态系统对水坝工程建设的扰动十分敏感和脆弱，整个水生生态系统在 1988 年和 2012 年都处于不成熟的发育期。漫湾水库建设前后的系统总体特征指数结果表明，2012 年漫湾库区生态系统的总生物量、系统总流通量与 1988 年相比呈现缓慢下降的趋势，且由碎屑所构成的食物链的物质能量流动降低的趋势比较明显。两个时期的营养流分布在第 I 营养级差别较大，在其他营养级分布相差较小。水库生态系统稳定性较低，生物资源种类组成简单，但其系统规模正在不断增大，系统的初级生产力与呼吸量比值大于 1，说明系统中有较多的剩余能量尚未消耗。这从系统的净生产量也能看出，碎屑流在系统中的重要性很低，造成大部分剩余能量在系统中沉积，增大了系统内源性污染的风险。从营养关系来看，目前漫湾水库生态系统食物链较为简单，能量在系统中流动的路径较短，说明系统的营养交互关系很弱，系统的再循环率较低，仍有较高的剩余生产量有待利用，均处于不成熟的发育期。系统稳定性差的主要表现是，一个物种的数量变动或消失，都可能对整个系统产生影响。

第十二章 水利水电工程建设对生态水文效应

第一节 水电站建设对流域生态水文过程的影响

水利水电工程建设与河流生态水文学的相关研究密切相关。河流的水文特征影响河流生态系统的物质循环、能量过程、物理栖息地状况和生物相互作用。水利水电工程建设对河道内和河道外区域的各种生态过程有着显著的影响，不同的生态过程响应不同的水文特征。河流的中高流量过程输移河道的泥沙；大洪水过程通过与河漫滩和高地的连通，大量地输送营养物质并塑造漫滩多样化形态，维系河道并育食河岸生物；小流量过程则影响着河流生物量的补充及一些典型物种的生存。水流的时间、历时和变化率，往往和生物的生命周期相关联，例如在长江流域，涨水过程（洪水脉冲）是四大家鱼产卵的必要条件，如果在家鱼繁殖期间（每年的5～6月）没有一定时间的持续涨水过程，性成熟的家鱼就无法完成产卵。

天然河流是一个完整的生态系统，其稳定性和平衡性是在长期的自然过程中逐渐形成的，而水利水电工程建设与开发将会破坏河流原有的生态系统。水利水电工程建设作为较大规模的人类活动是改变河流自然结构和功能的主要因素之一，其带来的水文特征的变化是产生河流生态效应的原因之一。水利水电工程建设和运行所导致的水文特征变化主要包括以下方面：径流的年际年内变异、高地脉冲发生频率和历时、水文极值、水温、泥沙及流速等。水库的运行直接调节流域径流的变化，而河流径流的变化会影响河流生态系统的完整性，改变河流的横向连接性。径流条件的改变会对河流内水温、溶解氧、颗粒物的大小、水质等栖息地物理化学特征产生影响，从而间接改变水生、水陆交错带及湿地生态系统的功能和结构；水库运行会导致库区高水和低水出现的频率与规模的变化，但高流量和低流量的频繁变化会对水生生物的生存造成极大威胁；水库运行会降低流域水文极值出现的概率，进而减少河流内水生生物的多样性；水库运行会引起水温的变化，而水温是水生生物的繁殖信号之一，因而进一步影响水体鱼类的繁殖及部分动物的生长周期；同时其对河道浅滩的冲刷作用还会直接导致鱼类产卵场或栖息地的消失；水库在河道的拦截作用在流域内产生不同的流速场，会对不同流速场中的生物物种产生影响，特别是水生生物的繁殖产卵等行为。总之，水利水电工程引起的河流水文特征的改变，如径流量、频率、历时和变化速率对河流生态系统的稳定性、栖息地的功能和水生生物的生命活动产生明显的影响。目前，针对河道内影响的研究大部分都是从水文改变切入，并基于站点监测数据提出许多对人类活动影响敏感的量化水文改变度的指标，但是没有一个指标是被世界上广泛接受的。相对而言，水文变化指标(Indicators of Hydrologic Alteration,IHA)包含5组共33个指标使用更为普遍。这些指标与变化范围法(Range of Variability Approach,RVA)的结合则量化了水文改变度的大小。目前这种方法已经被证实为一个有效的、实用的评价水利水电工程建设以及其他人类活动对河流影响的工具。需要说明的是，水文改变度对径流序列的尺度有很强的依赖性，例如，在年平均径流没有显著变化的情况下，在其他更小的尺度（月、日和小时等）可能会引起河岸植被与生态系统动态显著的变化。已有研究证实水文改变是气候变化及径流调节共同作用的结果，并指出由它们引起的水文过程变化能在时间和空间上影响水生生态系统的组分、结构和功能。但是，大多数研究往往注重使用连续的水文资料量化水利水电工程建设引起的水文改变，却很少研究气候变化对评价水利水电工程引起的水文改变的影响，换言之，很难去区分和识别水利水电工程或者气候变化等单一因素对水文过程的影响，同时，对于多大的水文改变能引起什么样的生物响应目前也是未知。气候因子中，降雨是影响水文过程的一个重要因素。径流变化作为降雨变异的一个重要指标，已在对许多大流域的研究中用来评价降雨对河流的影响，如Columbia河Colorado河、Mississippi河、Mekong河、Yongdam河、黄河及长江等。这些研究均证实降雨变异能够改变区域水文循环并引起河流径流一系列的变化。从全球来看，20世纪后半叶中纬度国家日降雨超过50.8mm的概率增加了20%；在中国，因为气候变化，中西北、西南和华东地区年平均降雨出现显著的增加，而在华北、华中和东北地区出现显著的减少；在澜沧江流域，从上游至下游的降雨同样表现出显著的空间变异。因此，在分析水利水电工程建设造成的水文改变时，有必要研究降雨对水文改变的贡献，对这两个干扰的影响的区分，有助于研究水利水电工程建设影响下水文与河流生态系统的真实变化；同时区分人类活动和气候变化对历史监测数据的影响，将有助于流域未来管理决策的智能规划。

除水文改变外，水利水电工程建设在河道外景观变化中也扮演着重要的角色。在河道外区域，与景观变化密切联系的土地利用和覆盖变化是受水利水电工程建设影响最为明显的因素，其与各种生态过程有着最根本的相互关系。因此，调查和定量化分析水利水电工程建设引起的景观变化是景观生态学领域中一个非常必要的议题和环境可持续管理的基础。目前，已有许多景观指标被用来反映人类活动对景观格局的影响，如景观类型的面积、斑块密度、边密度、周长－面积比率和景观多样性等。总结以前的研究，土地利用变化，如林地被开垦为农田，会直接影响区域水文特征和过程。目前研究水利水电工程的影响，更多的是分别量化水利水电工程建设引起的景观变化或者水文变化，而较少分析在水利水电工程影响下景观变化与水文变化之间的关系。随着研究的深入，更多人运用模型模拟的方法研究水利水电工程、气候变化、景观动态、水文循环等之间的关系。比如，针对径流的模拟与预测，前人研究多在基于回归方法的基础上对比不同模型以选择最佳模型。随人工智能的发展，运用人工智能技术研究水文与水资源管理越来越受到研究人员的青睐，基于历史月径流数据对比分析了支持向量机模型（SVM）、人工神经网络（ANN）和自回归滑动平均模型（ARMA）在长序列径流预测方面的表现，发现SVM模型的预测精度高于ANN和ARMA模型。类似地，人工智能方法[包括ARMA、ANN、SVM、基于自适应神经模糊推理系统（ANFIS）、遗传算法（GA）]在径流预测方面的精度。但是，人工智能方法，如GA，在解决大尺度和复杂现实问题过程中存在缺陷，因此，基于GA和混沌优化算法（COA）提出混沌遗传算法（CGA），大幅提高了GA的预测精度。除上述模型外，一些基于过程的分布式模型，如美国农业部研发的SWAT模型（Soil and Water Assessment Tool）、美国环保局的BASINS流域模型和美国华盛顿大学的VIC模型以及中国的新安江模型得到快速发展和应用。

总之，随着水电站数量的增加，水电站建设引起的生态退化受到越来越多的关注。目前，对于水电站干扰下的生态水文过程，其主要的研究内容包括：找出并量化影响河流生态系统结构和功能的主要水文特征；从影响河流生态的水文机制入手，进一步探讨生态系统和水文特征的交互影响机制，就是深层次研究水文特征是如何影响生态系统的结构和功能。例如，水量与流速如何影响悬浮质、泥沙沉积等；进一步通过发展调控生态水文特性的方法和技术，实现河流生态系统的保护和恢复。发展调控生态水文特性的方法和技术，涉及物理、化学及生物等各种因素。在了解水文与生态相互作用机制的基础上，合理设定生态目标，根据河流的具体情况制订科学的河流管理规划，使河流生态系统得以持续地为人类社会发展做出贡献。

第二节 水利水电工程建设影响下澜沧江流域景观变化与水文过程

从景观及其流域角度来分析流域景观变化与水文过程最为常见。而人类干扰特别是水利水电工程建设在景观变化与水文改变中扮演着重要的角色。在河道外区域，与景观变化密切联系的土地利用和覆盖变化是受水利水电工程建设影响最为明显的因素，其与各种生态过程有着最根本的相互关系。因此调查和定量化分析水利水电工程建设引起的景观变化是景观生态学领域中一个非常必要的议题和环境可持续管理的基础。目前，已有许多景观指标被用来反映人类活动对景观格局的影响，如景观类型的面积、斑块密度、边密度、周长-面积比率和景观多样性等。以往研究经常采用划分景观指数类别的方法（如破碎化指标、形状指标和多样性指标等）分析景观变化。与河道外景观变化相比，河道内的水文状况变化对水电站建设影响的响应更为直接，如通过调节流量的季节性、改变地表水和地下水水位和改变径流的径流量、时间、频率、历时和变化速率等中断河流连续性、阻挡泥沙运输和鱼类迁移等。水利水电工程对河道内水文的这些影响，可能导致水生生态系统生物多样性的损失和生态功能的退化。

总体来看，国内利用水文监测数据在宏观上评价水利水电工程建设影响的研究较多，但是利用物理模型模拟的方法模拟水利水电工程建设下水文特征变化的研究相对较少。从澜沧江流域的研究来看，已有研究分别从泥沙、水文及水质等方面分析澜沧江水利水电开发对河流水文的影响，但是仍缺乏对河流水文特征变化的定量分析。

这里以澜沧江流域云南段为研究区域，入口点为澜沧江进入云南省边界处，出口点为允景洪水文站。根据水文和地形特征，将研究区域划分为上、中、下游 3 个部分：入口至旧州水文站为上游，此区域不受漫湾电站建设及水库蓄水的影响；旧州至戛旧水文站为中游，此区域内水电站建设和水库蓄水是景观和水文主要的干扰；戛旧至允景洪水文站为下游，此区域同时受水电站建设和其他人类活动的影响。

一、研究方法

（一）景观格局指数的选择与计算

为量化景观变化，利用 FRAGSTATS 软件计算了研究区上中下游反映景观破碎化、形状和多样性的景观水平的格局指标。其中，景观破碎化指标包括斑块密度（PD）、平均斑块大小（MPS）和最大斑块指数（LPI）；景观形状指标包括景观形状指数（LSI）、边密度（ED）、周长－面积分维数（PAFRAC）和平均分形维数（MFD）；景观多样性指标包括景观蔓延度（CONTAG）、香农多样性指数（SHDI）和香农均匀度指数（SHEI）。各个指数的计算公式与生态学意义详见 FRAGSTATS 使用手册。研究表明，土地利用数据的像素大小对景观格局指数大小有影响，根据前人研究，将 3 期土地利用栅格数据的像素大小设定为 200m。

（二）降雨影响的去除与水文改变度的计算

已有研究结果表明降雨的变异对评价水电站建设下水文的改变具有明显的影响。因此，利用丰平枯水年划分的方法对整个区域降雨影响进行分离，但是没有考虑空间上的差异，而是用算术平均法计算整个研究区的平均降雨。

1. 降雨变异影响的去除

从水电站下游水文站获得的监测数据往往同时受气候变化与水电站建设的影响，因此，采用 RVA 方法计算得到的水文改变度则是气候变化与水电站建设共同作用的产物。降雨变异是气候变化因素中对径流改变较大的影响因素，所以，为了分离水电站建设与降雨变异对水文改变的影响，采用划分水文年的方法，以分离降雨的影响。使用降雨数据的平均值 ±0.75 标准方差作为比较合理的划分干、湿年的阈值范围。如果流域在某一年的降雨少于多年平均值 -0.75 标准方差（$P,,P_{mean + 0.75\ stdv}$），或者多于多

年平均值 +0.75 标准方差（$P \geqslant P_{mean+0.75\ stdv}$），则这一年份被视为枯水年，或者丰水年；而某一年的降雨落入平均值 ±0.75 标准方差的阈值内（$P_{mean+0.75\ stdv} < P < P_{mean+0.75\ stdv}$），则这一年被视为平水年。发生在平水年的水文变化受降雨等气候因素的影响较小，而是由同一干扰源影响的结果，就是由水电站径流调节产生的结果而没有降雨的影响。

图 12-1 显示了根据降雨数据对云南澜沧江流域丰平枯水年划分的结果，丰水年的下限为 1006mm，枯水年的上限为 883mm，年降雨高于丰水年下限为丰水年，年降雨低于枯水年上限则为枯水年，年降雨处于上限和下限之间则为平水年。只有平水年的径流才能进入 RVA 的计算过程中。如图 12-1 所示，建设之前（1957 ～ 1992 年）的平水年的年数为 15 年，建设后平水年的年数为 6 年。

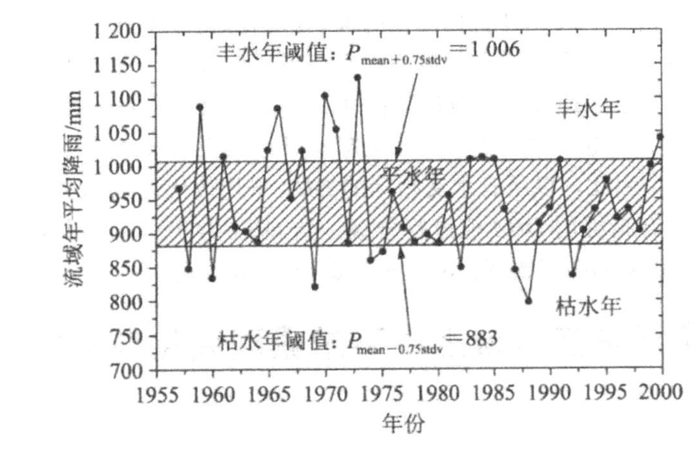

图 12-1　云南澜沧江流域丰平枯水年划分

2. 水文改变度（变化范围法）

变化范围法(Range of Variability Approach，RVA)是 Richter 等于 1996 年提出的评估人类活动对河流水文情势影响的有效方法，已被广泛应用于评价水电站建设对径流特征影响程度。它以流量幅度、时间、频率、历时及变化率 5 个方面的水文特征对河流进行描述，并计算 33 个具有生态意义的关键水文参数值，在此基础上，提供河流系统与流量相关的生态综合统计特征。在这里，由于缺少日数据，选择月径流的大小幅度和年最大、最小月径流来反映水文状况受水电站建设影响的程度：月径流大小和年径流极值与河流生态系统特征密切相关，月径流大小可以反映栖息环境特征，如流速、湿周和栖息地面积等；年径流极值出现时间可作为水生生物特定的生命周期或者生命活动的信号，并且其发生频率与生物的死亡或者繁殖有关。RVA 法需以详细的径流序列评估水电站建设前后径流的变化，一般以水电站建设前的自然变化情况为基准来评价水电站建设后径流变化程度。因此需要设定水电站建设前自然径流过程线的可变范围（或者说是生态系统可以承受的变化范围），大部分研究成果采用所选择指标发生概率 25% 和 75% 的值或者各指标的平均值加减标准差作为各指标的上下限，即 RVA 目标范围，来反映流量过程线的可变范围。如果水电站建设后的径流指标落在

RVA 阈值内的频率与建设前的频率保持一致，则代表水电站建设及运行对河流径流的影响轻微，仍然保持自然径流的特征；如果水电站建设后的径流指标落在 RVA 阈值内的频率远大于或者小于建设前的频率，则代表水电站建设及运行对径流影响显著，改变了自然径流特征，可能对流域内生态系统产生严重的负面影响。RVA 目标范围并不能直接反映水文改变的程度，并且河流管理目标不是每年都保持同样的径流变幅，而是保证其变化幅度保持筑坝前后同样的出现频率，所以水文改变度的计算方法可采用如下公式：

$$DHA=\left[\left(F_O-F_E\right)/F_E\right]\times 100\% \qquad (12\text{-}1)$$

式中，*DHA* 代表水文改变度，F_E 代表建设前水文指标落入 *RVA* 目标范围的频率，F_0 代表建设后水文指标落入 *RVA* 目标范围的频率。*DHA* 等于 0 代表建设后水文指标落入 *RVA* 目标范围的频率等于建设前的频率；负值或正值分别代表建设后水文指标落入 *RVA* 目标范围的频率小于或大于建设前的频率。式（12-1）只是计算单一水文指标的水文改变度，在评价水电站建设对水文状况影响时通常需要一个综合的指标来反映水文状况的整体变化。因此，以所有水文指标的 *DHA* 平均值代表综合水文改变度，同时对各个指标以及综合指标的 *DHA* 值进行分级：当 *DHA* 为 0 ～ 33% 时属于没有改变或低度改变；34% ～ 67% 为中度改变；68% ～ 100% 为高度改变。

二、云南澜沧江流域上中下游景观变化与水文变化的相关性

结果表明，代表景观破碎化的 LPI 与 DHA 具有显著的正相关，说明景观变得越破碎，水文变化就越大；PD 和 MPS 与 DHA 具有正相关性，但是并不显著。4 个形状指数中的 3 个（MFD 除外）与 DHA 具有显著的负相关，说明景观变得越简单，DHA 就越大。景观多样性与 DHA 的相关性表明，DHA 的变化与景观多样性指数的变化具有非常强的关联性：CONTAG 与 DHA 显著正相关，SHDI 和 SHEI 与 DHA 呈极显著负相关（$P < 0.01$），相关系数达到 0.997，说明景观多样性越低，DHA 就越大。

总之，景观格局指数与 DHA 具有较强的相关性：随景观破碎化的加剧、景观形状变得简单和景观多样性的降低，水文改变程度增高。

三、水电站对景观格局的影响及景观指数的有效性

与其他研究相似，基于范畴分类的方法，借助区域土地利用数据计算了反映格局变化的三种类型的景观格局指数，意味着景观格局变化的结果会面临着分类标准带来的一些问题，如类别个数、类别的角度、分类的准确性和空间尺度等。尽管一些方法被用来检测景观格局指数对幅度、粒度、分辨率、间隙及地图比例尺等因素的响应，但是很少有适用的结果。景观格局指数对粒度的响应在不同的景观和指数之间差异显著，如在 100m 以内的粒度，斑块密度（PD）和边密度（ED）随着粒度的增加急剧减少，

在粒度100m以外，随着粒度的增加波动较小；蔓延度指数（CONTAG）在粒度400m以内随着粒度的增加呈显著降低的趋势，在400m之外随着粒度增加呈现波动的趋势；香农多样性指数（SHDI）和香农均匀度指数（SHED在400m粒度范围内随着粒度的增加呈现显著降低的趋势；形状指数（LSI）在100m粒度范围内随着粒度的增加呈现显著降低的趋势，而从200m开始随着粒度的增加呈现漂浮不定的波动状态。因此，考虑以上格局指数随粒度的变化趋势与LandsatmSS（80m）和TM（30m）图像的分辨率以及前人的研究，选择了200m作为计算景观格局指数时输入粒度的大小。同时，这里所选择的与景观组分和结构密切相关的指标被分为三类：景观破碎化指标、景观形状指标和景观多样性指标。其中，虽然LSI指数在实际中不是真正的衡量景观形状的指标，而是更多反映景观破碎化，但在参考其他文献后仍然将其归类到了景观形状类别之中。

研究结果证实，水电站建设后，中游变得更加破碎化，中游和下游景观形状变得更加复杂和破碎而不聚集，同时中游变得更加多样化和分布更加均匀化。本区域景观格局的时空变化是理解水电站建设对景观影响的基础认识。然而，研究幅度的变化能显著地影响景观指数，虽然这种效应的可预测性要比粒度的变化小；同时景观类型的分类也能影响区域景观的多样性和均匀性。在这种情况下，水电站建设后变得破碎化的景观，在一个更小的幅度可能会呈现出更好的连通性，水电站建设后变得更加多样或者均匀化的景观可能会呈现相反的变化。因此有必要利用景观指数尺度图来代替单一尺度下水电站引起的景观变化，并清晰地识别所选择的景观指数对细粒尺度空间数据的响应，以呈现最优化的管理方法减轻水电站建设引起的负面的生态后果。

四、水电站对径流的影响及RVA方法的应用

变化范围法（RVA）已经被广泛应用到水电站引起的水文改变的评价中，借用该方法并结合月径流指标，分析月径流对水电站建设的响应。需要说明的是，两种方法的结合为使用月径流数据评价水电站引起的水文改变度提供了一种途径。结果表明，水电站的运行提前了下游最小和最大月径流的发生时间，此结果与前人在黄河中下游的研究不一致。漫湾水电站的建设降低了年最大月径流的年际变异，而增加了年最小月径流的年际变异。尽管径流的大小在建设前后差异不显著，但是水电站建设后4月径流的变异系数明显增加，而6月、7月和10月有明显的降低，说明月径流在这些月份受水电站运行的影响而波动异常。因此当结合径流大小与变异系数时，漫湾水电站对水文变化的影响变得相对复杂。

最大和最小月径流的水文改变度在上中下游相对较低，表明漫湾水电站对澜沧江月径流的影响没有重大的环境压力或者强烈的生态干扰。但是，水文改变在水电站建设后变得明显（中游），同时受水电站和其他人类活动影响时，局势进一步恶化（下游）。由于允景洪水文站（下游）位于中缅交界处，其上游区域其他人类活动，如农田开垦、森林砍伐、城市扩张、道路网络建设等可能会对整个区域的水文状况有着更为明显的影响。例如，对下游区域内道路网络建设的研究表明，路网对生态系统有着显著的影响，

并引起景观格局变化。而变化的景观格局又影响区域水文特征与过程，这在本研究中也得到证实。由于本研究的主要目的是评价水电站建设对景观和水文的影响，其他人类活动的单一要素对景观和水文的影响则没有包含在内。

气候变化对水文序列的影响已在不同的区域得到证实，气候因子中降雨是最为显著的因子之一，降雨不但能影响年、季节和月径流的大小，而且改变了径流极值的发生时间及频率，因此降雨的变异不可避免地影响水文改变度的大小。为此，采用划分水文年的方法以分离降雨的影响来呈现水电站调节对径流的影响。即便如此，要清楚地区分自然和人为干扰对水文状况的影响的难度相当大，是目前水文过程变化研究的一项重要议题。因此，水文改变的更多不确定性因素需要进一步识别和评价。另外，RVA方法对径流序列长度相当敏感，因此过短的水文序列长度（建设前和建设后）需要采取谨慎的态度对获得的DHA值的有效性进行分析。在以后的研究中采用可行的方法对延长或拓展水电站建设后序列长度以及研究DHA值对序列长度的响应是必要的。总之，在现有序列长度基础上对水电站建设引起的水文改变度做了剖析，以期可对河流开发和水库管理提供相应的支持。

五、景观变化与水文改变之间的关系

已有研究利用回归分析法识别水电站下游水文变化的影响因子和梯级水电开发对景观的累积效应。试图利用回归分析法分析水电站影响下景观格局变化与水文改变之间的关系。结果发现，水文改变度（DHA）与景观格局指数的变化有着显著的关系，特别是林地和水域面积，进一步支持了前人的结果：流域面积与水文改变有直接的相关性。其中，景观破碎化指标中LPI和景观形状指标中的ED、LSI和PAFRAC以及景观多样性指标中的3个指数都与DHA有显著的相关性，表明景观格局的变化将会引起水文改变：随着景观破碎化的加剧、景观形状变得简单和景观多样性降低，水文改变程度增高。根据回归分析的原理，虽然其用于研究一个变量对其他变量的依赖关系，但本身只是表明变量之间存在统计上的相关性，这种关系不一定含有因果关系，具有不确定性，研究结果有必要做进一步分析。即使有许多研究模拟了土地利用和覆盖变化对水文的影响，但很少直接反映水电站建设引起的土地利用变化对水文的影响，因此在以后的研究中仍需继续调查和综合模拟水电站建设对景观和水文以及两者之间的关系的影响。

第三节 水利水电工程泥沙沉积及其生态效应

一、水利水电工程泥沙沉积机制

水利水电工程在运行过程中，由于设计的不合理和管理措施不当，会出现严重的泥沙淤积现象。泥沙淤积造成的库容损失，使水库的功能、安全和综合效益不断受到影响，是水库可持续利用研究中亟须解决的问题。

（一）我国水库泥沙沉积的现状及特点

在河流上修建水库后，由于水位抬高，流速减小，必然会造成泥沙在水库中的淤积。大量的泥沙被冲刷进入河道，使以兴利为目标的许多水库淤积严重，进而引起水电机组等设备损失，并对生态环境产生影响。

我国水库淤积呈现以下两个特点：

第一，水库淤积现象普遍。从地域上说，无论是北方还是南方；从河流特性上说，无论是多沙的黄河流域还是含沙量较少的长江、珠江等流域，都出现了不同程度的水库淤积问题。

第二，中小型水库淤积问题尤为突出。中小水库的泥沙淤积速率一般较大型水库高出很多，北方严重水土流失区的中小型水库淤积速率尤甚。

（二）我国水库河流泥沙变化特征

河流输沙入海是地表过程的一个重要表现，也是水库淤积研究的重要内容。Walling 和 Fang 对亚洲、欧洲和北美洲的 145 条河流的长期数据（大于 25 年）研究后指出，50% 的河流的输沙通量表现出上升或者下降的趋势，其中下降者占多数，而另约 50% 的河流的输沙通量基本保持不变。过去 50 年来欧洲很多河流的输沙通量明显减少，有的还发生了急剧下降。在 20 条河流中，输沙通量呈现上升的为 7 条，下降为 12 条，保持不变的为 1 条。刘曙光等对亚洲主要河流输沙量进行了研究，根据含沙量可将亚洲入海河流分为三个区，北亚河流的径流量较大，含沙量、输沙量最低；东亚华北河流（34° N～39° N）含沙量最高、输沙量较大；东南亚及南亚河流的输沙总量最大。上述研究表明，究其原因绝大部分水库建设是造成世界河流的输沙通量减少的主要原因。

（三）水库泥沙淤积形态

水库的修建本质上改变了自然状态下下游河流的水沙过程，势必会引起水沙输移特性、河道形态的调整及周边生态环境的响应。水库泥沙淤积是在水流对不同粒径泥沙的分选过程中发展的。在回水末端区，流速沿程迅速递减，卵石、粗沙等推移质首先淤积，泥沙分选较显著。继续向下游，悬移质中的大部分床沙质沿程落淤，形成了三角洲的顶坡段，其终点就是三角洲的顶点。在顶坡段，由于水面曲线平缓，泥沙沿程分选不显著。当水流通过三角洲顶点后，过水断面突然扩大，紊动强度锐减，悬移质中剩余的床沙质在范围不大的水域全部落淤，形成三角洲的前坡。水体中残存的细粒泥沙，当含沙量较大时，往往从前坡潜入库底，形成继续向前运动的异重流，或当含沙量较小而不能形成异重流时，便扩散并在水库深处淤积。

水库淤积是一个长期过程。一方面，卵石、粗沙淤积段逐渐向下游伸展，缩小顶坡段，并使顶坡段表层泥沙组成逐渐粗化；另一方面，淤积过程使水库回水曲线继续抬高，回水末端也继续向上游移动，淤积末端逐渐向上游伸延，也就是通常所说的“翘尾巴”现象，但整个发展过程随时间和距离逐渐减缓。最终，在回水末端以下，直到拦河建筑物前的整个河段内，河床将建立起新的平衡剖面，水库淤积发展达到终极。终极平衡纵剖面仍是下凹曲线，平均比降总是比原河床平均比降小，并且与旧河床在上游某点相切。

水库泥沙淤积形态可分为纵剖面形态和横断面形态。纵剖面形态根据形成条件不同，可分为三角洲、锥体和带状淤积。在库水位变化幅度不大，淤积处于自由发展情况下，水库淤积一般呈三角洲形态；在回水曲线较短，入库水流在通过库段时紊动强度较大或含沙量较高，含沙水流在达到拦河建筑物前泥沙来不及完全沉积情况下，水库淤积将形成锥体形态。

三角洲淤积的形成条件：水库运用水位高且比较稳定，变动回水区长。特性是包括尾部段、洲面段、前坡段、坝前段，淤积物及分配沿程分布明显，自尾部至坝前逐渐变细，因为进入坝前段泥沙量很少且很细，所以淤积厚度较小（见图 12-2）。

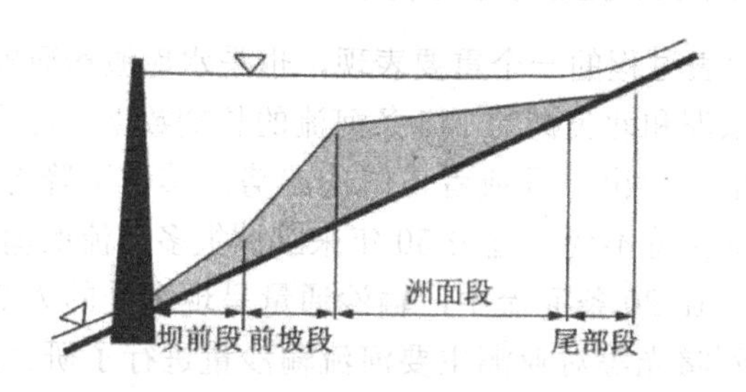

图 12-2　三角洲淤积示意

锥体淤积的形成条件：水库小，淤积不能充分发展。一种是运用水位低，坝前有一定流速，能使较多泥沙运行到坝前落淤和排出水库；另一种是水库回水短，含沙量高且颗粒细，即便坝前流速不大，但依靠超饱和输沙，仍有较多泥沙运行到坝前落淤或排出水库。特点是淤积厚度自上而下沿程递增，河底比降逐年变缓。此外当水库达到淤积平衡，其淤积体都是锥体形状（见图 12-3）。

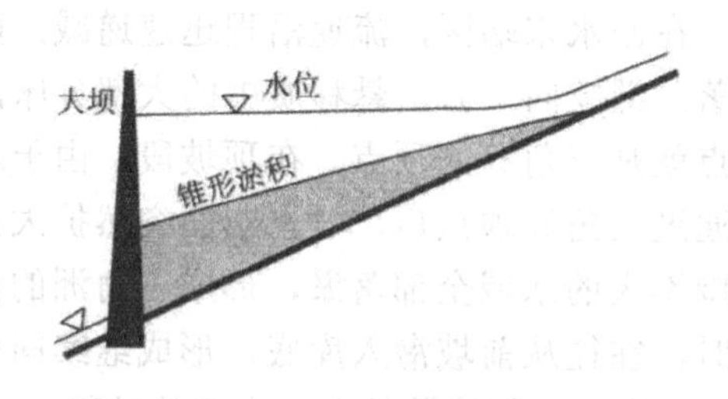

图 12-3　锥形淤积示意

带状淤积的形成条件：运用水位变幅大，变动回水区范围长且具有河道和水库双重特性，变动回水区虽然以淤积为主，但冲淤交替，常年回水区以悬移质中的中细沙淤积为主。特性是淤积厚度沿程分布较均匀，淤积分布是由坝前水位升降淤积体拉平所致，不是水库淤积固有特性，通常出现在水库运用初期，很难长期维持（见图 12-4）。

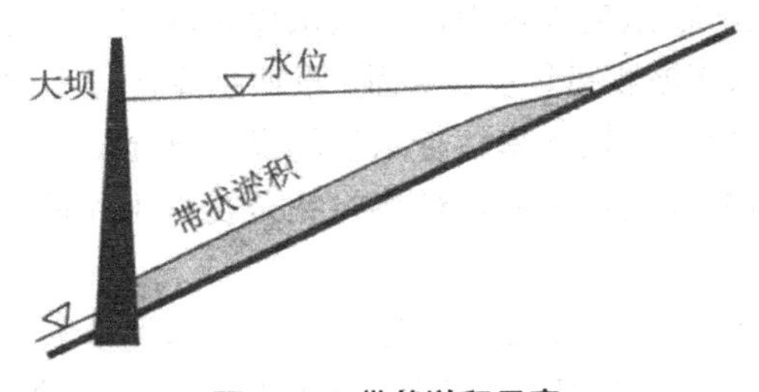

图 12-4 带状淤积示意

横断面形态在多沙河流与少沙河流的水库中有所不同。多沙河流上的水库普遍有淤积一大片、冲刷一条带的特点。淤积一大片指泥沙在横断面上基本呈均匀分布，库区横断面上不存在明显的滩槽。冲刷一条带指水库在有足够大的泄流能力，并采取经常泄空的运用方式时，库底被冲出一条深槽，形成了有滩有槽的复式横断面。

（四）泥沙沉积的原因

由于水库建设时间、设计原理和所处地理位置等方面存在差异，则水库引发泥沙淤积的原因也不尽相同，结合不同研究结果及其现有理论，主要归结为以下几个原因：

第一，水土流失严重，导致河流含沙量高，是水库泥沙淤积的主要原因。例如，安塞县王瑶水库，位于陕西省，该地区地处黄土丘陵沟壑区，丘陵起伏，沟壑纵横，再加上暴雨集中、植被稀少和人类不合理的社会经济活动等因素的影响，在黄土丘陵沟壑区，水土流失尤为突出，年平均侵蚀模数高达 10000t /（km2·a）以上，每年向黄河输入泥沙约 7 亿 t，约占全省输入黄河泥沙量的 89%。严重的水土流失，加剧了该地区的水库淤积；位于靖边县的新桥水库，总库容 2 亿 m3，建成后仅蓄水运用 2 年就淤积了 8655 万 m3 泥沙，占总库容的 43.3%。

第二，水库未设置泄流排沙底孔、入库泥沙排不出。合理地利用泄流排沙底孔可以将入库泥沙排往下游河道，其排沙效率取决于水库运用方式。早期修建的水库绝大多数未设置泄流排沙底孔。而输水建筑物又大多采用卧管和竖井，使入库泥沙难以排出。

第三，水库运用方式不合理，加速了水库淤积。水库淤积的速度与水库运用方式密切相关。汛期洪水含沙量高，如果采用拦洪蓄水运用方式，将会将大部分泥沙拦在库内，势必加快水库淤积速度。

第四，人为原因改变土地利用方式，加速水土流失，导致水库泥沙淤积。随着人口增加、流域内的经济开发，有时水库建成后移民定居，又加剧了水土流失，使水库淤积趋向严重。人类活动是影响河道输沙变化的另一关键要素，以澜沧江 - 湄公河一级支流为例，该地区水库泥沙增加趋势是由于区域内土地利用及覆被变化引起的，是人类活动影响的结果。

第五，季节性泥沙淤积。河川中的泥沙主要出现在汛期。在我国一般是6～10月，占年输沙量的90%左右，汛期入库泥沙是形成水库淤积的主体。研究早期季节性汛后蓄水的水库，不难发现，在汛期大量泥沙进入水库时坝前水位很低，甚至接近天然状态，泥沙可排往下游，水库淤积量很少。从而，汛期水库运行水位越低，泥沙淤积越少，电站发电量损失越大。反之汛期水库运行水位越高，甚至蓄水至正常蓄水位，虽然增加了近期的发电量，但泥沙大量淤积，最终将完全丧失水库的调节作用，导致了长期损失发电量。

第六，建库后导致库周微气候发生变化，导致水库泥沙淤积。目前的研究中，研究气候影响水库泥沙淤积的成果甚少。但是，流水是河道泥沙输移的载体和动力之源，而流域面上降雨的雨点溅蚀，经面蚀和沟蚀的输送，使流域面上的土壤侵蚀进入河道形成泥沙，因此在天然河流中降雨变化不仅是河道径流变化，更是泥沙增减的重要原因。如澜沧江下游流沙河流域气候变化对河道输沙量增减的影响结论表明：输沙量的变化并不是气候变化导致。

（五）泥沙沉积的生态效应

泥沙淤积使水库不断受到功能性、安全性和综合效益下降的影响。泥沙淤积对水库的影响可分为社会影响、经济影响和生态环境影响，主要包括减少水库有效库容、削弱水库功能、影响库尾河道形态、降低水库安全等级和水质等级等方面。因为修建水库的目的不同，调度运行各异，对水库管理者来说，泥沙淤积所带来的问题也各不相同。一般而言，水库淤积会造成以下几个方面的不良影响：

1. 泥沙淤积导致水库功能削弱

库容的大小决定着水库径流调节能力和兴利效益。库容大，其径流调节能力强，兴利效益高。水库功能的削弱主要是泥沙淤积会导致有效库容的降低，失去了修建水利水电工程的目的。防洪库容减少导致水库防洪标准降低，兴利库容减少导致水库供水能力、供水保证率、发电保证率等降低，严重时甚至丧失部分功能。变动回水使宽浅河段主流摆动或移位，影响库区通航保证率及航道等级。

2. 导致河床太高，加剧土地盐碱化

泥沙淤积上延造成库尾河床抬高，河道水位抬升，水面比降和流速减小，河槽过水能力降低，河道形态发生改变。例如，受三门峡水库回水末端“翘尾巴”淤积影响，渭河下游河床淤积抬高，降低了渭河下游防洪、排涝能力，增加了沿河两岸的沼泽、盐碱化面积。城固县南沙河水库回水末端淤积上延，抬高了上游河床，形成地上河，造成两岸150多亩稻田排水不畅，成为冷浸田。另外在有通航条件的河流上，回水末端淤积还容易堵塞航道，恶化通航条件。

河道水位抬高还会增加水库淹没周边土地损失，引起两岸地下水位升高，加重土地盐碱化。特别是在山区的水库，河床抬高会影响消落带生物。

3. 降低水电站的发电能力

泥沙淤积影响水工建筑物安全，如船闸、引航道、水轮机进口、引水口、水轮机叶片、拦污栅等。水库淤积减少水库的有效库容，使水电站的发电能力降低。如果淤积形成的三角洲在大坝附近形成，还可能阻碍水流进入发电机，并增加进入发电机的泥沙，从而磨损涡轮机叶片和闸门座槽。涡轮机叶片的磨损与泥沙粒径有关，一般认为，泥沙的粒径若大于0.25mm，就会磨损叶片。进入电站引水管的泥沙会加剧对过水建筑物和水轮机的磨损，影响建筑物和设备的效率和寿命，坝前堆淤（特别是锥体淤积）也会增加大坝的泥沙压力，加重水库病险程度。

4. 恶化库区生态环境

泥沙本身是一种非点源污染物，同时也是有机物、铵离子、磷酸盐、重金属以及其他有毒有害物质的主要携带者，这些污染物进入水库，将会给库区水质造成不良影响。泥沙淤积会改变水库以及库尾以上河道的地形，从而改变水生生物的生存环境，可能引起水库及库区以上河道内水流的富营养化，而使下泄的清水缺乏必要的养分。

泥沙也会对鱼类的生长和繁殖带来不利的影响，水中含沙浓度高时，会减弱水中的光线，影响水中微生物生长，使鱼类赖以生存的食物减少，不利于鱼类的繁殖。

5. 破坏水库下游河道平衡状态，危及下游河道堤防安全

水库正常蓄水运用时，泥沙淤积在库内，下泄清水，下游河道冲刷下切，容易造成两岸堤防基础悬空、坍塌，并影响两岸引水。水库排沙运行时，排出的泥沙淤积在下游河道，引起河道水位升高，甚至超过堤防顶部，造成堤防溃决，危害两岸安全。

国内外对大坝建设以后对水环境影响的调查研究比较多，众多的研究表明，大坝建设以后，不仅减少了下游来沙量，而且还改变了支流水系的水动力条件，使得水流变缓，水相泥沙含量骤然减少，水体自净能力降低，污染有所加剧。但是，泥沙作为河流水体的重要组成部分，在其迁移输运过程中，能吸附水相的氮、磷等污染物。调查研究发现，河流泥沙对污染河水氮、磷污染物及高锰酸盐指数均有一定的吸附效果，泥沙在随水流的迁移输运过程中对河道污染物负荷的降低可起到较为积极的作用。泥沙特别是悬移质泥沙是污染物的主要携带者，悬移质泥沙的沉降是降低河水污染负荷的重要途径，污染物可被泥沙吸附之后随泥沙的沉降而进入水体底层，脱离水相，对水体自净具有重要的积极意义。

二、水利水电工程建设影响下泥沙变化特征定量描述

土壤侵蚀和水土流失，是河流水电水利工程出现泥沙问题的直接起因。从长远的观点来看，解决泥沙问题的根本途径是减少人为侵蚀，恢复流域植被，保护和改善流域内的生态系统，减少水土流失。但是实现这一目标需要巨大的财力投入，生态环境的自然恢复过程也较慢。因此，在未来相当长的时间内，我国水电水利工程的泥沙问题仍然将十分严峻。在河流和流域的水电资源开发及治理中还将遇到许多与泥沙有关的工程问题，为了能够做出符合自然规律的正确工程决策，必须详细地了解河流泥沙运动的规律。流域土壤侵蚀、产沙、泥沙沉积、河流输沙构成了泥沙淤积的主要环节。

第一，侵蚀。

河岸侵蚀是由河岸植被的破坏或水流流速的升高引起的。流域的侵蚀产沙包括风化和侵蚀等复杂的物理化学过程。研究流域侵蚀需要考虑流域的地质条件、地球化学特性、气候条件、降雨、植被等多种物理的和化学的因素。河岸侵蚀不仅通常发生在弯道的外侧，也可能发生在弯道内侧或者河道顺直部位。河床侵蚀量可根据水沙条件利用河流动力学方法计算。重力侵蚀是河岸侵蚀中最为常见的一种类型。重力侵蚀又称块体运动，指坡面岩体、土体在重力作用下，失去平衡而发生位移的过程。国外学者曾进行了块体运动的系统分类，根据我国的具体情况，重力侵蚀主要划分为泻溜、滑坡、崩塌，以及重力为主兼水力侵蚀作用的崩岗、泥石流。重力侵蚀通常发生在山区，特别是在雨强较大的湿润山区。边坡失稳是导致重力侵蚀的主要因素，而气候、土壤、地形、植被、水蚀力、人类干扰和动物干扰都是诱发边坡失稳的重要原因。目前已开发出了很多评价边坡稳定性的程序，这些程序大部分都是以边坡稳定因素和侵蚀因素为主要参数。不合理的人类活动如植被破坏、陡坡开荒、工程建设处置不当（开矿、修路、挖渠等），增加径流，破坏山体稳定，均可诱发重力侵蚀，或加大重力侵蚀规模，加快侵蚀频率。侵蚀坡面侵蚀量可通过野外量测、地貌调查、遥感摄影、示踪法和模型计算的方法获得。

第二，产沙。

流域产沙是指流域或集水区内的侵蚀物质向其出口断面的有效输移过程。流域产沙由坡地部分产沙和水系自身部分产沙组成。对于坡地部分产沙，可利用泥沙收集槽收集从坡面侵蚀下来的泥沙并进行量测，也可对集水区的指定横断面进行反复观测或利用测绘图片对比进行侵蚀量的计算。水系部分产沙不仅包括河岸侵蚀产沙，也包括河床泥沙受到外力作用，来推移质或悬移质的形式沿河道输移产沙。

由于流域产沙机理较复杂，因此产沙模型应用中大多为经验回归方程，此类模型缺乏明确的物理成因机制，区域性限制因素很多，在些小流域尚有一定的适用性，但在大中尺度流域中其应用性不强。近年来发展的物理成因性模型，比较好地解决了经验方程的弊端，模型可分过程分别模拟，且物理概念明确，对小流域和大中尺度流域都比较适用。

第三，泥沙沉积。

泥沙沉积可能会发生在坡面、沟道、河岸、河床等流域中的各个部位。即使产沙类型明确，也很难直接计算有多少泥沙在进入河道前沉积下来，目前应用广泛的方法是用总侵蚀量减去下游河道出口的泥沙输出量来获得流域内的泥沙沉积量，另外，泥沙拦截率也可以利用经验公式求出。

第四，河流输沙。

河道泥沙可能源于坡面侵蚀、沟道侵蚀、河岸侵蚀、重力侵蚀或上游河道输送的泥沙。河流泥沙输移与河道的侵蚀特性、泥沙性质以及输沙效率都有关系，且只有部分侵蚀产生的泥沙被河流输送进入下游河道，其余的侵蚀泥沙沉积在坡面、河岸或河床。沿河流输送的泥沙通常以推移质、悬移质、冲泻质的形式运动。汇集到集水区某一断面或流域出口断面的侵蚀量又称输沙量，在一定的侵蚀条件之下，输沙量越多，说明流域的产沙强度越高。为表征流域的产沙强度，定义流域产沙量（或输沙量）与侵蚀量之比为泥沙输移比。

（一）河流泥沙模拟方法

河流模拟技术包括河流实体模型和泥沙数学模型两部分，两种研究手段各具有优缺点。在实体模型方面，建立了一整套河工模型的相似理论、设计方法和试验技术，在模型几何变态、比降二次变态、模型沙的选择、高含沙水流模拟及宽级配非均匀沙模拟等方面取得了重要的研究成果，并解决了大量的工程泥沙问题。

数学模型的建立是基于水流、泥沙动力学和河床演变等扎实的泥沙理论之上的，具体有由质量守恒定律和动量守恒定律推导出来的水流连续方程、水流运动方程、泥沙运动方程、河床变形方程等，同时数学模型的发展还离不开不断发展的计算机技术。在数学模型方面，已经建立了一维、二维和三维泥沙数学模型，并随着泥沙基本理论研究的不断深入与广泛的工程应用，在计算模式、数值计算方法、计算结果的后处理、参数选择、高含沙水流问题处理等方面均取得了重要进展。目前，仍需完善数学模型的计算方法，同时对阻力问题、糙率、底部泥沙挟沙力紊动黏性系数等问题进行深入的研究。

分布式水文模型目前也被广泛用于分析流域产沙径流，比较广泛的如SWAT模型，综合考虑了流域的空间变异性，SWAT模型在计算中根据流域汇流关系将流域分成若干子流域，单独地计算每个子流域上的产流产沙量，然后由河网将这些子流域连接起来，通过河道演算得到流域出口处的产流产沙量。因此，在SWAT模型中，分成两个阶段：一是陆面水文循环，降水产流同时伴有土壤侵蚀；二是河道演算，包括水、沙的输移过程以及营养物质在河道中的变化及输移过程。SWAT模型结构复杂，它是由701个方程和1013个中间变量组成的一个模型系统，结构上可以分为水文过程、土壤侵蚀和污染负荷三个子模型。水文过程子模型可以模拟和计算流域水文循环过程中降水、地表径流、层间流、地下水流以及河段水分输移损失等。该子模型模拟水文过程可以分为两部分：一部分是控制主河道的水量、泥沙量、营养成分及化学物质多少的产流与坡面汇流等各水分循环过程；另一部分是与河道汇流相关的各水分循环过程，决定水分、泥沙等物质在河网中向流域出口的输移运动情况。土壤侵蚀子模型从对降水和径流产生的土壤侵蚀运用修正的通用土壤流失方程（RUSLE）获取。污染负荷子模型主要进行氮循环模拟和磷循环模拟过程，这两个循环伴随水文过程及土壤侵蚀过程而发生。

河道泥沙演算由沉积和降解两个组件同时组成。从子流域出口到整个流域出口这段距离上，河道内及河滩上的泥沙沉积通过泥沙颗粒的沉降速率计算；泥沙的传输率按照不同的泥沙颗粒大小，分别由沉降速度、河道径流历时及沉降深度进行计算；泥沙降解过程通过Williams修改的Bagnold泥沙输移方程来计算。

SWAT模型根据一系列反映水文和侵蚀过程的运算程序计算离散的各单元的产流产沙，最后进行河道演算，从而达到比较准确的模拟整个流域产流产沙的目的。在Nag wan小流域对SWAT模型进行了验证，计算出流域年均产沙量。利用SWAT模型对辽宁省大伙房水库径流和泥沙进行模拟研究，开展汇水流域产沙以及泥沙入库研究，其结果可为饮用水水源地的水土保持和管理工作提供基础支持。张雪松等进行流域产流产沙模拟，并对其模型的适用性进行精度验证，认为SWAT模型可以较为准确地模拟中尺度流域产流产沙，为我国流域水土保持规划提供科学依据。

从SWAT模型已有研究看，提出下列几个存在的问题：①从研究区分布范围看，主要位于半干旱的内陆地区，较缺乏降水量丰富的东南沿海湿润区流域的成果报道。尤其是针对受基础数据和参数影响较大的模拟效率问题的探讨较少；②从模拟结果验证看，已有模型验证方法研究多是采用流域出口总径流量模拟效率来检验模型的适用性，由于流量是各种水文过程综合作用的结果，这使得模型在水文过程模拟中缺乏可靠性；③从应用研究看，多涉及流域植被覆被现状下的产流产沙模拟，植被覆被变化下的水文效应多是针对植被水平空间分布变化的水文响应分析，未考虑不同植被在坡度分布上的空间差异对于流域水文过程的影响，也没有见结合流域典型区的生态重建要求研究植被恢复的水文效应。

（二）水库泥沙淤积计算方法

水库泥沙淤积计算是水库淤积和工程泥沙研究的重要内容之一，它的预报结果对水库规划和水库运用均是必需的。通常，水库泥沙淤积计算应该遵循以下几个原则：

①水库泥沙冲淤计算方法应该根据水库类型、运行方式和资料条件等进行选择，可采用泥沙数学模型、经验法和类比法。

②采用泥沙数学模型进行水库泥沙冲淤计算时，对数学模型及参数应使用本河流或相似河流已建水库的实测冲淤资料进行验证；缺乏水库实测冲淤资料时，可利用设计工程所在河段天然河道冲淤资料进行验证。

③采用经验法进行淤积计算时，应了解方法的依据和适用条件并利用工程所在地区的水库淤积资料进行验证。

④采用类比法进行淤积计算时，应该论证类比水库的入库水沙特性、水库调节性能和泥沙调度方式与水库设计水位的相似性。

⑤对水库冲淤计算成果进行合理性检查。泥沙淤积问题严重的水库，宜采用多种方法进行计算，综合分析，合理确定。

⑥水库冲淤计算系列，可根据计算要求和资料条件，采用长系列、代表系列或代表年。采用代表系列的多年平均年输沙量、含沙量或者代表年的年输沙量、含沙量应接近多年平均值。

国内外水库冲淤计算方法通常分为：经验法（又称平衡比降法、水文学法），即经过对水库淤积规律的研究，得出各种参数的直接计算方法，如对于三角洲的洲面坡降、长度、前坡坡降以及水库淤积平衡后的坡降、保留库容等，直接给出公式确定；形态法（又称半经验半理论法、半水文学半动力学法）；数值模拟法（又称理论法、水动力学法），即采用河流动力学的有关方程和方法构造模型，分时段、分河段求解，不直接计算有关参数，而是根据求解结果得出，这种模型可称为河流动力学数学模型。

水库淤积泥沙设计预测计算的成果，同水库若干年实测资料比较，若淤积量、淤积部位有70%相符，水库淤积高程相差1～2m，即可认为水库淤积预测成功，即便是数值模拟数学模型的计算成果也是如此。对淤积计算成果无精度可言，只有可靠与否。

计算方法首先是类比法，之后发展为平衡比降法、形态法。我国乃至世界，20世纪已建的大中型水库，绝大部分都是用以上方法计算水库淤积。通过数十年过程运行实验检验，我国除个别工程外，绝大多数同实际淤积状况相符。如龚嘴水电站设计预测运行15年，淤积洲头到达坝前，保留调节库容96%，实际运行16年淤积洲头到达坝前，保留调节库容92%，对泥沙设计而言，这是很可靠的预测。

利用经验法来计算水库淤积中较典型的是针对于三角洲淤积体的水库，三角洲各项参数计算的方法及其公式也可查阅到，也可以对其他不同形式排沙（如壅水排沙、异重流排沙、敞泄排沙、溯源冲刷）效果，水库淤积末端的上翘长度、库尾的比降等研究有较好的支持。

随着水库淤积发展，水库库容V逐渐减小，水库特性也发生变化，水库水面比降也不断调整，K也应随之调整。不同的水库运行方式对K的影响也是很显然的。坝前运行水位越低，水库的水面比降越大，拦沙率也就越小，K也越小；当低于某一水位时，水库水面比降达到平衡比降，水库的拦沙率也就为0，对应的K也就为0。对于不同的水库、不同的情况，可以选择不同的指标，以力图最客观地反映K的变化规律。排沙比曲线是一种比较粗略的方法，一般适用于资料缺乏、不需要计算冲淤的时空分布且只需要估算总淤积量的情形。

我国于20世纪60年代开始研究数值模拟的泥沙冲淤模型。在90年代中期，数值模拟模型在工程泥沙设计中开始推广应用，21世纪初获得广泛的应用。

数值模拟模型方法是根据水流运动方程、水流连续方程、泥沙运动方程、泥沙连续方程、河床变形方程等进行求解，给出淤积过程、淤积部位（包括淤积形态）、淤积物级配及淤积引起的水位抬高等。从原则上说，好的河床动力学数学模型在一定补充条件下应能基本满足水库淤积计算的需要。

由于泥沙运动理论的发展和计算机的应用，长江科学研究院为研究三峡水库泥沙冲淤计算，于20世纪60年代初期组织人员，率先采用有限差法联解水流连续方程、水流运动方程、泥沙连续方程、河床变形方程、挟沙水流运动方程和推移质输沙率方程。于70年代初期建立了水库不平衡输沙的泥沙冲淤计算数值模拟数学模型，经不断改进成为后来著名的M1-NENUS-3（韩其为）和HELIU-2（长江科学研究院）模型，并都用于三峡水库及其下游冲淤计算。80年代以后越来越多的学者从不同角度用不同手段，对水库泥沙数值模拟数学模型进行研究，先后建立了适用于不同类型水库的数值模拟模型。

由于泥沙运动规律的复杂性和泥沙理论的不完善，数值模拟模型目前正处于发展阶段。数值模拟数学模型，一般采用差分法或特征线法，用挟沙能力公式代替非饱和输沙的含沙量变化关系式。模型的基本方程类似，数学解法有所不同，使用的辅助方程不同。重要参数在计算过程中的敏感性也不尽相同。

我国在21世纪初设计的大型水利水电工程泥沙冲淤计算中，数值模拟模型获得广泛应用。数值模拟模型研究应用的范围已由一维扩展到准二维、二维和三维。

三、澜沧江流域泥沙沉积的研究

澜沧江蕴含着丰富的水资源以及巨大的势能资源，20 世纪 80 年代末，澜沧江列入国家重点开发区和水能开发基地并筛选出 8 个梯级电站，目前投入运行的有小湾、漫湾、大朝山和景洪水电站。关于澜沧江梯级电站修建对河流泥沙的拦截效应及其跨境影响，过去虽有过一些研究，但受资料条件和研究范围的限制，迄今为止还没有明确的结论，尚存诸多争议。例如，国际上一些观点指责澜沧江水电梯级开发导致流入下游湄公河泥沙的大幅度减小，将威胁下游的渔业生产，增大河岸冲刷，引发界河国界变化，进而危害下游的生态安全和可持续发展。

河流中的泥沙主要来自两方面：流域范围内的地表侵蚀和河水对河床本身的侵蚀。澜沧江主要为山区河流，河床由基岩和粗颗粒的砂卵石组成，但这些在河底滚动的推移质一则数量较少，二则缺乏实测资料，所以我们主要关注的是数量上远比推移质大得多、来自流域地表侵蚀的悬移质泥沙。

由于水库蓄水引起河流水动力条件的改变（主要是流速减慢），导致颗粒物迁移、水团混合性质等发生显著变化，使大量泥沙、营养物质在水体中滞留。由于水库的拦沙作用影响河流的冲淤与输沙，破坏了原有河流的输沙平衡，使上游和支流来沙大部分被拦于各梯级库内，下泄水量中含沙量大大减少。由于下泄水量减少，导致河流挟沙能力降低，挟沙颗粒细化，降低对金属粒子的吸附能力，造成沉淀，使有毒、有害物质沉积于水库，影响水质。这些物质长期积累，是潜在的二次污染源。

由于水库的拦沙作用，影响河流的冲淤与输沙，打乱了原有河流的输沙平衡，上游来沙大部分被拦于各梯级库内，下泄水量中含沙量大大减少。流域梯级开发对泥沙的拦截可以达到 99%，累积效应显著。澜沧江流域梯级水电工程建成蓄水之后，各库区的泥沙主要来源有：

第一，水土流失：据澜沧江泥沙观测资料统计，由于土地开垦（尤其是坡地开垦）、植被破坏造成流域水土流失严重。尤其是 20 世纪 60 年代以来，澜沧江河段含沙量和输沙模数均有增大的趋势，以下游的戛旧—景洪段最大，80 年代以后明显增加。河流泥沙淤积已对澜沧江下游河段的国际航运造成危害，因沙坝堵塞，每年国际航运仅汛期通航半年。工程建设造成水土流失的区域分布主要在施工区和移民安置区。施工区范围相对集中，影响水土流失的主要因素为主体工程开挖、砂石料场开挖，弃渣场、场地平整和道路修建，上述施工活动将大面积扰动施工区地表，破坏原有地貌和植被，产生严重的水土流失。

第二，库岸坍塌、滑坡：梯级水库蓄水后，水位抬高且水面扩大，造成水文地质和工程地质条件改变，影响库岸稳定，在局部库段可能引起库岸坍塌或山体滑坡，并使大量泥沙集中的库区造成水文地质和工程地质条件改变并影响库岸稳定，在局部库段可能引起库岸坍塌、滑坡或地面塌陷等，并使大量泥沙积聚在库区。水库蓄水后还会诱发地震，增加库岸坍塌和滑坡概率。库岸坍塌或滑坡在经历一段再造过程后，才能达到新的平衡。

第三，矿产资源开发：开采矿藏，产生大量的尾矿，这些尾矿堆积在山间河谷，在造成环境污染的同时，也产生水土流失，造成大量泥沙富集在库区中。

第四，地质灾害：如流域处于地质结构不稳定区，怒江中下游所处的横断山区新构造运动活跃，发生山洪、泥石流、山体滑坡和地震的概率较高，这类自然灾害的发生都将伴生大量泥沙聚集在库区。

（一）澜沧江近20年的泥沙变化与分配特征

利用对澜沧江泥沙研究结果对干流近 20 年泥沙变化进行分析。通过对干流旧州和允景洪两个重要控制站 1987 ～ 2003 年的月悬移质泥沙实测资料的分析，进一步判识泥沙含量年内分配的变化与水电站建设进程的关系。其中旧州水文站位于漫湾电站上游 269km，代表未受水库回水影响的天然河道。允景洪水文站断面位于大朝山电站下游 314km、景洪电站下游 3.5km 处，控制流域面积 141779km2，占澜沧江全流域面积的 89%，断面下游 104km 处为出境口。其水沙观测资料对于反映澜沧江流域的水沙变化情况具有一定的代表性。允景洪控制站的泥沙变化基本能反映电站开发建设对下游河道影响的程度。

泥沙年内分配特征变化包括“量”和“结构”的变化。“量”通常是指泥沙含量、输沙总量等数值上的变化。而后者则注重从泥沙过程线的“形状”上进行分析，它反映不同时段内来沙量的比例。该研究的泥沙年内分配特征的分析即属于后者。描述泥沙年内分配特征的方法有多种，通常使用较多的有各月（或季）占年输沙总量的百分比数、汛期 - 非汛期占年输沙量的百分比数等。除上述方法之外，为了进一步定量分析澜沧江 - 湄公河主要河段河道泥沙年内分配特征的变化，研究采用泥沙含量年内不均匀系数、集中度（期）以及变化幅度等不同指标，从不同角度分析泥沙年内分配的变化规律。

1. 澜沧江泥沙年际变化

通过对允景洪断面 1988 ～ 2007 年逐年径流量、输沙量、含沙量与近 20 年均值进行对比分析表明，允景洪断面从 1988 ～ 2007 年年径流量与年输沙量变化除 1997 年、2006 年不对应外，其余年份大致相应，且输沙量的变幅大于径流量的变幅。

2. 澜沧江泥沙年内分配不均匀性

由于气候的季节性波动，降水和气温等因素的季节性变化，对河流泥沙年内分配的不均匀性影响明显。反映了河流泥沙年内分配不均匀性的特征值有许多不同的计算方法。这里借鉴径流年内分配的计算方法，采用泥沙年内分配不均匀系数 S_v 和泥沙年内分配完全调节系数 S_r 来衡量泥沙年内分配的不均匀性。泥沙年内分配不均匀系数 S_r 计算公式如下：

$$S_y = \sigma / S \tag{12-2}$$

式中，S_v 为年内各月泥沙含量；S 为年含沙量。

由上式中可以看出，S_v 值越大说明年内各月泥沙含量相差越大，泥沙年内分配越不均匀。

3. 泥沙年内分配集中程度

集中度和集中期的计算是将一年内各月的泥沙含量作为向量看待，月泥沙含量的大小为向量的长度，所处的月份为向量的方向。

流域上游的人类活动能敏感地为下游泥沙所记录，其中电站建设的下游泥沙响应表现为：建设期的增沙效应以及建成后的拦沙效应。旧州位于远离电站上游，基本反映了天然河流泥沙输移状况；而允景洪、清盛站则处于两电站下游，受电站建设施工造成的泥沙扰动影响，以及蓄水的拦沙效应，均为大坝下游的允景洪和清盛水文站泥沙年内分配记录所响应。三站泥沙含量年内分配曲线能清楚反映电站对下游断面泥沙的影响。

自 1987 年以来，上游旧州站各时段年平均泥沙含量年内分配差异微小，基本维持天然河道输沙特性；而允景洪与清盛站泥沙年内分配趋势在变“矮”，即在漫湾电站施工高峰期，由于受施工扰动，河道输沙较多年平均明显增加，随后的漫湾蓄水拦沙导致下游泥沙季节分配的重新调整，来沙高峰削减。1987 ～ 1992 年时段（漫湾电站建设高峰期）和 1997 ～ 2003 年时段（大朝山电站建设高峰期），旧州水文站泥沙年内分配不均匀系数 S_v 和泥沙年内分配完全调节系数 S_r 逐时段增加，这与区域降水趋势一致，据旧州与允景洪逐日实测降水资料，该区 1987 年以来，两站时段平均年降水量呈平稳增加态势，这可能是全球气候变暖的区域响应，但其时段平均年含沙量却表现出不同的变化程度。

允景洪站年含沙量波动更加急剧；与此同时，尽管允景洪水文站降水呈上升趋势，但其泥沙 S_v 和 S_r 值却先减小后再急剧增加，表现出与降水不协调的步调，这归因于上游电站的调节作用；距离电站更远的清盛水文站泥沙 S_v 和 S_r 值逐时段微小下降，表明其泥沙年内分配由于受上游电站调节流量的影响，输沙趋向平稳；允景洪与清盛泥沙 S_v 和 S_r 值对电站建设及气候变化的响应趋势及程度的不一致，可能是两控制断面距电站远近不同于区间来水输沙状况差异造成的。允景洪水文站离大朝山电站较近，区间较少有大支流汇入，人为活动作用表现强烈，清盛站离电站很远，区间有诸如补远江、南腊河、南阿河等多条含沙量大的支流汇入。值得注意的是，下游两水文站集中期不同步现象比较明显，说明了三站集水区地理特征、水文情势以及区内的人类活动均存在较大的差别，这些差别因素叠加在电站建设的响应过程中，最后表现出了不一致的响应程度。

4. 泥沙年内分配变化幅度

1988 ～ 2007 年观测资料分析表明，受上游漫湾、大朝山电站蓄、泄过程的影响，下游泥沙季节分配重新调整，来沙高峰削减，允景洪水文站水沙年内过程已明显改变，更集中于汛期和主汛期，尤以沙量最为明显。

此外，1988 年以来，允景洪断面各时段月平均含沙量均有所减小，特别是 2003-2007 年各月平均含沙量减小最为明显，且含沙量年内分配集中度（即一年中最大月含沙量出现的月份）出现后延，由 7 月后延至 8 月。

泥沙变化幅度的大小对于河床演变有重要的影响。所以，用两个指标来衡量河流泥沙的变化幅度，一个是相对变化幅度，以河流最大月含沙量（S_{max}）和最小月泥沙含量（S_{min}）之比表示，见式（12-3）；另一个是绝对的变化幅度，以最大与最小月含沙量之差表示。

$$S_r = S_{max} / S_{min} \tag{12-3}$$

$$S_a = S_{max} - S_{min} \tag{12-4}$$

允景洪断面 1988 ～ 2007 年含沙量年特征值、月特征值逐年减小，表现为各时段的最大与最小月泥沙含量的相对变化幅度先减后增，绝对变化幅度则一直减小，说明影响该断面泥沙变化的因素发生了一定改变。

5. 河床断面冲淤变化

允景洪断面右岸为石砌护岸，左岸为沙土植被，允景洪水文站上游电站建成后，由于水动力条件的改变，泥沙不可避免地将在库区内淤积，使出库泥沙量较原来减少；另外，由于水体自身具有挟沙能力，它将带起下游邻近河段的泥沙，引起河床冲刷。1988 ～ 2008 年汛后断面观测资料分析表明，河床断面左右岸的历年冲淤变化较小，仅 2008 年汛后左岸，距离断面起点 270 ～ 320m 产生淤积。受洪水涨落及上游电站工程建设等因素的影响，1998 年，距离断面起点的 50 ～ 270m 呈现淤积状态，在距离起点 210m 处淤积深约 1.64m，淤积原因为上游大朝山水电站的兴建以及区间的人类活动影响。1999 ～ 2008 年，断面起点距在 50 ～ 270m 冲刷逐渐增加，呈现为冲刷状态，最大冲刷面积为 780m2。

（二）漫湾水库对下游泥沙扰动分析

随着经济发展和人类活动影响增加，总体来说各年代实测含沙量有逐年增大趋势，澜沧江实测多年平均含沙量 1956 ～ 1979 年为 0.24 ～ 1.35kg / m3，1980 ～ 2000 年为 0.234 ～ 1.88kg / m3。但干流则由于水库电站的修建，拦蓄泥沙，20 世纪 90 年代后戛旧、允景洪站实测含沙量出现了减少。澜沧江多年的平均输沙量 1956 ～ 1979 年为 6 125 万 t，1980 ～ 2000 年为 12044 万 t，输沙量增加 96.6%，超过全省平均 22.2% 的增加幅度，为云南省六大流域中输沙量增加最大的。由于漫湾水库修建后，部分泥沙被拦截于库区内，干流下段的戛旧站和允景洪站在 90 年代输沙量则出现明显下降，而干流上段未受水库拦沙影响的旧州站输沙量仍处于显著上升中。戛旧站含沙量与输沙率年内分配过程与径流一致，在 7 ～ 9 月最高，1 ～ 2 月最低。通过建坝前后对比分析，建坝后含沙量、输沙率全年均降低。建坝后戛旧站枯期含沙量减小到 0.04kg / m3，汛期含沙量下降至 0.38kg / m3，年输沙量从建库前 4654 万 t 减少到 1693 万 t，仅为建库前年输沙量的 36.7%。

从各月输沙量所占比例看，戛旧站的输沙量受水库调蓄影响，建坝后，7 ～ 9 月的输沙量比例较建坝前增大，4 ～ 6 月及 10 月水库蓄水拦沙，输沙量比例较建坝前减小，1 月一次年 3 月则因水库发电放水，输沙量比例较建坝前略有增高。

（三）漫湾电站拦沙能力评估

利用实测输沙量估算水库拦沙量通常有两种方法：一是通过模拟出入库水文站实测输沙，然后预测假设未建坝情形下，出库泥沙的模拟值，其与建坝影响下的实测值之差即为拦沙量；二是认为距电站不远的下游水文站，在电站建设前后多年平均输沙量的差值近似于电站拦沙量。结合 1993 年漫湾电站运行拦沙后旧州站的实测资料，模拟得到假设漫湾电站不存在时，戛旧站应出现的输沙量，再将这种模拟值减去相应实测输沙量，便可获得漫湾电站逐年的拦沙量。

四、澜沧江流域沉积物生态风险评价

（一）澜沧江流域沉积物相关研究进展

河流沉积物是水环境的基本组成部分，它既能为河流中的各种生物提供营养物质，同时又是有毒有害物质的贮藏库。水域景观沉积污染物一般通过大气沉降、雨水淋溶与冲刷及废弃物排放等途径进入水体，然后沉积于底泥并逐渐富集，最终导致底泥污染。底泥污染物的富集积累，往往与人类活动密不可分，一些工农业生产活动包括化石燃料的燃烧、废弃物焚烧、化肥农药的生产和施用、工业废水和城市生活污水排放等均可导致污染物随点源或面源进入水体，从而在水体底泥中富集。

水电站的建设和运行改变了河流的自然水文过程，通过土壤侵蚀加剧、土地利用变化、地表植被破坏等，造成区域局部范围的水土流失，甚至是山体滑坡与坍塌，加之上游河水带来的部分泥沙沉积于坝前形成回水三角洲，最终减少库容及水库的调节能力，而增加淹没和洪灾损失。因此，研究水电站建设对水文过程的影响，更深刻地认知和理解底泥污染的含量、形态及其分布，评估其生态风险，对于保护流域内特殊的生态系统，实现流域水资源的合理开发与生态环境的可持续发展具有重要理论与实践意义。

（二）澜沧江沉积物重金属的生态风险评价

1. 重金属的生态风险评价方法

在底泥沉积物众多污染物中，重金属由于其毒性、难降解和持久性而成为对底泥质量影响较大的一类。水体中的重金属通过物理沉淀和化学吸附等作用转移至底泥沉积物中，其与底泥沉积物结合并通过迁移转化等多种途径对水生生物产生毒害作用，同时又会通过重新释放而产生潜在的生物毒性风险。因此底泥重金属可以作为判别河流景观生态风险的重要参考指标。

目前，随着人类活动对水域景观的压力日益加剧（如人口过剩、密集的森林砍伐、生活污水、各种工业排放和农业活动等），针对底泥重金属污染的研究也引起人们更多的关注，大坝建设所形成的水库底泥污染的研究引起特别的关注。而且，此方面的研究已经在很多大的河流或者水库上开展，但由于各种原因，鲜有针对澜沧江流域底泥重金属的报道。

国内外关于水体底泥重金属的研究主要集中于重金属分布规律、污染特征和污染程度评价以及来源分析等方面。但是由于澜沧江流域多为高山峡谷区，河道特征与泥沙的输移、不同粒径泥沙的分布等有着直接关系，这导致附着于沉积物中的重金属在空间上存在一些差异。

底泥重金属的生态风险评价是重金属研究中的重要内容，至今已发展出多种方法。其中，最常用的是潜在生态风险指数（RI），该方法考虑重金属性质及环境行为特点，从沉积学角度对土壤或沉积物中重金属污染进行评价，它不但考虑沉积物重金属含量，还将重金属的生态效应与毒理学联系在一起，在环境评价中更具实际意义。其计算公式为：

$$E_i^n = T_n \times \frac{C_n}{B_n} \tag{12-5}$$

$$\mathrm{RI} = \sum_{n=1}^{m} E_r^n \tag{12-6}$$

式中，E_r^n 和 RI 分别为底泥中单种和多种重金属潜在生态风险指数；C_n 为第 n 种重金属的实测浓度；B_n 为第 n 种重金属的参照浓度；T_n 为第 n 种重金属的毒性响应系数。

另外两个比较常用的指数，如地累积指数法和污染因子指数，也在这里用来反映漫湾库区底泥的重金属污染水平。地累积指数常称为Miiller指数，它不仅考虑了自然地质过程（如沉积成岩作用等）对背景值的影响，也考虑了人为活动对重金属污染的影响。因此地累积指数是区分人为活动影响的重要参数，它不但反映了重金属分布的自然变化特征，还能判别人为活动对环境的影响。其计算公式为：

$$I_{\mathrm{geo}} = \log_2\left[C_n / \left(1.5 \times B_n\right)\right] \tag{12-7}$$

式中，I_{geo} 为地累积指数；C_n 为第 n 种重金属的实测浓度；B_n 为第 n 种重金属的参照浓度；1.5为考虑岩层差异所引起背景值变化的调整系数。

污染因子指数作为评价沉积物污染水平的环境指标，其计算公式为：

$$\mathrm{CF} = C_n / B_n \tag{12-8}$$

式中，C_n 为第 n 种重金属的实测浓度；B_n 为第 n 种重金属的参照浓度。各元素的平均值被认为是综合污染因子指数。

2. 澜沧江漫湾库区底泥沉积物重金属时空分异

表 12-1　漫湾库区底泥重金属含量的统计特征

	As	Cd	Cr	Cu	Ni	Pb	Zn
最小值	12.22	0.21	52.19	16.27	24.29	23.97	46.86
最大值	62.91	1.97	70.67	50.07	38.59	73.59	224.99
中值	49.61	1.76	61.54	44.50	30.60	44.47	195.47
平均值	47.20	1.48	61.86	39.92	31.34	50.02	167.74
标准方差	15.99	0.56	6.36	11.36	4.44	14.48	53.93
TEL	7.2	0.6	42	36	16	35	123
PEL	42	3.5	160	197	43	91	315
云南省土壤元素背景值	18.4	0.22	65.2	46.3	42.5	40.6	89.7

表 12-1 列出了云南省土壤元素背景值、临界效应浓度（Threshold Effect Level，TEL）和必然效应浓度（Probable Effect Level，PEL）。TEL 和 PEL 是加拿大环境部在 1996 年利用生物效应数据库法设立的加拿大淡水沉积物重金属质量基准，如果重金属浓度高于 PEL，则表明沉积物受到严重污染，并呈现严重生物毒性效应；如果重金属浓度低于 TEL，则表明沉积物未受污染或受到轻度污染，基本无生物毒性效应；如果重金属浓度值介于 TEL 和 PEL 之间，则表明沉积物属于中等污染。从表 12-1 可以看出，除了 As 高出 PEL 外，其他重金属元素的平均值均处于 TEL 和 PEL 之间，表明了漫湾水库底泥已经受到中等程度污染，特别是 As 污染。

由此得出结论，漫湾库区底泥中的 As 可能会引起严重的生物毒性效应；而其他金属低于引起严重生物毒性效应的水平，虽然如此，这些金属基本上都处于 TEL 和 PEL 之间，意味着中等程度的污染，或者引起中等程度的生物毒性效应。需要说明的是，当对比云南省土壤元素背景值与 TEL 以及 PEL 时，可以发现除 Cd 和 Zn 低于 TEL 之外，其余重金属的背景值均高于 TEL，因此漫湾库区底泥重金属的含量可能与高背景值有关，而不能仅仅以高于 TEL 就认定漫湾库区底泥处于中等程度的污染或者引起中等程度的生物毒性效应。重金属含量在断面 S_1 处经常低于 TEL，或者说，重金属含量在大坝附近要高于远离大坝的断面，这可能是因为库区沉积物来源于上游区域而在水库蓄水后被大坝拦截于库区，并累积于大坝附近；同时，距离大坝远的断面（如在库尾附近）受小湾大坝运行引起的高流速的影响，造成沉积作用小并且河床冲刷严重。

（三）澜沧江漫湾库区底泥沉积物磷的相关研究

1. 磷在底泥沉积物中的性质

磷是生物生长所必需的大量元素之一。磷在地壳中的含量为 1180mg / g，其丰度排在第 11 位。土壤中磷含量在空间上的分布，是不同位置的土壤在物理、化学和生物多个过程相互作用的结果，表现了土壤的空间异质性。在天然淡水中，磷的本底值一般低于 20μg / L。磷的化合物（除 PH3）不具有挥发性，并且环境中的磷酸盐溶解度较低，其迁移能力比 C、N、S 的化合物弱。在多种营养物质当中，磷是浮游植物生长的关键营养物质，它直接影响着水体的初级生产力和浮游生物的数量、种类和分布情况。同时，磷是水体富营养化的主要限制因子，极低浓度（10μg / L）的磷会导致水体的富营养化。目前对库区磷的负荷研究主要集中在水库的面源污染及水体中磷的迁移转化、土壤 - 水界面磷的吸附与释放，其中后者主要包括底泥中磷的动态研究。

一方面，水电站的建设使水库周围的人类活动大大加强，土地利用 / 覆被的变化会影响由陆地进入河流中的营养物的含量和状态。另一方面，水库建设能够改变河流的结构和河水的流态，对河流中的营养物负荷也会产生直接的影响。有研究表明，由于三峡大坝的建设，在洪水高发季节，河水中营养物质的含量却急剧降低。在黄河上游，由于梯级水电站的建设，河流中营养物的含量变化较大。水库的建设减少了向海洋输送营养物质的量，较多的营养物质沉积于河流沉积物中。水库沉积物是水体中磷的重要蓄积库或释放源。当水库外源磷污染（如农业面源、生活污水）增加时，沉积物蓄积磷的能力超过了释放磷的能力，沉积物就成为蓄积磷的场所，而当外源污染减少时，沉积物就会向上覆水体中释放出磷，这个过程也被称作内源磷释放。以往的研究表明，当外源磷负荷减少时，水体中磷的浓度不变或降低很小，这主要是由于内源磷释放的存在。因此，内源磷的释放作为水环境安全的一个潜在威胁，日益引起人们的关注。例如，在太湖，在一定的条件下超过 50% 的无机磷会从沉积物中释放出来，被藻类利用。

沉积物中的磷以不同形式与铁、铝、钙等元素结合成不同的形态，不同的结合态的磷其地球化学行为是不同的，其释放能力受沉积物的特性（粒径大小、金属含量等）、周围环境以及沉积物中磷含量的影响，因此释放能力是不同的。在物理、化学等因素的作用下，一些形态的磷能通过溶解解吸、还原等过程释放到上覆水体中，从而转化为生物可利用的磷，这成为诱发湖泊富营养化的重要因素。在建坝的河流中，由于水库的形成及水滞留时间的延长，沉积物中不同形态磷的含量具有空间异质性。因此，目前国内外对沉积物中磷素的研究已经成为一个重要领域，主要包括对沉积物中磷的存在形式和影响因素的研究及磷在沉积物 - 水界面间的吸附解吸的研究。

2. 底泥沉积物中磷的提取方法

研究分析水体沉积物中磷的形态有助于进一步认识沉积物 - 水界面磷的交换机制以及沉积物内源磷释放的机制，同时，对评价沉积物中磷的生物可利用性以及水体的营养现状、探究景观动态与磷之间的关系以及磷沉积后的地球化学行为也有很大的帮助。化学连续提取法是目前研究沉积物中磷的形态最理想、最成熟的方法。在不同类型提取剂的作用下，沉积物样品中不同形态的磷被选择性地连续提取出来，可根据不同提取剂提取出的磷的含量来估计沉积物中生物可利用性磷的释放潜能。

3. 漫湾水库底泥沉积物磷含量分布

沉积物中磷的主要形态包括 HCl-P、NaOH-P、Residual-P、BD-P、ex-P 5 种。

其中，ex-P 包含轻微吸附于沉积物颗粒表面的磷、淋溶磷和从有机残体中释放的碳酸钙结合态磷，因此是一种可溶性磷。Ex-P 可用来估计从沉积物中瞬间释放的磷的含量。在漫湾水库，ex-P 的含量平均占所有磷形态的 0.1%。

BD-P 是氧化还原结合态磷，通常吸附在铁的氢氧化物和锰的化合物上，被当做是潜在藻类可利用的磷。当水-沉积物界面处于缺氧的环境时，由于铁氢氧化物的分解，BD-P 被释放到水体中。在漫湾水库中，BD-P 的含量仅为总磷含量的 4.9%，远远低于其他水库的水平。在位于加拿大南安大略省最大的湖——姆科湖，其营养化水平是中营养度，BD-P 含量占总磷含量的 20% ~ 42%。在长期和短期的沉积物磷释放的过程中，BD-P 都是占优势的一种磷形态，分别占释放磷量的 40% 和 57%o

NaOH-P 通常被认为是吸附在铝的氧化物表面或是在 BD-P 环节未被提取的内部的铁氧化物的表面。在高 pH 条件下，由于氢氧离子配位体交换了正磷酸盐，导致磷的释放。在以往的研究中，NaOH-P 可用来估计沉积物中长期和短期生物可用的磷的含量，并已证实它可以表征藻类可利用性磷。

HCl-P 也就是钙结合态的磷，是沉积物中非运动性的磷，不易被生物利用。HCl-P 是漫湾水库中含量最高的磷形态，占据总磷含量的 43.6%，这与锡姆科湖的情况相似。

Residual-P 包含有机磷和惰性磷化合物。在漫湾，残余态磷的含量仅次于 HCl-P，占总磷含量的 31.9%。

4. 干流和支流中磷形态的空间分异

干流上不同形态磷的含量随采样点与漫湾电站距离（dis.MW）的变化而呈现出空间分异性。在干流上，ex-P、BD-P 和 NaOH-P 从漫湾库首到库尾的变化规律相似。随着采样点与漫湾水坝距离的减小，沉积物中这 3 种形态的磷的含量存在波动，但整体有增加的趋势，直线回归拟合显著。尤其是在距离漫湾水坝 9km 的河段内，沉积物中 ex-P、BD-P 和 NaOH-P 的含量相比漫湾水库其他区域明显增大。其中，NaOH-P 的增大幅度较 ex-P 和 BD-P 更大。总磷含量在距离漫湾电站 10km 内及 20km 以外较高。

对海河的研究显示，从沉积物中释放的磷与 ex-P 和 BD-P 有密切的关系，表明这两种形态的磷较容易释放。而且，有学者采用 ex-P、BD-P 和 NaOH-P 三者的加和来估计沉积物中可被生物利用的磷（BAP）的含量。

相关性分析结果表明，不同形态的磷与金属的含量、沉积物粒径分布之间有很大的相关性。ex-P 和 BAP 与沉积物粉黏粒的含量之间呈现显著的正相关性；BAP 和 TP 与沉积物中粗 / 中砂和细砂的含量呈现显著的负相关性。铁和粉黏粒之间也呈现显著的相关性（r=0.544，$P < 0.05$）。有学者研究表明，沉积物粒径大小对沉积物的化学成分影响很大，包括沉积物中金属的含量和磷的吸附解吸能力。因此，粉黏粒包含更多的物质，比如铁，铁在 NaOH-P 和 BD-P 的吸附解吸中起到重要的作用。由于 ex-P 是轻微吸附在沉积物颗粒表面，因此，它与沉积物颗粒的物理性质关系密切。粉黏粒具有更大的表面积，因而可以吸附更多的 ex-Po 在海河和基隆海的研究中同样得出，ex-P 与粉黏粒之间存在显著相关性，同时铁与细颗粒的沉积物（粒径 < 63μm）呈线性关系。与漫湾水坝的距离和 NaOH-P、BAP 的含量具有相关性，同时也与沉积物中粗砂的百分比（r=0.581，$P < 0.05$）和铝的含量（r=-0.486，$P < 0.05$）相关。这表

明距离漫湾水坝越远，沉积物中的粗砂百分比越高，沉积物中铝的氧化物含量越低，导致 NaOH-P 和 BAP 吸附越少。

河流中水流的变化影响生态结构和生态学过程，比如影响营养物质的动态。大坝可以调节水流动态继而导致大坝上游来自泛滥平原的细颗粒物质沉降于河底，而在大坝下游，河道被侵蚀严重，粗砂的百分比较大。由于漫湾和小湾电站的相继建成，小湾水坝下游区域的水流流速远大于漫湾水坝上游，因此其含有粗砂的含量较高。随着与漫湾电站的距离变小，粉黏粒的含量越来越大。

以 4 种不同形态的磷及 TP 和 BAP 为响应变量，用金属的含量、采样点与漫湾电站的距离、沉积物粒径分布为解释变量，进行冗余分析。沉积物中粉黏粒的含量、采样点与漫湾电站的距离和 Mn 的含量对变异的解释较大，*P* 值分别为 0.014、0.018 和 0.05。这 3 个解释变量对变异的解释达到 54%0 RDA 除了揭示变量间的相关性，还反映了不同采样点之间的关系。不同的采样点分布在 RDA 排序图的不同象限中，分布在漫湾库首的采样点（S10 ～ S14）与 ex-P、BD-P、BAP 和粉黏粒紧密相关，说明这一区域磷释放潜力很大。

我国水库淤积具有水库淤积现象普遍和中小型水库淤积问题尤为突出两方面的特点。泥沙淤积对水库的影响体现为：侵占调节库容，减少综合利用效益；淤积末端上延，抬高回水位，增加水库淹没、浸没损失；变动回水使宽浅河段主流摆动或移位，影响航运；坝前堆淤（特别是锥体淤积）增加作用于水工建筑物上的泥沙压力，妨碍船闸及取水口正常运行，使进入电站泥沙增加而加剧对过水建筑物和水轮机的磨损，影响建筑物和设备的效率和寿命；化学物质随泥沙淤积而沉淀，污染水质，影响水生生物的生长；泥沙淤积使下泄水流变清，引起下游河床冲刷变形，使下游取水困难，并增大水轮机吸出高度，不利于水电站的运行。此外淤满的水库可能面临拆坝问题，造成经济损失。

研究泥沙产生的整个过程以及泥沙在流域生态系统中的迁移规律，了解泥沙的年际和年内分配规律。由于水库淤积计算是水库淤积和工程泥沙研究的重要内容之一，它的预报结果对水库规划和水库运用均是必需的，所以阐述了在泥沙淤积计算中应遵循的几个原则和常用的计算方法和数值模拟数学模型。

这里以澜沧江流域为例，在澜沧江流域的基本生态环境的基础上，描述澜沧江梯级水电站建设的泥沙累积效应，基于收集的数据和查阅的资料，分析了澜沧江近 20 年的变化及分配特征与年内分配特征及预测水坝拦沙能力。同时河流沉积物是水环境的基本组成部分，它既能为河流中的各种生物提供营养物质，同时又是有毒有害物质的贮藏库。在实验测定基础上，对底泥沉积物中的重金属和不同磷形态进行含量的分析，并进行生态风险评价。

水库泥沙淤积防治是一个系统工程，分为拦、排、清、用四个方面，具体包括：减少泥沙入库、水库排沙减淤、水库清淤、出库泥沙的有效利用。

第四节 水利工程建设对水温的影响及其生态效应

水温是水生生态系统最为重要的因素之一，它对水生生物的生存、新陈代谢、繁殖行为以及种群的结构和分布都有不同程度的影响，并最终影响水生生态系统的物质循环和能量流动过程、结构以及功能。

大坝不仅调节了流域的水流量分配，还对区域热量调节起着重要支配作用。水电工程的存在改变了河道径流的年内分配和年际分配，也就相应地改变了水体的年内热量分配，引起了水温在流域沿程和水深上的梯度变化。这种变化在下游100km以内都难以消除，若两级大坝之间小于这个距离，就会产生累积性，将会对水生生态系统、河岸带生态系统产生一系列的生态效应。

一些深水大库在夏季将出现水温稳定分层现象，表现为上高下低，下层库水的温度明显低于河道状态下的水温，从而导致下泄水水温降低，并影响下游梯级的入库水温。水利工程对水温的影响可以分为库区垂直方向上的水温分层现象及低温下泄水两个主要方面。

一、水库水温分层与下泄水形成

目前，关于形成水温分层现象的原因一般有三种看法。第一种认为大型深水库形成水温分层的原因为：水体的透光性能差，当阳光向下照射水库表层以后，以几何级数的速率减弱，热量也逐渐地向缺乏阳光的下层水体扩散。水的密度随温度降低而增大，在4℃时，水的密度最大。冬季的低温水密度大沉入库底，夏季的高温水密度小留在上层，故形成水温分层（图12-5）。第二种认为深水库形成水温分层的原因为：水库上游来水温度也有高低差异，汇入水库时，低温水因为密度大下沉在水库底部，高温水密度小在水库上部，形成水温分层。第三种认为水库形成水温分层及滞温效应的原因为：水库建成后，水面增大，水流变缓，改变了水的热交换环境，故形成水温分层，并使下游水温降低。结合空调制冷剂受压时放热现象认为，大型深水库产生水温分层及滞温效应的原因是水库底部水在高压下被压缩而降温。大型深水库底部水在自身的高压下被压缩，密度增大，温度降低，热量传递至上层水，形成水温分层现象。

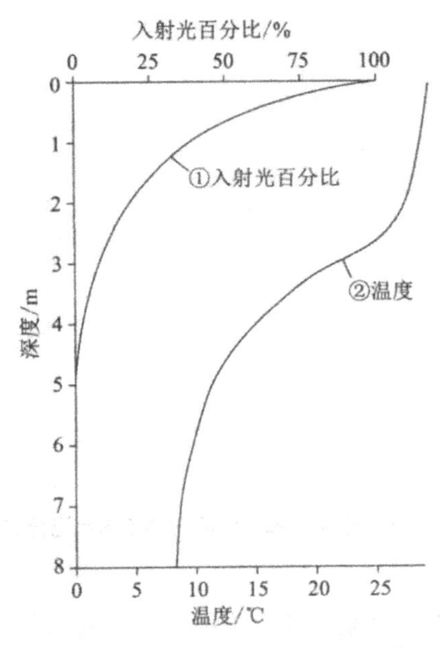

图 12-5　水库水温随水深变化示意

水库水温的变化很复杂，受多种因素的控制。调查结果表明，水库水温分布具有以下主要规律：①水库表面水温一般随气温而变化，由于日照的影响，表面水温在多数情况下略高于气温。在结冰以后，表面水温不再随气温变化。②库水表面以下不同深度的水温均以一年为周期呈周期性变化，变幅随深度的增加而减小。与气温相比，水温的年变化在相位上有滞后现象。一般情况，在距离表面深度超过 80m 以后，水温基本上趋于稳定。③在天然河道中，水流速度较大，属于紊流，水温在河流断面中的分布近乎均匀。但在大中型水库中，尽管不同的水库在形状、气候条件、水文条件、运行条件上有很大的差异，但由于水流速度很小，属于层流，基本不存在水的紊动。由于水的密度依赖于温度，因此一般情况下，同一高程的库水具有相同的温度，整个水库水温等温面是一系列相互平行的水平面。

水库水温沿深度方向的分布可分为 3 ～ 4 个层次。分别为：①表层。该层水温主要受气温季节变化的影响，一般在 10 ～ 20m 深度范围；②掺混变温层。该层水温在风吹掺混、热对流、电站取水及水库运行方式的影响下，年内不断变化。该层范围与水库引泄水建筑物的位置、运行季节及引用流量有关；③稳定低温水层。一般对于坝前水深超过 100m 的水库，在距离水库表面 80m 以下的水体；④库底水温主要取决于河道来水温度、地温及异重流等因素。异重流高温水层在多泥沙河流上，如有可能在水库中形成异重流，并且夏季高温浑水可沿库底直达坝前，或受蓄水初期坝前堆渣等因素的影响，则库底水温将会明显增高。图 12-6 为一般较深水库沿深度方向水温分布示意在无异重流等特殊情况下，库底低温水层的温度在寒冷地区为 4 ～ 6℃，约为温度最低 3 个月的气温平均值，但若入库水体源于雪山融化或地热条件特殊等情况，库底水温为最低月平均水温加 2 ～ 3℃。

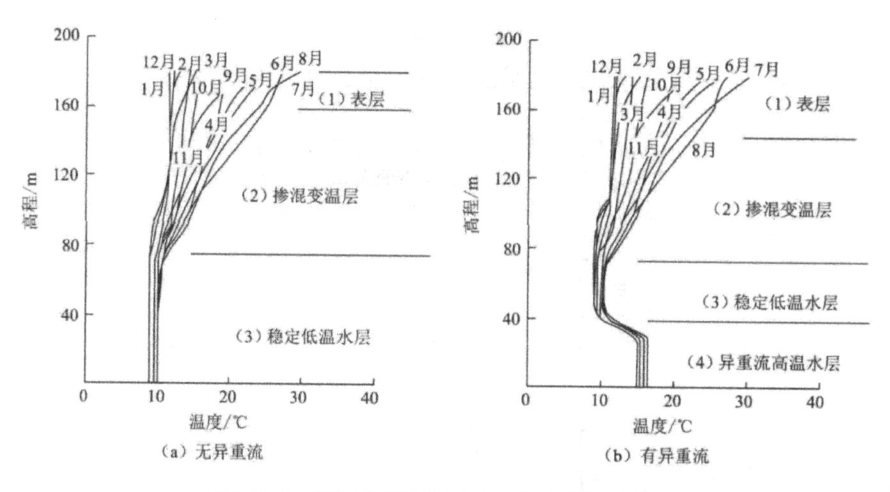

(a) 无异重流　　(b) 有异重流

图 12-6　较深水库沿深度方向年内水温分布

影响水库水温分布的主要因素有 4 个方面：水库的形状、库区水文气象条件、水库运行条件和水库初始蓄水条件。水库的形状参数包括：水库库容、水库深度、水库水位－库容－库长－面积关系等。不同形状的水库，库容、库长和截面积各不相同，对于相同入（出）库体积的水体，在不同形状水库的水体热交换中，所占据的水层高度是不同的，因此，形成的水温分布和变化一定是不同的。水文气象条件中，水文气象参数包括气温、太阳辐射、风速、云量、蒸发量、入库流量、入库水温、河流泥沙含量、入库悬移质等。水库运行参数包括：水库调节方式、电站引水口位置及引水能力、水库泄水建筑物位置及泄水能力、水库的运行调度情况、水库水位变化等。水库初始蓄水参数包括：初期蓄水季节、初期蓄水时地温、初期蓄水温度、水库蓄水速度、坝前堆渣情况、上游围堰处理情况等。如果水库初期蓄水时间为汛期（6～9 月），此间一般地温高、入库流量大、蓄水速度较快、水温较高且河流的泥沙含量相对其他月份要高。如果上游的施工废弃物的量较大，水库蓄水后，将会在坝前库底迅速形成泥沙淤积，导致坝前库底一定范围内的温度较高。

水库与湖泊不同，水库可以通过操作闸门等泄流设施对泄流进行人工控制，可以开启不同高程的闸门进行泄流（如表孔、中孔、深孔、底孔、水力发电厂尾水孔、旁侧溢洪道等）。在水体温度分层的情况下，水库调度运行中启用不同高程的闸门泄流，对于水体温度分层也产生很大影响。另外，强风力的作用可断续削弱水体温度分层现象，有利于下层水体升温。

水库的泄水口多位于坝体下部，下泄的水为下层的低温水，这也是滞温效应的原理。低于同期天然河水温度的低温水会对下游生态环境造成影响。但是也有一些水库在冬季的下泄水温会高于天然水温，在冬季上游来水温度本来就低，水库水压起不到压缩作用，反而因为水库增加了河水接收太阳光光照的面积，吸收的热量较多，所以冬季下泄水温高于天然河水水温（图 12-7）。

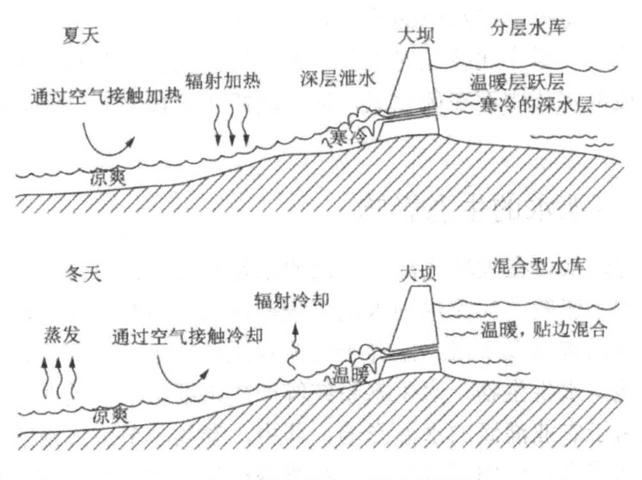

图 12-7　不同水库下泄水的区别

二、水温分层与下泄水的生态环境影响

（一）水温分层对水质的影响

水库水温的垂向分层，直接导致了其他水质参数如溶解氧、pH 值、化学需氧量等在垂向上发生变化，进而对水质产生不利影响，由于水动力特性的改变，在适宜的气温条件下，浮游植物在水库表面温跃层繁殖生长，通过光合作用释放出大量的氧气，使溶解氧浓度始终处于饱和状态。当水库水温结构为混合型或过渡型时，库表水体与深层水体发生对流交换，使溶解氧浓度在深层水体中也能保持在一定的水平，但当水库水温结构为分层型时，阻断了上下层水体的交换，在温跃层之下，垂向水流发生掺混的概率很少，上层含溶解氧浓度较多的水体不能通过水体的交换发生传递；另外，浮游植物光合作用所必需的阳光受到水深的影响，不能透射到深层水体中，致使水体不能发生光合作用而产生氧气，水中好氧微生物因新陈代谢消耗氧气，而溶解氧又得不到补充，导致深层水溶解氧浓度急剧降低；同时在低氧状态下，厌氧生物的分解使库底的氮、磷等营养物质从土壤中析出，并释放出 CO2，使得 pH 值减小，含碱量和亚磷酸盐有所增加，水质不断恶化。蓄水后由于水库水动力条件及热力学条件的改变，库水结构由建库之前的混合型演变成蓄水之后的分层型，出现水温分层的水库，会导致其他水质参数的分层，对水域生态环境产生不利影响。

云南怒江中下游水电开发形成的深水水库中，较下层的水里不能发生复氧作用，库底水体中溶解氧含量较低，这就容易导致厌氧条件和水质变坏。厌氧分解会产生讨厌的味道和臭气，偶尔还会产生有毒物质。温度分层型水库的垂向水温结构发生变化期间，库底较低层的水和其余部分水产生对流、混合，在一个短期内可以使所有的库区水体受到污染，而且这些水质较差的水下泄后还会使下游水质恶化。因此，在怒江中下游水电开发中，必须要保护好库区的水质，控制水质污染。

重金属元素很容易吸附在水中的颗粒物上，因此水库下泄的底层浑浊水含有的重金属含量要高于上层。重金属往往对人体有害，因此需要增加成本来去除水体中的重金属。同时高浊度的水体中存在硫化氢，对水轮机等金属水工结构也会产生严重的腐蚀。

（二）低温下泄水的生态影响

大多数水库的泄水口在大坝底部，下泄的水是经过水温分层后的低温水，流到下游会有进一步的生态影响。河流水利水电工程蓄水成库后热力学条件发生改变，水库水温出现垂向分层结构以及下泄水温异于河流水温的现象。水库水温的变化对库区及下游河流的水环境、水生生物、水生态系统等产生重要影响，同时还会影响到水库水的利用，主要是用于农业灌溉的水温影响，其中，春夏季节水库泄放低温水可能对灌溉农作物、下游河流水生生物和水生生态系统等产生重大不利影响，通常称为冷害，这也是水库水温的主要不利影响。

生物的生存和繁殖依赖于各种生态因子的综合作用，其中限制生物生存和繁殖的关键因子就是限制因子。环境温度不仅会影响鱼类的摄食、饲料转化、胚胎发育、标准代谢和内源氮的代谢过程，而且会影响鱼类的免疫功能、消化酶活性和性别决定。生物在长期的演化过程中，各自选择自己最适合的温度。在适温范围内，生物生长发育良好；在适温范围之外，生物生长发育停滞、受限甚至死亡。

水库采用传统底层方式取水，下泄低温水对下游水生生物的生长繁殖造成一定的不利影响。例如，鱼类属于变温动物，对温度十分敏感。在一定范围内，较高的温度使鱼生长较快，较低的温度则生长较慢。我国饲养的草鱼、鲤、鲢、鲫、罗非鱼等大多都是温水鱼类，生活在20℃以上的水体中，适宜水温为15～30℃，最适温度在25℃，超过30℃或者低于15c食欲减退，新陈代谢减慢，5℃以下停止进食，大多数鱼类在一定温度下才能产卵。表7-24给出了部分水生生物与水温的关系。

水库由于水温分层，造成溶解氧（DO）、硝酸盐、氮、磷等离子成层分布。上层水体温度较高，水中溶解氧含量相对较高，为水生生物的生长提供了有利的环境。下层水体温度较低，水中溶解氧含量相对较低，浮游植物进行氧化作用消耗水体中的溶解氧，产生对鱼类有害的CO2、H2S等，进而导致下层水体呈缺氧状态。水库底层取水将下层处于缺氧状态的水体排入下游河道，对下游的水生生物的生长产生了很大的负面影响。

长江的洄游性珍稀水生动物中华鲟，每年7～8月由河口溯河而上，生殖季节为10月上旬～11月上旬。中华鲟繁殖期间对环境的要求较高，其中产卵场的适宜水温范围为17～20.2℃。宜昌站多年10月平均天然水温为19.7℃，而2004年10月和2005年10月水温分别为20.4℃和21.4℃，水温变幅虽很小，但超过了中华鲟适宜繁殖水温范围。实际观测资料表明，2004年和2005年10月中华鲟的繁殖行为受阻而推迟至11月。这说明了，三峡水库下泄水温变化对中华鲟繁殖产生了一定的影响。

另外，无论是小型、中型或者大型洪水，采用底层方式取水时，都将相应拖长下游河道出现浊水的时间，一般可达1～2个月，有的长达4～5个月，最少的也有2

个星期左右。河道浊水长期化给下游人民的生产生活用水、景观用水和旅游业、渔业等带来了很大的不利影响，而且水流浊度增大，还会降低水中生物群落的光合作用，阻碍水体的自净，降低水体透光吸热的性能，进而间接影响作物生长和鱼类养殖。

水库传统底层取水产生的下泄低温水会对下游农作物造成一定的影响，尤其是需水喜温作物——水稻。水稻对水温的要求，因稻谷品种和稻株所处生长发育期的不同而有区别。水稻进入每一生长发育期都要求具有一定的温度环境，一般控制条件有：起始温度（最低温度）、最适温度和最高温度。在最适温度中，稻株能迅速地生长发育；水温过高对营养物质的积累不利，同时容易引起病虫害，增加田间杂草；水温过低会使地温降低，肥料不易分解，稻根生长不良，植株矮，发育迟，谷穗短，产量降低。水温对水稻生长发育的影响主要表现在对发根力、光合作用、吸水吸肥的影响上，最终将反映在产量上。水库建成后，传统底层取水的下泄水温较天然水温下降很多，低温水导致稻株光合作用减弱、抑制根系吸水、减少稻株对矿物质营养的吸收，因而导致水稻返青慢、分蘖迟、发兜不齐、抗逆性降低、结实率低、成熟期推迟及产量下降。

（三）澜沧江水温的空间分布特征

澜沧江流域梯级开发，在改变河道径流的年内分配和年际分配的同时，也将相应地改变水体的年内热量分配，引起水温在流域沿程和纵向深度上的梯度变化。水温的沿程变化在下游 100km 以内都难以消除，若两级大坝之间小于这个距离，就会产生累积效应。澜沧江的梯级开发使各水库基本首尾衔接，这一影响将逐级传递，每一个水库的水温不仅会受到本身由于水位抬升和水量增加带来的影响，同时还受上游梯级的共同作用，使下泄水的水温降低更加明显。如漫湾水库水温不仅受本身建库的影响，还受小湾下泄水流水温的影响，而大朝山水库则同时将受漫湾和小湾水库下泄低温水的累积影响。随着干流上梯级电站数目的增加，水温的空间累积效应将会更加明显，上游库区的下泄水将可能对其下游的几个库区的水温产生空间累积效应。

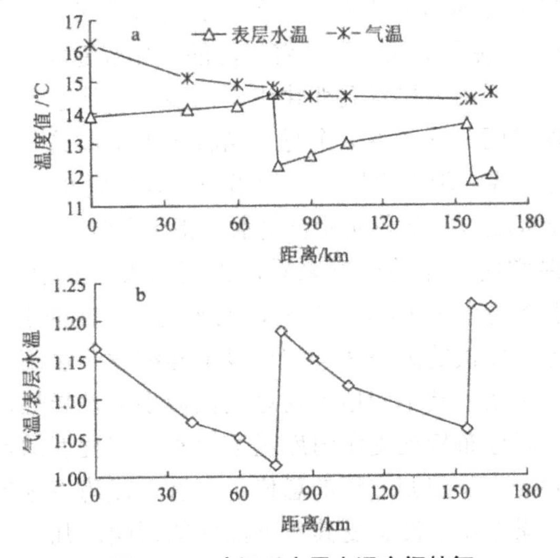

图 12-8　建坝后表层水温空间特征

图 12-8 给出了 2004 年 12 月空间上沿干流上游到下游 165km 长的河段上布置监测点的表层水温、气温监测结果。气温沿干流从上而下呈递减趋势，从漫湾库尾的 16.2℃下降到大朝山坝下的 14.4℃，而表层水温在每个库区则呈递增趋势，漫湾库区从库尾的 13.9℃递增到坝前的 14.6℃，大朝山库区从 12.3℃增加到了 13.8℃。表层水温曲线下降特别明显处位于漫湾坝下和大朝山坝下，从坝前到坝下分别从 14.6～12.3℃和 13.6～11.8℃急剧下降，降幅为 2.3℃和 1.8℃。

空间上，气温与表层水温的比值能更清楚地反映水电工程对表层水温的影响，漫湾和大朝山库区都是在库尾处比值最大，分别为 1.17 和 1.19；而坝前达到最小值，分别为 1.02 和 1.05（图 12-8b）。漫湾库区气温 / 水温和大朝山库区气温 / 水温呈现正相关，相关系数 r=0.9990，漫湾、大朝山库区气温 / 水温受监测点距离大坝远近的影响（图 12-8b），分别就各个库区气温 / 表层水温与大坝距离建立线性回归方程。说明库区蓄水对水温有着明显的增温效应，从库尾到坝前，水温与天然气温逐渐接近，水温分层特征将更加明显。水从库区释放出来，不同的层水充分混合，使得水温与气温比值达到最大值（图 12-8）。

水电工程建坝后，一般使得库区的表层水温受气温的波动比建坝前小，最高表层水温接近气温，绝大多数的月份都高于气温，最低水温也高于最低气温，受气温的波动比建坝前小，时间分异性减弱。漫湾电站和大朝山电站在坝高、集水面积、库长、平均流量、库区面积、装机容量等方面基本类似以及建坝前年均表层水温同为 16.3℃的情况下，建坝后，大朝山坝前表层水温年均值比漫湾断面高 0.2℃，最大值出现的月份延迟 2 个月：作为大朝山库区的戛旧水文站表层水温，在大朝山水库未蓄水时，此处经过 15km 的混合，基本接近建坝前状况，但因大朝山水库的蓄水作用，6～9 月混合距离增加，表明下一级电站表层水温受到上一级电站下泄水的影响明显；其他月份混合距离缩短，表明受大朝山蓄水影响明显，但影响的范围和程度有待进一步考证。大朝山库区下泄水温同气温、天然表层水温的相关系数分别为 0.443、0.575，下泄水温与气温以及天然表层水温的相关性减弱，下泄水温与建坝后的大朝山坝前表层水温的相关系数也只有 0.682，说明下泄水温随着气温的变化较建坝前天然表层水温随气温的变化要小得多，与建坝后的表层水温变化也不同步。下泄水温比天然气温、天然表层水温最大最小值出现时间分别延迟 2 个月；当将下泄水温的月均值向前平移 2 个月时，即可得下泄水温与气温、坝前表层水温的相关系数达到 0.9778 和 0.982，呈现明显的正相关，表明下泄水温与气温和坝前表层水温相比在时间上有了明显的滞后性。

从水电工程对水温空间分布的影响来看，大朝山库区水温 / 气温回归方程斜率（k=0.0015）明显小于漫湾库区（k=0.002），说明漫湾库区的水温 / 气温比值的变化大于大朝山库区，考虑该比值的大小在一定程度上与纬度、坝高、下泄水量以及库区补给水量等存在一定的关系以及不同地点局地气候微小的差异性，更内在的原因可能是大朝山库区的水温空间分布特征受漫湾库区下泄水一定程度的累积效应，两坝址距离 80km，明显小于 100km。从回归方程的意值也可看出漫湾库区各点表层水温与大坝距离的关系更为显著，原因在于没有受其他下泄水的影响。几年后随着小湾电站的建成，其与漫湾电站之间的距离只有 75km，其表层水温随距离变化的线性关系显著性也可能减弱。十几年后，随着干流上电站数目的增加，水温的空间累积效应将会更加明显，上游库区的下泄水将可能对其下游几个库区在水温上产生空间累积效应，若进一步考虑以上因素与水温特征的联系及研究水温在垂向和横向上的时空分布特征及其对水生生态系统、河岸带生态系统的影响，将会形成以水温为初始驱动力的生态效应链。

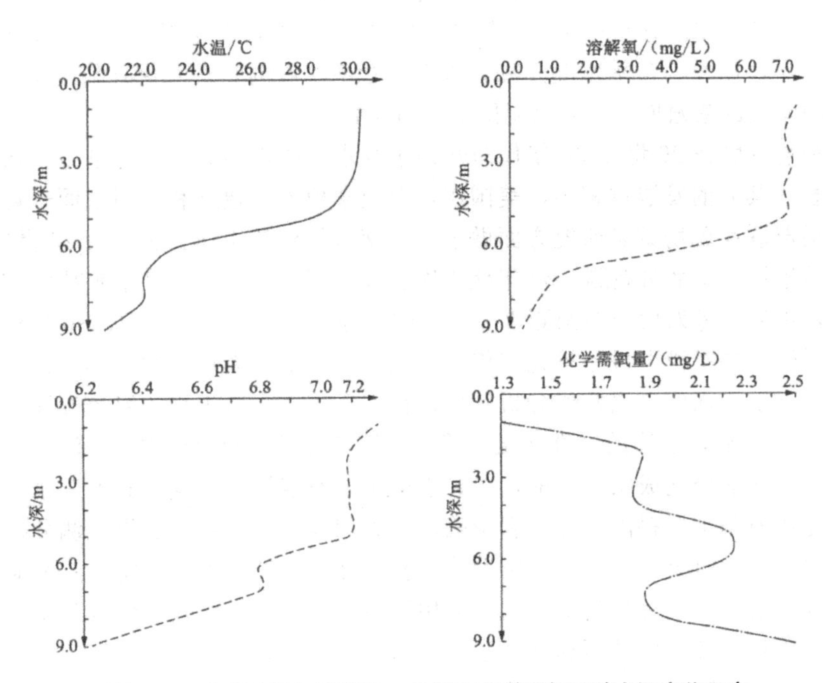

图 12-9　水库水温与溶解氧、pH 值和化学需氧量随水深变化示意

图 12-9 显示西沥水库进行了水温及其他水质参数的现场观测，结果表明该水库是一个典型的分层型水库，在春季，温度、溶解氧、pH 值及化学需氧量随水深的分布有很强的规律性。水温结构呈明显分层特性，温变层、温跃层及滞温层区分明显，随着水深的增加，溶解氧、pH 值逐渐降低，与水温的变化呈现高度的一致性，化学需氧量随着水深的增加而逐渐升高，说明水体随着水深的增加污染情况越严重。

在对水库水温结构及下泄水温进行正确预测和数值模拟的基础上，如何采取有效的工程措施来减缓低温水的下泄，是目前水电设计和运行部门要重点考虑的问题。目前我国在提高下泄水温的工程措施方面主要以采取分层取水为主。分层取水虽早已有之，但过去主要用于规模较小、对水温有要求的灌溉水库，而这些灌溉水库的坝高大多低于 40m，分层建筑物主要采用竖井式和斜涵卧管式。竖井式采用进水塔或闸门井，沿垂直方向设若干层闸门，通过启闭机启闭闸门以控制流量和水温。对大型水温分层型水库，由于水库流态和坝前水温分层结构比较复杂，分层取水方案的确定应建立在水工模型试验、水力学计算和结构体型反复优化设计的基础上，闸门设计较前述小型水库更为复杂，如雅碧江锦屏一级电站拟采用多层取水叠梁闸门方案。

三、水库低温水与下泄水温的模拟

电站建成运行后，它不仅可以调节天然河流径流量的变化，而且还对库内的热量起到调节作用。受以年为周期的入流水温、气象条件变化的影响，水库在沿水深方向上呈现出有规律的水温分层，并且在一年内周期性地循环变化。库区水温分层同时也改变了下游河道的水温分布规律，使春季升温推退，秋季降温推迟，直接表现在春季、夏季水温下降，秋季、冬季水温升高。水库运行冬季水温高对渔业有利，而 4 ～ 5 月是绝大多数鱼类的繁殖期，这时水温降低对鱼类繁殖不利。

美国和前苏联在 20 世纪 30 年代即开始重视水库的水温研究，并进行了水温的实地监测分析。其后的发展过程中，美国在水温数学模型的建立和应用方面一直处于世界前列，前苏联在现场试验研究方面做了大量深入细致的工作。我国从 20 世纪 50 年代中期开始进行水库水温观测，60 年代水库水温观测在大中型水库逐渐展开，70 年代中期以来，以朱伯芳为代表的预测水库水温的经验类比方法不断出现，80 年代我国引进了 MIT 模型，并对模型进行扩充和修改。在对水库水温大量长期实测资料分析对比的基础上，开发了水库水温数值分析软件，在许多重大水电工程的温控设计中得到广泛应用。90 年代后，水库的二维水温计算与分层三维模型应用于水库水温与水质模拟中，取得了较好的研究成果。目前，尽管水库水温数值计算已发展到准三维模型，但是受水库建成前基础资料限制等因素影响，在大坝设计阶段水库水温预测分析中，应用较多的仍然是经验类比方法和一维数值计算方法。总的来说，经验法具有简单实用的优点；经验公式法具有资料要求低、应用简单、效率高、可操作性强等优点，但过分偏重实测资料的综合统计而忽略了水库形状、运行方式及泥沙异重流等工程实际情况对水库水环境的影响，且不同公式适用范围不同，模拟的时空精度较低，无法获得详细的水温时空变化。

数学模型法在理论上比较严密，随着计算科学的飞速发展，越来越成为研究的主要手段和方法。20 世纪 70 年代，为解决 WRE 模型和 MIT 模型对表层风力混合描述不足的问题，Minnesota 大学的 Stefan 建立了一维 Stefan-Ford 模型，以紊流动能和热能的转化来计算水温变化，并成功预测了两个温带小型湖泊的水温分布，1977 年 Halerman 也将类似理论引入 MIT 模型改善其效果。1978 年，Imberger 提出了适宜于描述中小水库温度和盐度分布的混合模型 DYRESM，初步解决了风力混合问题，自 20 世纪 80 年代起广泛应用于大洋洲、欧洲的许多湖泊和水库，但因参数分析复杂而缺乏通用性。

二维模型中，水库水温主要沿深度有分层现象，因此应用更多的是沿纵向或垂向剖分水库的立面二维模型。如美国陆军工程师团水道实验站在 LARM 模型基础上加入水质计算模块开发出了现今最为成熟的二维 CE-QUAL-W2 模型的第一个版本，丹麦于 1996 年提出的 MIKE21 模型，也实现了水库水温的较好模拟。此外其他的一些研究者也开发了自己的二维模型，如 Huang 等二维风力混合水库水温模型 LA.WATERS，Farrell 则将 $k-\zeta$ 模型成功应用于 1 个 100m 长的水库的下潜流过程模拟和温度分层研究。随着数值技术和计算机水平的发展，近些年来国内外学者致力于开发能同时考虑温度垂向、纵向、横向变化的三维水温模型，耦合求解流场和温度场。国外开发的模型有美国弗吉尼亚海洋研究所的EFDC模型、丹麦水动力研究所的MIKE3模型、荷兰Delft水力研究所的Delft3模型等，在大型水体的流场、泥沙、温度、污染物研究中广泛应用。我国的一些学者也做了许多工作：如李冰冻用剪切应力输运紊流模型模拟了水库的温度分层流动；李兰等用三维模型较精确地模拟了漫湾水库的水温分布；马方凯基于三维不可压缩的N-S方程建立水温模型，采用了大涡模拟计算紊动扩散系数，并考虑水面散热及太阳辐射对水温的影响，对三峡水库近坝区三维温度场进行了预测。

（一）水库水温分层结构及判断方法

水库水温分布包括横向水温分布和垂向水温分布，很多实测数据表明：水库等温线的走向基本上是水平的，故一般情况下水温结构主要是指水温沿水深即垂向上的变化情况。水库水温结构取决于当地的气象条件、入流流量及温度、水库的运行管理方式、出库流量及温度等各方面的情况，因此各水库表现出不同的水温分布形式。按水库水温结构类型来划分，主要有三类型：稳定分层型、混合型和介于这两者之间的过渡型，如图12-10所示，稳定分层型水库从上到下分为温变层、温跃层（又称斜温层）和滞温层，温变层受外界影响很大，温度随气温变化而变化，温跃层在垂向上具有较大的温度梯度，并把温变层和滞温层分开，而滞温层水温基本均匀，常年处于低温状态。混合型水库垂向无明显分层，上下层水温比较均匀，但是年内水温变化较大。过渡型水库介于两者之间，偶有短暂的不稳定分层现象。依据低温水环境影响评价技术指南所述，常见的水库水温结构判别模式有：参数$\alpha-\beta$法（入流流量与库容比值法）、Norton密度佛汝得数法、水库宽深比法等。其中前两种方法最为简单实用，经水库实测资料检验，其计算结果总体上符合实际情况，可用于水库水温的初步计算。

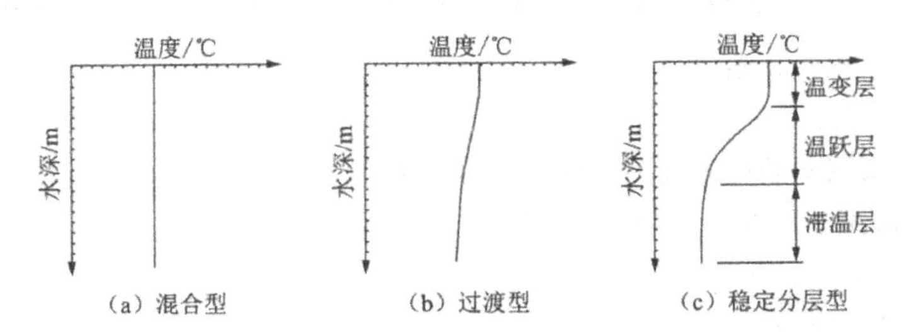

图12-10　水库水温结构小意

（二）水库垂向水温估算方法

1. 类比法

采用类比法时，选用的参证水库的位置应靠近该工程，并且属于同一区域，以保证气象要素、水面与大气的热交换等条件相似；并保证水库工程参数、水温结构类型等相似；同时，参证水库还要有较好的水温分布资料和较丰富的水温资料。

2. 中国水科院公式

1982 年水科院结构材料所根据大量资料，拟合出计算水库多年平均水温分布曲线的公式。公式由库表水温、变温层水温及库底水温三部分组成。当确定了库表及库底水温后，可以用该曲线公式推算水库不同深度处的多年平均水温分布。

计算公式为：

$$\overline{T_y}=\overline{T_b}+\Delta T\left(1-2.08\frac{y}{\delta}+1.16\frac{y^2}{\delta^2}-0.08\frac{y^3}{\delta^3}\right) \tag{12-9}$$

式中：$\overline{T_y}$——从水面算起深度 y 处的多年平均水温，℃；

$\overline{T_b}$——库底稳定低温水层的温度，℃；

b——活跃层厚度，m；

ΔT——多年平均库表水温与库底水温的差值，℃。

这种方法适用于计算年平均水温垂向分布，最好利用类比水库的表层水温、地层水温及活跃层厚度来计算。

3. 水科院朱伯芳公式

通过对已建水库的实测水温的分析，水库水温存在一定的规律性：①水温以一年为周期，呈周期性变化，温度变幅以表面为最大，随着水深增加，变幅逐渐减小；②与气温变化比较，水温变化有滞后现象，相位差随着深度的增加而改变；③由于日照的影响，库面水温存在略高于气温的现象。根据实测资料显示，1985 年朱伯芳提出不同深度月平均库水温变化可以近似用余弦函数表示：

$$T(y,t)=T_m(y)+A(y)\cos\omega\left(t-t_0-\varepsilon\right) \tag{12-10}$$

式中：y——水深，m；

t——时间，月；

$T(y\ t)$——水深 y 处在时间为，时的温度，℃；

$T_m(y)$——水深 v 处的年平均温度，℃；

$A(y)$——水深 y 处的温度年变幅，℃；

ε——水温与气温变化的相位差，月；

t_0——年内最低气温至最高气温的时段（月），当时气温最高。当 $t=t_0+\varepsilon$ 时，水温达到最高，通常气温在 7 月中旬最高，故可取 t_0=6.5；

由于该经验公式是依据对国内外多个水库观测资料获得，而这些水库分布范围较广，因此该公式的适用范围也相对宽泛。

4. 东北水电勘测设计院计算方法

在《水利水电工程水文计算规范》中，对水库垂向水温分布计算，推荐东北水电勘测设计院的方法。计算公式如下：

$$T_y=\left(T_0-T_b\right)e^{(-y/x)^n}+T_b \tag{12-11}$$

$$n=\frac{15}{m^2}+\frac{m^2}{35} \tag{12-12}$$

$$x=\frac{40}{m}+\frac{m^2}{2.37(1+0.1m)} \tag{12-13}$$

$$T_b=T_b'-K'N \tag{12-14}$$

式中：T_y——水深 v 处的月平均水温，℃；

T_0——水库表面月平均水温，℃；

y——水深，m；

m——月份，1，2，3，…，12；

T_b——水库底部月平均水温，℃；

对于分层型水库各月库底水温与其年平均值差别很小，可用年平均值代替；对于过渡型和混合型水库，各月库底水温可以用式（12-14）计算，该式适用于 23°～44° N 地区，式中 N 为大坝所在的纬度。

该方法应用简单，只需知道库表、库底月平均水温就可计算出各月的垂向水温分布，而且库底和库表水温可由气温 - 水温相关法或纬度 - 水温相关法推算。该方法适用于库容系数 = 调节库容 / 年径流量＜1 的水库，对于库容系数≥1 的水库，计算误差较大。

5. 年平均水温的估算方法

在没有可类比的水库条件下，可采用估算的方法，获得了水库表面年平均水温、库底年平均水温和任意深度的年平均水温。

（1）水库表层年平均水温 $T_{表}$估算方法

a）气温与水温相关法：气温与水温之间有良好的相关性。可根据实测资料建立两者之间的相关图，然后由气温推算出水库表层水温。

b）纬度与水库表层水温相关法：水库水温与地理纬度的关系和气温相似。纬度高，水温表层年平均水温就低；纬度低，水库表层年平均水温就高。水库表层年平均水温随纬度变化的相关关系较好，可用已建水库库表水温与纬度的关系插补。

c）来水热量平衡法：大型水库的热能主要来自两个方面：一是水库表面吸收的热能；二是上游来水输入的热能。在河水进入水库之前，已经和大气进行了充分的热交换，已达到一定水温。水气间的热交换基本达到平衡。因此水库水温主要取决于上游来水的水温，上游来水温度可近似看做库表水温，这样就可以根据上游来水的流量和水温推算水库表层水温。即：

$$T_{表}=\sum_{i=1}^{12}Q_iT_i\Big/\sum_{i=1}^{12}Q_i \tag{12-15}$$

式中：$T_{表}$——水库表层水温，℃；

Q_i——水库上游多年逐月平均来水量，m3 / s；

T_i——水库上游来水多年逐月平均水温，℃。

d）朱伯芳公式：对于一般地区（年平均气温 10 ～ 20℃）和炎热地区（年平均气温 20℃以上），这些地区冬季不结冰，表面年平均水温可以按下式计算：

$$T_{表}=T_{气修}+\Delta b \tag{12-16}$$

式中：$T_{表}$——水库表面年平均水温，℃；

$T_{气}$——当地年平均气温，℃；

Δb——温度增量，一般地区 Δb=2 ～ 4℃，炎热地区 Δb=0 ～ 4℃。

对于寒冷地区（年平均气温 10℃以下），采用以下公式：

$$T_{表}=T_{气修}+\Delta b \tag{12-17}$$

$$T_{气修}=1/12\sum_{i=1}^{12}T_i \tag{12-18}$$

式中：$T_{气修}$——修正年平均气温，℃；

T_i——第 i 月的平均气温，℃，当月平均气温小于 0℃时，T_i 取 0℃。

②水库底层年平均水温 $T_{底}$估算方法

a）相关法：库底水温受地理纬度、水深、电站引水建筑物、泥沙淤积、海拔高度、库底温度等因素的影响，其中又以前两项因素的影响最大。《水利水电水温计算规范》根据十余座水库的情况点绘了纬度、水温和水深三因素相关图，可采用该图查出拟建水库的库底平均水温。

b）经验估算法：因为库底水温较库表水温低，故库底水密度较库表要大。对于分层型水库来说，其冬季上游水温为年内最低，届时水库表层与底层水温相差较小。因此，库底水温可以认为近似等于建库前河道来水的最低月平均水温。以此作为依据，可以采用 12 月、1 月和 2 月气温的平均值近似作为库底年平均水温，即：

$$T_{底}\approx\left(T_{12}+T_1+T_2\right)/3 \tag{12-19}$$

式中 T_{12}、T_1 T_2——12 月、1 月和 2 月的平均水温。

在一般地区，库底年平均水温与最低 3 个月的平均气温相似，库底年平均水温也可以按照上式估算，其误差为 0 ～ 3℃。

（3）任意深度年平均水温估算方法

由于年平均水温随水深而递减，令：

$$\Delta T(y)=T_m(y)-T_{底} \tag{12-20}$$

在水库表面 y=0 时，有小 $\Delta T_0=T_{表}-T_{底}$，比值 $\Delta T(y)/\Delta T_0$ 随水深而递减。根据一些水库实测资料整理分析，得到以下关系式：

$$T_m(y)=c+(b-c)e^{-0.04y} \tag{12-21}$$

$$c=\left(T_{底}-bg\right)/(1-g)g=\mathrm{e}^{-0.04H} \tag{12-22}$$

式：b、c 为参数，$b=T_{表}$；

H——水库深度，m。

有了水库表层、底部和任意深度的年平均水温的估算结果，就可采用以上水科院公式和东北水电勘测设计院公式等方法，估算坝前水域垂向温度分布。

以上经验公式法是在综合国内外水库实测资料的基础上提出的，应用简便，但需要知道库表、库底水温以及其他参数等，而通过水温与气温、水温与纬度的相关关系得出的库表和库底水温，精度不高，并且预测估算中没有考虑当地的气候条件、海拔高度、水温及工程特性等综合情况，因此预测结果精度相对较低。水库水温的经验公式法一般适用于水库水温的初步估算，对于重要的工程还应采取更精确的数学模型方法。

参考文献

[1] 许建贵，胡东亚，郭慧娟．水利工程生态环境效应研究 [M]．黄河水利出版社，2019.

[2] 王文斌．水利水文过程与生态环境 [M]．长春：吉林科学技术出版社，2019.

[3] 薛祺．黄土高原地区水生态环境及生态工程修复研究 [M]．黄河水利出版社，2019.

[4] 王佳佳，李玉梅，刘素军．环境保护与水利建设 [M]．长春：吉林科学技术出版社，2019.

[5] 刘景才，赵晓光，李璇．水资源开发与水利工程建设 [M]．长春：吉林科学技术出版社，2019.

[6] 邵东国．农田水利工程投资效益分析与评价 [M]．郑州：黄河水利出版社，2019.

[7] 闫大鹏，蔡明，郭鹏程．城市生态水系规划理论与实践 [M]．郑州：黄河水利出版社，2016.

[8] 唐金培．河南水利史 [M]．郑州：大象出版社，2019.

[9] 程胜高，黄磊，向京．环境影响评价案例研究 [M]．武汉：中国地质大学出版社，2019.

[10] 陈文元，徐晓英．高海拔地区河流生态治理模式及实践 [M]．郑州：黄河水利出版社，2019.

[11] 高远，颜景浩，孟庆远．蒙山沂水的生态环境与生态文明 [M]．青岛：中国海洋大学出版社，2018.

[12] 盛姣，耿春香，刘义国．土壤生态环境分析与农业种植研究 [M]．世界图书出版西安有限公司，2018.

[13] 朱喜，胡明明．河湖生态环境治理调研与案例 [M]．郑州：黄河水利出版社，2018.

[14] 沈凤生．节水供水重大水利工程规划设计技术 [M]．郑州：黄河水利出版社，

2018.

[15] 刘世梁，赵清贺，董世魁．水利水电工程建设的生态效应评价研究 [M]. 中国环境出版社，2016.

[16] 王家骥，成文连，苏德毕力格．生态影响评价实操技术 [M]. 中国环境出版集团，2018.

[17] 李京文．水利工程管理发展战略 [M]. 北京：方志出版社，2016.

[18] 李兆华，邓楚洲，张斌．洪湖生态环境调查与评价 [M]. 武汉：湖北科学技术出版社，2016.

[19] 田家怡，闫永利，韩荣钧．黄河三角洲生态环境史 下 [M]. 济南：齐鲁书社，2016.

[20] 汪义杰，蔡尚途，李丽，张强，王建国．流域水生态文明建设理论、方法及实践 [M]. 中国环境出版集团，2018.

[21] 左佳．辽河流域生态环境状况调查研究 [M]. 长春：吉林人民出版社，2017.

[22] 黄祚继．水利工程管理现代化评价指标体系应用指南 [M]. 合肥：合肥工业大学出版社，2016.

[23] 韩艳利，葛雷，黄玉芳．东平湖蓄滞洪区防洪工程环境影响研究 [M]. 郑州：黄河水利出版社，2016.

[24] 权全，王炎，王亚迪．变化环境下黄河上游河道生态效应模拟研究 [M]. 郑州：黄河水利出版社，2017.

[25] 陈云华，刘之平，章晋雄．2017 水力学与水利信息学进展 [M]. 成都：西南交通大学出版社，2017.

[26] 王浩，黄勇，谢新民．水生态文明建设规划理论与实践 [M]. 北京：中国环境科学出版社，2016.

[27] 吴海涛．淮河流域环境变迁史 [M]. 合肥：黄山书社，2017.

[28] 贾绍凤，吕爱锋．柴达木节水型盐湖资源开发与生态保护技术 [M]. 郑州：黄河水利出版社，2017.

[29] 刘信勇，关靖．北方河流生态治理模式及实践 [M]. 郑州：黄河水利出版社，2016.

[30] 陆向军，刘露．安徽生态文明建设发展报告 2017 水污染防治专题报告 [M]. 合肥：合肥工业大学出版社，2017.